"十三五"高等教育规划教材

高等院校电气信息类专业"互联网+"创新型规划教材

21 世纪全国本科院校电气信息类创新型应用人才培养规划教材

虚拟仪器技术及其应用

廖远江　主编

宁波工程学院教材出版资助

北京大学出版社

PEKING UNIVERSITY PRESS

内 容 简 介

本书共分 12 章,主要包括:测控技术基础理论,虚拟仪器的概念及其软硬件系统,LabVIEW 虚拟仪器入门,创建、编辑和调试 VI,数据类型与数据运算,程序结构,数据的图形显示与 HMI 设计,信号处理和文件操作,数据采集方法及应用,应用程序接口,LabVIEW 的高级应用,实际设计案例。

本书理论与实践有机结合,使读者既能够了解虚拟仪器技术的理论基础,又能够学习掌握实用的软件、硬件使用方法。另外,本书组织配套多媒体演示实例操作,读者可通过观看视频增强对知识点的理解。本书还提供教学课件及有关教学文档(教学日历等),能够使读者从整个测控系统的高度来掌握虚拟仪器技术的理论与应用技术。

本书可作为高等院校自动化、测控等专业的教材使用,也可供相关技术人员参考使用。

图书在版编目(CIP)数据

虚拟仪器技术及其应用/廖远江主编. —北京:北京大学出版社,2016.8
(高等院校电气信息类专业"互联网+"创新型规划教材)
ISBN 978-7-301-27133-9

Ⅰ. ①虚… Ⅱ. ①廖… Ⅲ. ①虚拟仪表—高等学校—教材 Ⅳ. ①TH86

中国版本图书馆 CIP 数据核字(2016)第 105716 号

书　　　　名	虚拟仪器技术及其应用	
	XUNI YIQI JISHU JI QI YINGYONG	
著作责任者	廖远江　主编	
策 划 编 辑	郑　双	
责 任 编 辑	李娉婷　郑　双	
数 字 编 辑	郑　双	
标 准 书 号	ISBN 978-7-301-27133-9	
出 版 发 行	北京大学出版社	
地　　　　址	北京市海淀区成府路 205 号　100871	
网　　　　址	http://www.pup.cn　新浪微博:@北京大学出版社	
电 子 信 箱	pup_6@163.com	
电　　　　话	邮购部 62752015　发行部 62750672　编辑部 62750667	
印 刷 者	北京虎彩文化传播有限公司	
经 销 者	新华书店	
	787 毫米×1092 毫米　16 开本　20.25 印张　471 千字	
	2016 年 8 月第 1 版　2020 年 8 月第 2 次印刷	
定　　　　价	45.00 元	

前　　言

　　虚拟仪器的概念，是由美国国家仪器（National Instruments，NI）公司于 1986 年创建的。虚拟仪器技术随着计算机技术、网络技术、嵌入式技术、实时操作系统的飞速发展，现在已经被广泛应用于数据采集、工业控制、仪器控制和实验室自动化测量等领域。

　　虚拟仪器以简洁、有效的方式，把计算机系统高效的运算处理能力与仪器硬件的测试测量、数据采集、控制能力结合在一起，利用虚拟仪器软件可实现数据采集、信号调理（包括放大、衰减、滤波和隔离）、模/数转换、信息处理、数据显示。

　　LabVIEW 是 Laboratory Virtual Instrument Engineering Workbench 的简称（实验室虚拟仪器集成环境）。美国国家仪器公司从 1983 年就开始在可视化操作的苹果计算机上进行 LabVIEW 项目的研发，1986 年推出第一套虚拟仪器软件。LabVIEW 是一种图形化的编程语言，也是一种图形化的虚拟仪器软件开发环境。LabVIEW 简化了底层复杂性和集成构建各种测量或控制系统所需的工具，内置了许多软件函数库及硬件接口、数据分析、可视化和特性共享库。用户以图形化的方式开发复杂的测量、测试和控制系统，可以连接测量和控制硬件，实现高级分析和数据的可视化、发布系统等。虚拟仪器也因此被科学家和工程师所熟知和喜爱。

　　本书基于 LabVIEW 2011 专业版开发系统，结合大量图片和具体实例，由浅入深、循序渐进地介绍了一些常用的虚拟仪器硬件设备的功能和结构，并详细介绍了 LabVIEW 图形化开发系统的软件环境和基本操作。本书具有以下突出特点。

　　（1）形象生动。全书以大量图解实例的形式介绍基础知识和实例操作，并通过讲解重要的知识点和操作流程，使读者能够在较短的时间内熟悉和掌握 LabVIEW 的图形化编程和设计方法。章节之前有导入案例，用于明确本章内容的应用价值；章节之后有阅读材料，用于扩展视野与思路。

　　（2）全面完整。本书由浅入深、先易后难、循序渐进，一步步地提高读者的 LabVIEW 编程与设计水平，以 LabVIEW 2011 专业版开发系统进行讲解，详细介绍了前面板和程序框图的设计技巧，以及 LabVIEW 的数据类型、数据结构、程序结构、图形显示、信号处理、人机交互界面设计、数据采集及与其他应用程序之间的接口等方面的内容。

　　本书由宁波工程学院廖远江副教授担任主编，并执笔编写了第 2 章、第 4 章、第 8 章的 8.2 节、第 11 章及第 12 章；昆明理工大学汤占军高级工程师执笔编写了第 1 章、第 9 章的 9.1～9.5 节及第 10 章；宁波工程学院诸葛霞博士执笔编写了第 3 章、第 6 章及第 7 章；宁波工程学院何金保博士执笔编写了第 5 章、第 8 章的 8.1 节及第 9 章的 9.6～9.8 节。

　　本书共分 12 章，由浅入深地介绍了 LabVIEW 的使用方法，并且在每个章节中都配有实例，目的在于让读者结合实例更快速地掌握 LabVIEW 的编程方法。

　　第 1 章主要介绍测控技术的基础知识，其中主要包括：信号的分类，误差理论，传感器，采样定理，信号的预处理，信号的放大，测控系统的基本构成，控制器与执行器，误差的组成，误差的传播，不确定度的评定，测量系统的接地方式等内容。

第 2 章主要介绍虚拟仪器的概念、虚拟仪器与传统仪器的差异、虚拟仪器的特点，然后以美国国家仪器公司为代表，介绍虚拟仪器的硬件系统平台：PXI、NI CompactRIO、NI CompactDAQ 的基本情况，以及虚拟仪器的软件系统：LabVIEW、LabWindows/CVI、MAX (Measurement & Automation Explorer)、Measurement Studio、NI-DAQmx 驱动软件、LabVIEW SignalExpress 软件的基本作用。

第 3 章主要介绍 LabVIEW 图形化编程环境，介绍如何使用 LabVIEW 前面板和程序框图的菜单栏和工具栏、使用 LabVIEW 的帮助系统。

第 4 章主要介绍如何创建新 VI、编辑 VI 前面板和程序框图、运行和调试 VI、建立子 VI。

第 5 章主要介绍 LabVIEW 的几种数据类型和数据运算，数据类型包括数值型、布尔型、枚举型、时间类型、数组、簇、字符串、波形数据；数据运算包括算术运算、比较运算、布尔运算。

第 6 章主要介绍 LabVIEW 的循环结构、顺序结构、事件结构、条件结构、公式节点等。

第 7 章主要介绍使用 LabVIEW 绘制各种波形、进行用户菜单设计、错误处理。

第 8 章主要介绍信号处理和文件操作的 VI 使用方法，包括信号生成、数字滤波、数据加窗、频谱分析，可读写的文件格式、相关的 VI 和函数以及文本文件、二进制文件等的写入和读取等内容。

第 9 章主要介绍数据采集的基本知识、数据采集的几种方式。

第 10 章主要介绍 LabVIEW 的 CLFN 中的 DLL、API、MATLAB 和 Active X 等几种常用外部程序接口，并结合具体示例来详细说明了使用外部程序接口的详细过程与需要注意的问题。

第 11 章主要介绍属性节点的创建方法、通用属性的使用方法、动态加载和调用 VI 的方法。

第 12 章主要介绍使用 LabVIEW 控制伺服电动机的设计技巧和方法等实际的设计案例分析。

课程教学的部分操作讲解以二维码的形式嵌入在书中各个章节对应位置中，扫一扫书中对应的二维码就可以观看了。大家扫一扫右边的二维码就可以了解这些视频的分布情况。

在编写过程中，编者参考了 LabVIEW 专业版开发系统的联机帮助文件、美国国家仪器公司的网站资源、现有的国内外 LabVIEW 书籍，并结合了教师平时的科研成果，在此一并表示感谢。

由于时间仓促、编者水平有限，书中疏漏之处在所难免，敬请广大读者批评指正。读者可以通过电子邮箱 liaoyuanjiang734@163.com 与我们交流。

廖远江

宁波工程学院

2016 年 1 月

目　　录

第 **1** 章
测控技术基础理论

 学习目标

> ➤ 了解测控技术的基本理论和方法。
> ➤ 掌握误差理论及误差的处理方法。
> ➤ 掌握传感器的分类、性能、参数，以及智能传感器与网络传感器的特点及结构。
> ➤ 掌握数据采集的有关理论及数据采集系统的构成。
> ➤ 了解信号的处理理论及方法。
> ➤ 了解控制器与执行机构的组成及其在测控系统中的作用。

本章知识结构

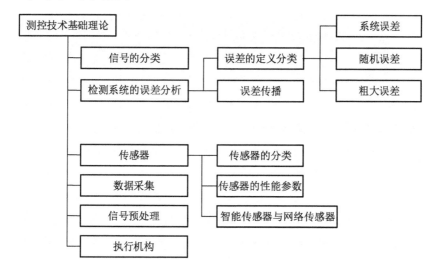

导入案例

测控技术是当今信息技术领域发展最快、最活跃的技术，正潜移默化地改变着人们的生活。

案例一：神舟九号圆满完成任务

2012年6月16日18时56分，执行我国首次载人交会对接任务的神舟九号载人飞船，在酒泉卫星发射中心发射升空后准确进入预定轨道，顺利将3名航天员送上太空。6月18日，神舟九号与天宫一号首次对接成功(图1-1)。航天员乘组先后完成与天宫一号的自动对接、分离，手控对接、分离，以及各项空间试验任务。飞船于6月29日上午10时许返回地面，我国首次手动载人交会对接任务胜利结束。

航天测控网是对卫星、飞船等航天器进行跟踪、遥测和遥控的综合电子系统，它由多个测控站、测控中心及通信系统组成。航天测控网通过对航天器的跟踪测量、监视、控制，实现测轨和航天器的轨道机动、检测和控制航天器上各种装置和系统的工作。航天测控网的任务主要有：对航天器进行跟踪测量，获取其运动参数和内部的各种物理、工程、宇航员生理及侦察参数，监视其飞行和内部工作状态，为指挥、控制提供信息；实时完成对航天器的轨道和姿态控制；通过对实测数据的处理、分析，为评价航天器的技术性能和改进设计提供依据；进行天地各类业务信息交换和数据传输。

图1-1　神舟九号升空

案例二：基于LabVIEW的分布式光纤油气长输管道安全监测系统

本系统利用马赫-曾德干涉仪构成分布式振动传感器，感受油气管道周围的振动信号，由盗油挖掘、管道油气泄漏产生的振动可以使光波的相位发生变化，从而使干涉后光强变化。光电探测模块将干涉后的光波转换为电信号，随后将电信号通过放大电路进行放大，最后通过数据采集模块将模拟信号转换为数字信号送入计算机进行后续处理。数据采集模块采用NI公司的PCI-6132数据采集卡对放大电路输出信号进行数据采集，使之转换为数字信号，送入计算机进行后续处理。该模块通过LabVIEW虚拟仪器平台完成数据采集任务的触发、设备控制、数据缓冲和数据保存等功能，系统运行界面如图1-2所示。

案例三：信息管理系统

本软件由LabVIEW开发，是为一个客户的大型超市订做的管理系统。它可以进行上千万种货物的进销存管理、收银管理、员工管理、客户管理、数据分析、财务报表生成，同时包含了所有监控系统(视频监控、人员移动监控、各类设备工作监控、安全监控等)，还可以回访客户，发电子邮件给客户详细的订

单、优惠产品宣传等。其在长期的使用中经受了实践的验证，工作稳定、系统使用方便。系统运行界面如图 1-3 所示。

图 1-2　管道泄漏定位检测系统

图 1-3　由 LabVIEW 编写的大型超市管理系统

　　测控系统一般由被测对象、传感器、变送器、数据采集设备、上位机及运行软件、输出、执行机构等组成。上位机及运用的软件根据测量值与测定值的差，调用相应的控制算法，实现参数的自动控制。LabVIEW 软件就是这样一个对被测对象进行数据采集与控制的上位机编程软件。通常上位机的开发软件也可以看作工业控制的组态软件。

　　测控技术自古以来就是人类生活和生产的重要组成部分。最初的测控尝试都是来自于生产生活的需要，对时间的测控要求使人类有了日晷这一原始的时钟，对空间的测控要求使人类有了点线面的认识。现代社会对测控的要求当然不会停留在这些初级阶段，随着科技的发展，测控技术进入了全新的时代，光机电一体化系统的开发研制与应用越来越受到重视。

1.1　信号的分类

　　信号是信息的载体，它表现了物理量的变化。信号的数学模型是时间函数，数据通信中传输的对象是电信号，非电信号通过一定形式的转换可成为电信号。信号从不同的角度可以简单划分为确定信号和随机信号、周期信号和非周期信号、连续信号和离散信号，如图 1-4 所示。

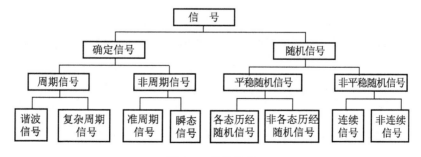

图 1-4　信号分类

1. 确定信号和随机信号

确定信号可以用确定的时间函数来描述，给定一个特定时刻，就有它相应确定的函数值。只要掌握了确定性信号的变化规律，就可以准确地预测它的变化。随机信号不能给出确定的时间函数，对于特定时刻不能给出确切的函数值，只能用概率统计的方法来描述。

2. 周期信号和非周期信号

周期信号是指按一定的时间间隔周而复始变化的信号。对于连续信号，周期信号可以定义为

$$f(t)=f(t+nT),n=0,\pm 1,\pm 2,\cdots$$

即信号 $f(t)$ 按一定的时间间隔 T 周而复始、无始无终地变化。式中，T 称为周期信号 $f(t)$ 的周期。这种信号实际上是不存在的，所以周期信号只能是在一定时间内按某一规律重复变化。非周期信号不具备周而复始的特性，假如周期信号的周期 T 值趋向无限大，它就变成非周期信号。非周期信号按信号的持续时间划分，可分为时限信号和非时限信号。例如，指数函数 $f(t)=e^{-3t}$，$|t|\geqslant 0$，是一个非时限信号。非时限信号存在于一个无界的时域内，时限信号则存在于一个有界的时域内。例如，有一方脉冲信号，其表示式为

$$f(t)=\begin{cases}2,|t|\leqslant 3\\0,|t|>3\end{cases}$$

其函数只在一定范围内有意义。

3. 连续信号和离散信号

根据时间自变量取值的特点，可以把信号分为连续信号和离散信号。表示连续信号的函数的定义域是连续的。连续时间信号的幅值可以是连续的，也可以是离散的(信号含有不连续的间断点属于此类)，图 1-5(a)所示为幅值连续的连续时间信号，图 1-5(b)所示为幅值离散的连续时间信号。

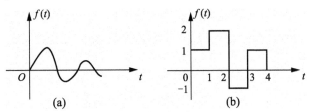

图 1-5　连续时间信号

离散信号是指信号的函数定义域是某些离散点的集合，离散时间信号是指对每个整数 n 有定义的函数，若 n 表示离散时间，则称函数 $f(n)$ 为离散时间信号或称为离散时间的信号或称离散序列。若离散时间信号的幅值是连续的模拟量，则称该信号为抽样信号，如图 1-6 所示。

连续信号只强调时间的连续性，并不强调函数幅值的连续性，因而一个时间坐标连续、幅值在个别点处突变的信号仍然是连续信号，其中，时间和幅值均为连续取值的信号称为

模拟信号；时间和幅值均为离散取值的信号称为数字信号，显然模拟信号是连续信号，但连续信号不一定是模拟信号；数字信号是离散信号，但离散信号不一定是数字信号。

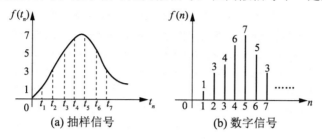

图 1-6　离散时间信号

4. 能量信号与功率信号

根据信号可以用能量式或功率式表示可分为能量信号和功率信号。能量信号，如各类瞬变信号。在非电量测量中，常将被测信号转换为电压或电流信号来处理。显然，电压信号加在单位电阻($R=1$ 时)上的瞬时功率为 $P(t)=x^2(t)$，瞬时功率对时间积分即是信号在该时间内的能量。通常不考虑量纲，而直接把信号的平方及其对时间的积分分别称为信号的功率和能量。当 $x(t)$ 满足

$$\int_{-\infty}^{0} x^2(t)\,\mathrm{d}t < \infty \tag{1-1}$$

时，则信号的能量有限，称为能量有限信号，简称能量信号。满足能量有限条件，实际上就满足了绝对可积条件，如各种瞬变信号。

若 $x(t)$ 在区间$(-\infty,+\infty)$的能量无限，不满足式(1-1)条件，但在有限区间$(-T/2, T/2)$满足平均功率有限的条件

$$\lim_{T\to\infty} \frac{1}{T} \int_{-\frac{T}{2}}^{\frac{T}{2}} x^2(t)\mathrm{d}t < \infty \tag{1-2}$$

则称为功率信号，如各种周期信号、常值信号、阶跃信号等。

1.2　检测系统的误差分析

测量就是将被测量与被定为标准的同一物理量的单位量进行比较，并确定其比值的过程。尽管测量在理论上存在真值，但由于测量仪器的限制及人们对客观事物认识的局限性，被测量的真值实际上很难测得，测量结果与其真值之间的差便成了测量误差。测量误差是不可避免的，为了测量结果具有实用价值，必须研究测量误差的来源、性质、表达方式及传递规律。

根据获得测量数据途径的不同或测量条件的不同，测量可分为直接测量和间接测量、等精度测量和不等精度测量。

直接测量是指被测量可以直接从测量仪器(或量具)上读出其数值的测量。

间接测量是指被测量不能用直接测量的方法得到，而是利用若干个直接测量的值通过

一定的函数关系计算出被测量的数值。

等精度测量是指对一被测量进行重复测量时,认为各次测量数据是在相同测量条件下得到的,也就是说在测量仪器、测量方法、测量人员及测量环境均不变的情况下对同一物理量进行重复测量,所得到的每个测量值都有相同的精度,或者说具有相同的可信赖程度。在检测检验过程所涉及的测量均为等精度测量。

不等精度测量就是各次测量数据的精度是不同的。

1.2.1 误差的基本概念

真值:物理量所具有的客观的真实数值。严格地讲,表征在研究某量时所处的条件下严格的确定的量值。真值客观存在,不以人的意志、测量的工具及手段为转移。真值尽管存在,但是一个理想概念,通常不可能确切知道。

约定真值:能够用来代替真值的称为约定真值。一般认为约定真值非常接近真值,它们的差可以忽略不计,我们就可以用约定真值代替测量值。无系统误差的条件下,算术平均值、标准值、公认值、理论值可以认为是约定的真值。实际中多用算术平均值。

测量误差可以利用绝对误差、相对误差和引用误差来表示。

1. 绝对误差

绝对误差是被测量的测量值与真值之间的差值。假设被测量的真值为 x_0,测量值为 x,则绝对误差 Δx 为

$$\Delta x = x - x_0 \tag{1-3}$$

真值 x_0 是不可知的,在实际应用中需要利用约定值或相对真值来代替。通常利用某一被测量的多次测量的平均值或上一级标准仪器测量的示值作为约定真值 $\bar{x}$,此时绝对误差可表示为 $\Delta x = x - \bar{x}$。

绝对误差是一个有符号、大小、量纲的物理量,一般适用于标准量具或是标准仪表的校准。

2. 相对误差

绝对误差不能确切地反映出测量的精确程度。例如,利用欧姆定律表测量两个电阻 $R_1 = 10\Omega$,测量误差为 $\Delta R_1 = 0.1\Omega$;$R_2 = 1000\Omega$,测量误差为 $\Delta R_2 = 1\Omega$,尽管 $\Delta R_1 < \Delta R_2$,也不能说明电阻 R_1 的测量准确度比电阻 R_2 的测量准确度高,因为 ΔR_1 占 R_1 的 1%,而 ΔR_2 仅占 R_2 的 0.1%。为了反映测量结果的准确程度,可采用相对误差,即通过绝对误差与被测量的真值的比来表示测量误差的大小。相对误差 δ 常以百分数来表示为

$$\delta = \frac{\Delta x}{x_0} \times 100\% \tag{1-4}$$

为了计算方便,也常用测量值 x 代替真值 x_0,于是 $\delta = \frac{\Delta x}{x_0} \times 100\%$。

相对误差只有大小和符号,而无量纲,一般用于衡量测量的准确程度,显然,相对误差越小,测量的准确度越高。

3. 引用误差

量程 A 是测量范围上限值与下限值的差值。例如，某温度计的测量范围是-20～+250℃，则该温度计的量程是 250℃-(-20℃)=270℃。

引用误差是测量仪器仪表指示值的绝对误差 Δx 与量程 A 之比。引用误差 γ 常以百分数表示

$$\gamma = \frac{\Delta x}{A} \times 100\% \tag{1-5}$$

引用误差是一种实用的误差表示方法，常用于表示测量仪器仪表的准确程度。根据引用误差的大小，我国电测仪表的准确度等级分为 7 级：0.1、0.2、0.5、1.0、1.5、2.5、5.0。以 0.5 级表为例，其引用误差的绝对值最大不超过 0.5%。

引用误差从形式上看类似于相对误差，但对于某一具体仪表来说，由于其分母是一个常数，与被测量的大小无关，因而其实质上是绝对误差的最大值。例如，量程为 1V 的毫伏表准确度等级为 1.0，根据式(1-5)，Δx=1mV×1.0%=10mV，这说明无论毫伏表指示在哪一刻度上，其最大绝对误差都不超过 10mV。在选用测量仪表时，为了获得最佳的测量效果，一般应使仪表工作在不小于满刻度值的 2/3 区域内。

1.2.2　误差的来源及分类

1. 误差的来源

在检测中，测量误差的来源是多方面的，在测量过程中，误差产生的原因可归纳为以下几个方面：

1) 测量装置误差

测量装置误差包括标准量具误差、仪器误差和附件误差。

(1) 标准量具误差。以固定形式复现标准量值的器具，称为标准量具。例如，氪86 灯管、标准量块、标准线纹尺、标准电池、标准电阻、标准砝码等，其本身体现的量值，不可避免地都含有误差。

(2) 仪器误差。用来直接或间接将被测量和已知量进行比较的器具设备，统称为仪器或仪表。例如，卧式阿贝比较仪、天平等比较仪器，压力表、温度计等指示仪表等，它们本身都具有误差。

(3) 附件误差。附件是指仪器的附加器件或附属工具等。例如，测长仪的标准环规、千分尺的调整量棒等的误差，也会引起测量误差。

2) 环境误差

环境误差是指由于各种环境因素与规定的标准状态不一致而引起的测量装置和被测量本身的变化所造成的误差，如温度、湿度、气压(引起空气各部分的扰动)、振动(外界条件及测量人员引起的振动)、照明(引起视差)、重力加速度、电磁场等所引起的误差。

3) 方法误差

方法误差是指由于测量方法不完善所引起的误差，如采用近似的方法而造成的误差。例如，用钢卷尺测量大轴的圆周长 S，在通过计算求出大轴的直径 $D=S/\pi$，因近似值 π 取

值的不同，将会引起误差。

4) 人员误差

人员误差是由于测量者受分辨能力的限制、因工作疲劳引起的视觉器官的生理变化、固有习惯引起的读数误差，以及精神上的因素产生的一时疏忽等所引起的误差。

总之，在计算测量结果的精度时，对上述 4 个方面的误差来源，必须进行全面的分析，力求不遗漏、不重复，特别要注意对误差影响较大的那些因素。

2. 误差的分类

误差的分类方法有很多种，根据误差的属性有以下几种分法：

按误差来源可分为测量装置误差、环境误差、方法误差、人员误差。

按掌握程度可分为已知误差、未知误差。

按变化速度可分为静态误差、动态误差。

虽然误差的来源有多种多样，但误差按其基本性质和特点，都可以分为 3 种：系统误差、随机误差、粗大误差。

1) 系统误差(system error)

在相同条件下多次测量同一物理量时，误差的大小恒定，符号总偏向一方或误差按照某一确定的规律变化，这种误差称为系统误差。系统误差是由某些固定的原因造成的，它包括方法、工具、环境、操作及主观因素等的误差，它的大小可以用准确度表示。查明系统误差的原因，找出其变化规律，就可以在测试中采取措施(改进测试方法、测量前进行仪器检定等)以减少系统误差，或在数据处理时对测试结果进行修正。

2) 随机误差(random error)

(1) 随机误差及其产生的原因。

随机误差是指测量中出现的大小和方向都难以预料，且变化方式不可预知的测量误差。但当测量次数足够多时，随机误差的出现和分布总是服从一定的统计规律。

随机误差产生的原因是检测过程中存在的某些不可预料或未被掌握而不能控制的偶然因素。随机误差是由一些随机的偶然因素造成的，它的绝对值和符号变化无常，但如果进行大量的测量，可以发现随机误差的数值分布符合一定的统计规律，它往往具有单峰性、对称性和有界性，一般认为其服从正态分布。随机误差的大小可以用精密度表示，精密度高表示测量的随机误差小。

(2) 随机误差的分布规律及特性。在许多情况下，测量的随机误差服从图 1-7 所示的正态分布规律。

误差 $\Delta x = x - x_0$，概率密度 $f(\Delta x)$：

$$f(\Delta x) = \frac{1}{\sigma\sqrt{2\pi}} e^{\frac{-\Delta x^2}{2\sigma^2}}$$

$$\sigma = \sqrt{\frac{\sum_{i=1}^{n} \Delta x_i^2}{n}} \quad n \to \infty$$

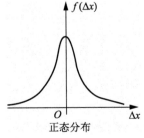

图 1-7　随机误差分布

σ 称为正态分布的标准偏差，是表征测量分散性的一个重要参量。

正态分布特征：

①单峰性：小误差出现的概率比大误差大。

②对称性：绝对值相等的误差出现概率相等。

③有界性：绝对值特大的误差出现的概率为 0。

④抵偿性：$n \to \infty$ 时，曲线完全对称，$\sum x_i = 0$。多次测量求平均值可以减小随机误差。

3) 粗大误差(abnormal error)

粗大误差是一种与实际事实明显不符的误差，误差值可能很大，且无一定的规律。它主要是由于实验人员粗心大意、操作不当造成的，如读错数据、记录错误、操作失误、计算错误等，该测量值必须从测量结果中除去。

以上 3 类误差的定义是科学而严谨的，但在测量实践中，对测量误差的划分是人为的、有条件的。3 类误差之间的关系是辩证统一的，在一定条件下它们的性质可以相互转化。例如，随着人们对误差源的本质认识的加深，有可能把以往归为随机误差的误差明确为系统误差；对于规律性过于复杂、人们认识不足的误差源，也常把它视为随机误差。

1.2.3 系统误差与随机误差的关系

系统误差与随机误差的关系是，系统误差的特征是确定性，而随机误差的特性是偶然性，两者经常是现时存于一个试验中，它们是互相联系的，有时难以严格区分。

假设对一个被测量进行了 N 次等精度测量，得到 $x_1, x_2, \cdots, x_N$，则测量值的算术平均值为

$$\overline{x} = \frac{x_1 + x_2 + \cdots + x_N}{N} = \frac{1}{N}\sum_1^N x_i \tag{1-6}$$

当测量次数 N 趋于无穷大时，$\overline{x}$ 的极限称为测量值的总体平均值，用符号 A 表示为

$$A = \lim_{N \to \infty} \overline{x} = \frac{1}{N}\sum_1^N x_i \tag{1-7}$$

测量值的总体平均值 A 与测量真值 x_0 的差值称为系统误差，用符号 ε 表示为

$$\varepsilon = A - x_0 \tag{1-8}$$

N 次测量中，各次测量值 $x_i(i=1, 2, \cdots, N)$ 与总体平均值 A 的差值称为随机误差，用符号 δ_i 表示为

$$\delta_i = x_i - A \tag{1-9}$$

将式(1-8)和式(1-9)等号两边分别相加，可得

$$\varepsilon + \delta_i = x_i - x_0 \tag{1-10}$$

式(1-10)表明，各次测量值的绝对误差等于系统误差 ε 和随机误差 δ_i 的代数和。

在等精度多次重复测量中，消除系统误差之后，$\delta_i = x_i - x_0$，式(1-9)中的随机误差将具有补偿性，即

$$\lim_{N\to\infty}\frac{1}{N}\sum_{i=1}^{N}\delta_i = \lim_{N\to\infty}\left[\frac{\sum_{i=1}^{N}x_i}{N}-x_0\right]=\lim_{N\to\infty}(\overline{x}-x_0)=A-x_0 \qquad (1\text{-}11)$$

因而

$$A=\lim_{N\to\infty}\overline{x}-x_0 \qquad (1\text{-}12)$$

这表明，消除系统误差之后，根据无限次测量的总体平均值可得到被测量的真值。由于实际中不可能做到无限次测量，因而通常把很多次等精度测量值的算术平均值 $\overline{x}$ 作为被测量真值 x_0 的最佳估计值 $\hat{x}$。

一般而言，系统误差由特定原因引起、具有一定因果关系并按确定规律产生，是再现性偏差(Deviation)，可以通过理论分析/实验验证找出原因和规律，从而减少系统误差；随机误差则因许多不确定性因素而随机发生，具有偶然性(不明确、无规律)，可以通过概率和统计性处理；粗大误差是检测系统各组成环节发生异常和故障等引起的误差，不能混为系统误差和随机误差，粗大误差是可以防止的。

1.3 传感器

传感器的作用是对于诸如热、光、力、声、运动等物理或化学的刺激做出反应，感受被测刺激后定量地将其转化为电信号，信号调理电路对该信号进行放大、调制等处理，再由变送器转化成适于记录和显示的形式输出。本节将简要介绍传感器的组成、分类、性能参数及发展趋势。

1.3.1 传感器的组成与分类

传感器的种类很多，如专门用于温度检测的金属热电阻、热敏电阻、热电偶；用于位移检测的电容传感器、电感传感器；用于压力检测的电阻应变片、压电传感器等。传感器的种类繁多，其工作原理、性能特点和应用领域各不相同，所以结构、组成差异很大，但总的来说，传感器通常由敏感元件、转换元件及转换电路组成，有时还加上电源电路，如图1-8所示。

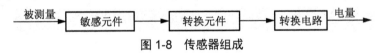
图1-8 传感器组成

(1) 敏感元件：直接感受被测量，并输出与被测量有确定关系的某一物理量的元件。
(2) 转换元件：负责把输入的敏感元件输出物理量转换为电路参数。
(3) 转换电路：把电路参数接入转换电路，转换为电量输出。

传感器的分类方法也很多，为了很好地掌握、应用传感器，需要有一个比较科学的分类方法，一种传感器的分类方法如表1-1所示。下面对目前广泛采用的分类方法做简单介绍。

1. 按照被测物理量分类

有温度传感器、压力传感器、速度传感器、流量传感器、线位移传感器等。

表 1-1 传感器的分类

转换形式	中间参量	传感器名称	转换原理	典型应用
电参数	电阻	电位器传感器	移动电位器角点改变电阻	位移
		电阻丝应变传感器、半导体应变传感器	改变电阻丝或片的尺寸	微应变、力、负荷
		热丝传感器	利用电阻的温度效应(电阻的温度系数)	气流速度、液体流量
		电阻温度传感器		温度、辐射热
		热敏电阻传感器		温度
		光敏电阻传感器	利用电阻的光敏效应	光强
		湿敏电阻	利用电阻的湿度效应	湿度
	电容	电容传感器	改变电容的几何尺寸	力、压力、负荷、位移
			改变电容的介电常数	液位、厚度、含水量
	电感	电感传感器	改变磁路几何尺寸、导磁体位置	位移
		涡流传感器	涡流去磁效应	位移、厚度、含水量
		压磁传感器	利用压磁效应	力、压力
		差动变压器	改变互感	位移
		自速角机		位移
		旋转变压器		位移
	频率	振弦式传感器	改变谐振回路中的固有参数	压力、力
		振筒式传感器		气压
		石英谐振传感器		力、温度等
	计数	光栅	利用莫尔条纹	大角位移、大直线位移
		感应同步器	改变互感	
		磁栅	利用拾磁信号	
	数字	角度编码器	利用数字编码	大角位移
电能量	电动势	热电偶	温差电动势	温度热流
		霍尔传感器	霍尔效应	磁通、电流
		磁电传感器	电磁感应	速度、加速度
		光电池	光电效应	光强
	电荷	电离室	辐射电离	离子计数、放射性强度
		压电传感器	压电效应	动态力、加速度

2. 按照工作原理分类

电阻式、电容式、电感式：利用电阻、电容、电感的参数变化实现信号变换。

压电式、磁电式、热电式、光电式：分别利用压电、电磁感应、热电、光电效应实现信号变换。

3. 按照能量关系分类

能量转换型：传感器输出量的能量直接由被测量能量转换而来，如压电、热电、光电、霍尔传感器。

能量控制型：传感器输出量的能量由外部能源提供，但受输入量控制，如电阻、电感、电容等电路参量传感器。

1.3.2 传感器的性能参数

传感器是非电量检测系统的关键环节，其性能的好坏直接影响检测系统性能。传感器的性能主要由输出与输入之间的关系决定。其性能可分为静态性能和动态特性。

1. 静态特性

传感器测量处于稳定状态或测量变化极其缓慢的信号时，输出量与输入量之间的关系称为静态特性，衡量传感器静态特性的主要指标有线性度、分辨力、迟滞、漂移、重复性和灵敏度。

1) 线性度

传感器的线性度是指传感器的输出与输入之间的线性程度。理想传感器输入与输出之间是线性关系，但在实际测量中由于传感器存在迟滞、蠕变、间隙和松动等现象，并且受外界条件的影响，其输出和输入之间总是具有不同程度的非线性。

2) 灵敏度

灵敏度指沿着传感器测量轴方向对单位振动量输入 x 可获得的电压信号输出值 u，即 $s=u/x$。与灵敏度相关的一个指标是分辨率，这是指输出电压变化量 Δu 可加辨认的最小机械振动输入变化量 Δx 的大小。为了测量出微小的振动变化，传感器应有较高的灵敏度。

3) 迟滞

传感器在正(输入量增大)反(输入量减小)行程期间输出输入特性曲线不重合的现象称为迟滞。产生原因是传感器敏感元件材料的物理性质和机械零部件的缺陷，如弹性敏感元件的弹性滞后、运动部件摩擦、传动机构的间隙、紧固件松动等。

4) 漂移

无论何时加入大小相同的输入量，理想的传感器的输出量都将保持不变。但在实际使用中，由于环境条件的影响，传感器的输出常随时间的变化而变化，这种现象称为漂移。漂移分为零点漂移和温度漂移，零点漂移是指传感器无输入或某一输入值不变时，每隔一段时间，其输出偏离原指示值的最大偏差与满量程的百分比。温度漂移是指温度变化 1℃ 时，传感器输出的最大偏差与满量程的百分比。

5) 重复性(同向行程差/量程)

传感器在输入量按同一方向做全量程连续多次变化时，所得特性曲线不一致的程度。重复性误差属于随机误差，多次重复测试的曲线越重合，表明传感器的重复性越好。传感器重复性的好坏与许多随机因素有关，可通过实验的方法测定。

6) 使用频率范围

使用频率范围指灵敏度随频率而变化的量值不超出给定误差的频率区间。其两端分别为频率下限和上限。为了测量静态机械量，传感器应具有零频率响应特性。传感器的使用频率范围，除和传感器本身的频率响应特性有关外，还和传感器安装条件有关(主要影响频率上限)。

7) 动态范围

动态范围即可测量的量程，是指灵敏度随幅值的变化量不超出给定误差限的输入机械量的幅值范围。在此范围内，输出电压和机械输入量成正比，所以也称为线性范围。动态范围一般不用绝对量数值表示，而用分贝(dB)做单位。

2. 动态特性

传感器的动态特性是指在动态测量时，输出量与随时间变化的输入量之间的响应特性。动态性能好的传感器应当比较短的暂态响应和比较宽的频率响应特性。为了分析传感器的动态特性，就需要建立相应的数学模型。线性系统的数学模型通常是常系数微分方程，对该微分方程求解，就可以得到动态性能指标。

1.3.3　智能传感器与网络传感器

智能传感器是 20 世纪 80 年代末出现的一种新型传感器，其本质是以微处理器为核心单元。此类传感器在分布式测量、网络测量和多信号测量方面受到广泛关注。

智能传感器的发展经历了初级智能化、自立智能化、高级智能化 3 个阶段。在初级智能化阶段，传感器仅具有自我诊断、自我校正、就地处理和自适应的功能；在高级智能化阶段传感器具有多维检测、特征检测、图像处理、图像识别等功能。智能传感器的一般结构如图 1-9 所示，它是一个以微处理器为内核，扩展了外围部件的计算机化的检测系统。相对于一般的传感器，智能传感器具有以下突出的特点。

(1) 具有判断和信息处理功能，可以对测量值进行修正、误差补偿，因此精度高。

(2) 具有自校零、自标定、自校正功能。

(3) 能够自动采集数据，并对数据进行预处理。

(4) 具有双向通信、标准化数字输出或者符号输出功能。

(5) 可以使用多传感器多参数综合测量，使用范围扩大。

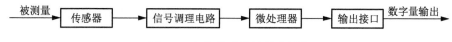

被测量 → 传感器 → 信号调理电路 → 微处理器 → 输出接口 → 数字量输出

图 1-9　智能传感器的基本结构

智能传感器是传统传感器与微处理器结合的产物，它使传感器具有信号检测、信号处理及编程控制等功能，而网络化传感器在智能传感技术的基础上又融合了通信技术和计算机技术，使传感器具备了网络通信功能，真正成为统一协调的新型智能传感器。

网络传感器一般由信号采集、数据处理和网络接口 3 部分组成，其基本结构如图 1-10 所示。网络传感器的关键技术是网络接口技术。为了解决智能传感器的兼容性问题，并实现在网络条件下传感器接口的标准化，IEEE 制定了针对网络化传感器的接口标准 IEEE1451。该标准的出现为网络传感器的设计和开发提供了一个可以共同遵循的基础。IEEE1451 将网络化传感器的功能分成两个模块：网络适配处理模块和智能传感器(变送器)接口模块，它们分别对应 IEEE1451.1 和 IEEE1451.2 分协议标准。

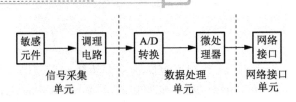

图 1-10　网络传感器的基本结构

　　无线网络传感器是一种集传感器、控制器、计算能力、通信能力于一身的嵌入式设备。它们跟外界物理环境交互,将收集到的信息通过传感器网络传送给其他的计算设备,如传统的计算机等。随着传感器技术、嵌入式计算技术、通信技术和半导体与微机电系统制造技术的飞速发展,制造微型、弹性、低功耗的无线网络传感器已逐渐成为现实。

　　无线网络传感器一般集成一个低功耗的微控制器(MCU)及若干存储器、无线电/光通信装置、传感器等组件,通过传感器、动臂机构及通信装置和它们所处的外界物理环境交互。一般来说,单个传感器的功能是非常有限的,但是当它们被大量地分布到物理环境中,并组织成一个传感器网络,再配置以性能良好的系统软件平台后,就可以完成强大的实时跟踪、环境监测、状态监测等功能。

1.4　数据采集

　　数据采集是指把被测对象的各种参量(物理量、化学量、生物量等)通过传感元件做适当变化后,再经过信号调理、采样、量化、编码、传输等步骤,最后送到控制器进行数据处理或存储的过程。数据采集涉及的学科有测试与仪器、信息与通信、计算机。

　　数据采集中信号的传递过程为:被测物理量(对象)→传感器→信号调理→数据采集设备→计算机。传感器将被测对象的温度、压力、流量、物位等各种物理量转换成电量;信号调理对电信号进行放大、滤波、隔离等预处理;数据采集设备主要将模拟信号转换成数字信号,此外还有放大、采样保持、多路复用等功能;计算机运用软件进行数据的显示、存储、报警等。

1.4.1　采样定理

　　采样定理:采样频率 f_s 必须至少是测量信号所包含的最高频率 f_m 的两倍,这样采样数据才能包含原始信号的所有频率分量的全部信息。如果采样频率不满足上面的条件,那么信号将发生畸变。图 1-11 显示了利用恰当的采样率和过低采样率对信号进行采样的结果。

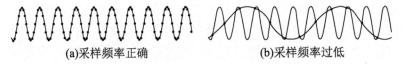

(a)采样频率正确　　　　　　　　　　(b)采样频率过低

图 1-11　不同采样率下的采样结果

　　采样率过低时,由采样的数据所还原的信号频率与原始信号可能不同,这种信号畸变称为混叠,如图 1-12 所示。

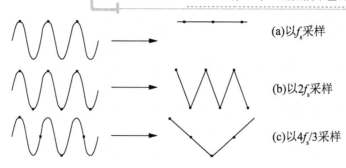

(a)以f_s采样

(b)以$2f_s$采样

(c)以$4f_s/3$采样

图 1-12　采样率过低发生混叠

为了避免混叠现象的发生，通常在信号被采集之前，使其经过一个低通滤波器，将信号中过高的频率成分滤掉，这种滤波器称为抗混叠滤波器。理想的滤波器能滤除信号中高于 $f_s/2$ 的频率成分，但是实际的滤波器通常都有一个过渡带，因而必须在采样频率和滤波器类型的选择之间进行适当折中。在很多场合中，使用一阶或二阶滤波器就可以达到较好的滤波效果了。

注意： 对信号进行采样时，满足了采样定理，只能保证不发生频率混叠，保证对信号的频谱做逆傅里叶变换时，可以完全变换为原时域采样信号 $x_s(t)$，而不能保证此时的采样信号能真实地反映原信号 $x(t)$。实际中采样频率通常取信号中最高频率成分的 5～10 倍。

1.4.2　典型数据采集系统的组成

要把数据采集到计算机里并进行相应的处理，需要构建一个完整的数据采集系统，它包括传感器、信号调理设备、数据采集卡(或数据采集装置)、驱动程序、硬件配置管理软件、应用软件和计算机等。

传感器的种类繁多，它们直接感受各种物理量，并把这些物理量转换为数据采集系统可以接收的标准电信号。

信号调理设备对传感器送来的信号进行放大、滤波、隔离等处理，把它们转换成数据采集设备能读取的信号。若实际中的信号符合数据采集设备的要求，则信号调理模块可以省略。

数据采集装置直接与计算机的总线相连，它把数据送入计算机中，比较常见的数据采集装置有：插入式数据采集卡，例如，PCI 数据采集卡可以直接插到计算机的 PCI 插槽内；通过各种其他总线(如并口、串口、USB 接口及笔记本式计算机中的 PCMCIA 接口等)与计算机相连的外置式数据采集设备，比较高端的数据采集设备主要有 PXI、VXI 等。

现代数据采集系统具有如下特点。

(1) 一般由计算机控制：简化设计、完善功能。

(2) 软件的作用越来越大，增加了系统设计的灵活性。

(3) 数据采集与处理一体化，数据采集与数据处理相互结合日益密切，形成数据采集与处理系统，从而实现从数据采集、处理到控制的全部工作。

(4) 数据采集过程一般都具有"实时"特性，以满足更多的应用环境。

(5) 集成度越来越高，随着微电子技术的发展，电路集成度的提高。数据采集系统的体积越来越小，可靠性越来越高。

(6) 总线技术在数据采集系统中得到广泛应用，总线技术对数据采集系统结构的发展起着重要作用。

1.4.3　测量系统的连接方式

1. 接地信号和浮动信号

接地信号是信号的一端直接接入系统地的电压信号，它的参考点是系统地(如大地或是建筑物的地)。若信号采集用的是系统地，则其与数据采集卡是共地的，最常见的接地信号源是通过墙上的电源插座接入建筑物地，如信号发生器和电源就是采用这种接地方式。

一个不与任何地(大地或建筑物的地)相连的信号称为浮动信号，浮动信号的每个端口都与系统地独立，是不连接到建筑物地等绝对参考点的设备电压信号。浮动信号源常见的例子有电池及其供电的设备、热电偶、变压器、隔离放大器等设备。如果使用 DAQ 板做信号源，它的输出也是浮动信号。

2. 信号的连接方式

对于大多数的模拟输入设备，可以有 3 种不同的信号连接方式：差分 DIFF(differential)、参考单端 RSE(referenced single-ended)和非参考单端 NRSE(non-referenced single-ended)。

1.4.4　触发

触发(Trigger)信号一般是指能引起一个操作开始(如数据采集)的信号，用户需要设置从某一时刻开始测量时，就可以使用触发信号。此外用户必须决定使用何种触发方式。如果需要一个数字信号作为触发信号，可以使用数字边沿触发(digital edge trigger)，使用 PFI 引脚作为触发源。若需要一个模拟信号作为触发电信号，则应使用模拟边沿触发(analog edge trigger)或模拟窗口触发(analog window trigger)。在 LabVIEW 中，触发可以分为软件触发和硬件触发，软件触发就是当 VI 被调用时开始启动数据采集任务，但是在某些特殊要求的应用场合，软件触发的数据采集模式就不能满足要求了，此时需要用硬件触发。

软件触发有着更大的柔性，但系统整体速度和测量精度一般不如硬触发，特别是有着复杂信号处理模块的时候。软件触发会占用到一定的计算机资源。使用软件触发的话可以先设计一个查询程序，在规定的时间间隔里定时查询触发信号，若有触发信号，则输出一个真值的布尔量，执行数据采集的分支；若没有触发信号，则输出一个假值的布尔量，执行空分支。

硬件触发就是数据采集卡被动等待触发信号，接收到信号后才进行数据采集；触发信号可由某个仪器在一定状态下发出。例如，有的自动测量系统中的高速数据卡就接收位置控制器发出的触发信号，而有的则依靠矢量网络分析仪接收外部触发信号。之所以能接收触发信号，和仪器的工作模式有关。下面介绍几种硬件触发方式。

1. 数字边沿触发

数字边沿触发信号通常是一个含有高、低电平的 TTL 信号。当数字信号从高电平向低电平跳变时，产生一个下降沿；当数字信号从低电平向高电平跳变时，产生一个上升沿。用户可以在信号的上升沿或下降沿构建开始触发(Start Trigger)或参考触发(Reference Trigger)。例如，在图 1-13 中，数据采集操作在信号的下降沿被触发。使用美国国家仪器公司(National Instruments，NI)的测量设备时，用户可以把数字触发信号连到 PFI 引脚。

2. 模拟边沿触发

模拟边沿触发是在模拟信号达到用户指定的条件时才发生，这些条件一般是信号在其上升沿/下降沿达到某个电平，当测量设备辨认出触发条件时，它将进行与该触发关联的操作。例如，在图 1-14 中，当触发信号达到预先指定的边沿时，数据采集操作开始。

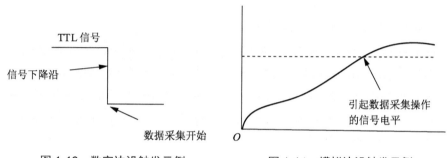

图 1-13　数字边沿触发示例　　图 1-14　模拟边沿触发示例

3. 模拟窗口触发

模拟窗口触发是在模拟信号进入或离开一个早高、低电平确定的窗口时产生的操作，窗口的顶端和底端的电平值由用户指定。例如，在图 1-15(a)中，当信号进入窗口时，触发数据采集操作；在图 1-15(b)中，当触发信号离开窗口时，触发数据采集操作。

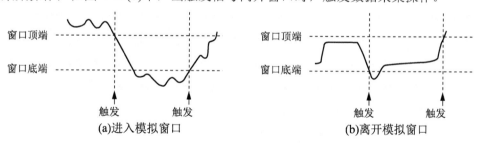

图 1-15　进入模拟窗口与离开模拟窗口触发示例

模拟窗口触发与模拟边沿触发不同，它的触发条件主要是电平，而且需要一次设置两个触发电平(窗口的顶端和底端)，不管上升过程还是下降过程中，只要触发源信号进入(离开)这个窗口的顶端和底端的两电平之间，就会引起触发。

1.5　信号预处理

为了构建虚拟仪器，传感器输出的模拟信号往往在一定的预处理后，才能经过信号处理环节进行有效而准确的变换,这种对信号的前端预处理的过程称为信号调理,信号调理包括放大、滤波等环节。对于非电量的测量,一般都要带前端调理电路。

1.5.1 放大

数据采集来的信号经常是微弱的物理信号,一般需要放大和滤波的处理,变换成数据采集卡所能接收的标准信号,这样才能顺利被数据采集卡接收。常见的放大电路主要由运算放大器(运放)构成,具有信号放大作用的运算放大器可分为同相输入、反相输入及差动输入3种。

同相输入放大器的电路如图1-16所示。信号由放大器的同相输入,放大器的输出为

$$U_{\circ} = U_{\mathrm{i}}(1 + \frac{R_{\mathrm{f2}}}{R_{\mathrm{f1}}}) \tag{1-13}$$

同相放大器为电压串联负反馈电路,具有输入阻抗高、输出阻抗低的特点,其放大倍数不小于1,而且输出信号与输入信号同相。

反相输入放大器的电路如图1-17所示。信号由放大器的反相输入,放大器的输出为

$$U_{\circ} = -U_{\mathrm{i}}\frac{R_{\mathrm{f2}}}{R_{\mathrm{f1}}} \tag{1-14}$$

这种放大器的反相和同相输入端之间不会产生因温度变化而引起的电压变化,从而避免了在输出端由于偏置电流的变化而引起的信号漂移。反相放大器是电压并联负反馈电路,输出信号与输入信号反相。实际测量信号常含有共模成分或从参考地端引入的干扰,此时可采用差动放大电路,用于放大输入信号中的差模分量,抑制共模分量。差动放大器的电路结构如图1-18所示。

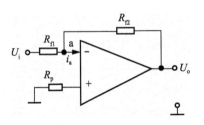

图1-16 同相输入放大器

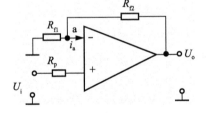

图1-17 反相输入放大器

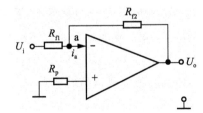

图1-18 差动放大电路

两个输入信号 U_{i1} 和 U_{i2} 分别加到放大器的反相和同相输入端，R_{p1} 和 R_{p2} 组成分压器，使放大器对 U_{i1} 和 U_{i2} 的放大倍数绝对值相等，从而有效抑制输入信号的共模分量。差模放大倍数为

$$A_{d} = R_{f2} \left[\frac{U_{i2}}{R_{p1}\left(\frac{1}{R_{p1}} + \frac{1}{R_{p2}}\right)} - \frac{U_{i1}}{R_{f1}\left(\frac{1}{R_{f1}} + \frac{1}{R_{f2}}\right)} \right] \left(\frac{1}{R_{f1}} + \frac{1}{R_{f2}} \right) \tag{1-15}$$

在搭建放大电路时，要根据实际测量的需要选择恰当的运算放大器。

1.5.2　模拟滤波

由模拟电路实现的滤波方法，在采样前先用模拟滤波器进行滤波，可以改善信号质量，减少后续数据处理的工作量和困难。实际测量系统中的信号含有多种频率。滤波器能将输入信号中的某些频率成分充分衰减，同时保留那些有用频率成分。滤波器是实现信号中有用成分和无用成分分离的关键器件，是最常用的信号调理电路之一。

常用一阶无源低通滤波器由一个电阻和一个电容组成，如图 1-19 所示，其频率特性函数为

$$H(f) = \frac{1}{1 + 2\pi f R C} \tag{1-16}$$

通过测试所获得的信号往往混有各种噪声。噪声的来源可能是由于测试装置本身的不完善，也可能是由于系统中混入其他的输入源。信号的分析与处理过程就是对测试信号进行去伪存真、排除干扰从而获得所需的有用信息的过程。信号的预处理是将信号变换成适于数字处理的形式，以减小数字处理的难度，它包括以下几项内容。

(1) 信号电压幅值处理，使之适宜采样。

(2) 过滤信号中的高频噪声。

(3) 隔离信号中的直流分量，消除趋势项。

(4) 若信号是调制信号，则进行解调。信号调理环节应根据被测对象、信号特点和数学处理设备的能力进行安排。

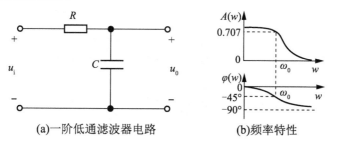

(a)一阶低通滤波器电路　　　(b)频率特性

图 1-19　一阶低通滤波器的电路与频率特性

1.5.3 标度变换

检测的物理量经传感器和模/数(A/D)转换后得到一个数量，该数字量仅表示一个代表检测物理量大小的数值，并不一定等于原来带有量纲的参数值，故需将其转换成带有量纲的数值后才能进行运算、显示或打印输出，这种转换称为标度变换。标度变换可分为线性参数的标度变换和非线性参数的标度变换两种。

1. 线性参数的标度变换

参数值与 A/D 转换结果之间为线性关系，如下式所示的变换公式：

$$Y_x = Y_0 + (Y_m - Y_0)\frac{N_x - N_0}{N_m - N_0} \tag{1-17}$$

式中，Y_0 为被测量量程的下限；Y_m 为被测量量程的上限；Y_x 是标度变换后所得到的被测量的实际值；N_0 为 Y_0 对应的 A/D 转换后的数字量；N_m 为 Y_m 对应的 A/D 数字量；N_x 为 Y_x 所对应的 A/D 转换后的数字量。

【例 1-1】 某热处理炉温度测量仪表的量程为 200～800℃，设该仪表的量程是线性的，在某一时刻计算机经采样、数字滤波后得到的数字量为 CDH，此时炉温是多少？

解：$Y_0 = 200℃$ 时，$N_0 = 00H$；$Y_m = 800℃$ 时，$N_m = FFH = (255)_{10}$，$N_x = CDH = (205)_{10}$，则

$$Y_x = Y_0 + (Y_m - Y_0)\frac{N_x}{N_m} = 200℃ + (800℃ - 200℃) \times \frac{205}{255} \approx 682℃$$

2. 非线性参数的标度变换

有些传感器测出的数据与实际被测参数之间不是线性关系，这种情况需要根据具体问题具体分析，可以用解析式来表示，或用对应公式进行标度变换，没有公式或者计算困难则需要查表进行标度变换，如热电偶分度表。

例如，流量测量中，从差压变送器来的信号 ΔP 与实际流量 G 成平方根关系，即流体的流量与被测流体流过节流装置时前后的压力差成正比，于是根据上式，测量流量时的标度变换公式为

$$\frac{G_x - G_0}{G_m - G_0} = \frac{K\sqrt{N_x} - K\sqrt{N_0}}{K\sqrt{N_m} - K\sqrt{N_0}}$$

$$G_x = \frac{\sqrt{N_x} - \sqrt{N_0}}{\sqrt{N_m} - \sqrt{N_0}}(G_m - G_0) + G_0$$

$G_0 = 0$，$N_0 = 0$，故上式变为

$$G_x = G_m\frac{\sqrt{N_x}}{\sqrt{N_m}} = \frac{G_m\sqrt{N_x}}{\sqrt{N_m}}$$

有一些传感器的输出信号与被测参数之间的关系无法用解析表达式描述，但是它们之间的关系是已知的，例如，可以利用表格给出输入量与输出量之间的关系。这时可以采用

多项式变换法进行标度变换。

例如，已知被测量 y 与传感器的输出值 x 在(n+1)个点 $a=x_0<x_1<x_2<\cdots<x_n=b$ 处的关系为 $f(x_0)=y_0, f(x_1)=y_1,\cdots, f(x_n)=y_n$，用一阶数不超过 n 的代数多项式，即

$$P_n(x)=a_nx^n+a_{n-1}x^{n-1}+\cdots+a_1x+a_0 \tag{1-18}$$

去逼近函数 $y=f(x)$，并且使 $P_n(x)$ 在点 x_i 处满足

$$P_n(x_i)=f(x_i)=y_i(i=0,1,\cdots,n) \tag{1-19}$$

由于式(1-18)中待定系数 $a_0,a_1,\cdots,a_n$ 共有($n+1$)个，而它所应满足的方程也有($n+1$)个，因而只要用已知的 x_i 和 y_i 去解方程组

$$P_n(x_0)=f(x_0)=y_0$$

$$P_n(x_1)=f(x_1)=y_1$$

$$\vdots$$

$$P_n(x_n)=f(x_n)=y_n$$

就可以得到 $P_n(x)$ 的具体形式，被测量 y 在一定程度上可利用 $P_n(x)$ 近似计算，上述寻找多项式的方法是代数插值法。除此之外，还可以利用其他方法(如最小二乘法等)来寻找多项式。

1.6　控制器与执行机构

测控系统中，被控对象的参数经滤波、放大、标度变换后，在计算机中显示为输入值，与参数的设定值之间存在差值，这个差值送入控制器中，通过调用相应的控制算法，再输出给执行机构进行相应的调整，最终使参数在设定值的允许范围之内，控制器实际上就是上位机的控制算法，控制器与执行机构在控制系统中的作用如图 1-20 所示。

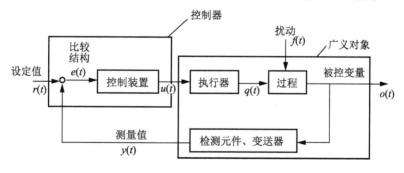

图 1-20　控制器与执行机构

1. 控制器

控制器的输入是设定值和传感器传送的测量值的差值，调用相关的控制算法来调整发

送至执行器的输出信号，用以改变被控过程的装置。

2. 执行机构

执行机构是一种驱动装置，它利用某种驱动能源并在某种控制信号作用下工作。执行机构的作用是接收计算机发出的控制信号，并把它转换成执行机构的动作，使被控对象按预先规定的要求进行调整，保证其正常运行。执行机构按驱动能源的方式可以分类如下几种：

(1) 气动执行机构：以压缩空气为能源的执行机构(即气动调节阀)，输入信号为 20～100kPa。

(2) 电动执行机构：以电为能源的执行机构(即电动调节阀)，输入信号为 4～20mA DC。

(3) 液动执行机构：以高压液体为能源的执行机构(即液动调节阀)。

1.7　测量系统的组成与性能

根据信号的流程，测量系统主要包括：

(1) 信号的提取环节，由传感器实现。

(2) 信号的调理、转换环节，由放大、滤波、A/D 转换、数/模 D/A 转换及其他转换电路构成。

(3) 信号的处理环节，由微处理器、单片机或微机等完成。

(4) 信号的显示及传输环节，显示方式有模拟显示、数字显示、屏幕显示、打印机、记录仪、绘图仪等，信号的传输方式有串行、并行或采用总线及以太网技术等。

测量系统的性能分为静态性能和动态性能。衡量静态性能的指标有测量范围、灵敏度、分辨率、温漂、线性度、迟滞、重复性等。对于一阶系统，衡量其动态性能的指标有时间常数、响应时间、延迟时间、上升时间等。对于二阶系统，衡量其动态性能的指标有固有频率、阻尼比系数等。这些静态指标和动态性能的含义与描述传感器特性的指标含义相似。

1.8　控制系统

实际的控制系统，根据有无反馈作用可以分为开环控制系统、闭环控制系统和随机控制系统。

1. 开环控制系统

如果系统只是根据输入量和干扰量进行控制，而输出端和输入端之间不存在反馈回路，输出量在整个控制过程中对系统的控制不产生任何影响，系统的输出量仅受输入量的控制。

开环控制系统的输入量与输出量之间有明确的对应关系，但若在某种干扰的作用下，使得系统的输出偏离了原始值，则由于不存在反馈，控制器无法获得关于输出量的实际状态，系统将无法自动纠偏，所以，开环系统的控制精度通常较低。但是若组成系统的元件特性和参数值比较稳定，而且外界的干扰也比较小，则这种控制系统也可以保证一定的精度。开环控制系统的最大优点是系统简单，一般都能稳定可靠地工作，因此对于要求不高的系统可以采用。开环控制系统的一般结构如图 1-21 所示。

图 1-21　开环控制系统框图

2.　闭环控制系统

如果系统的输出端和输入端之间存在反馈回路，输出量对控制过程产生直接影响，这种系统称为闭环控制系统，如恒温箱自动控制系统就是一个闭环控制系统。闭环控制系统的一般结构如图 1-22 所示。

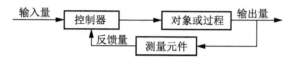

图 1-22　闭环控制系统框图

闭环控制系统的突出优点是不管遇到什么干扰，只要被控制量的实际值偏离给定值，闭环控制就会自动产生控制作用来减小这一偏差，因此，闭环控制精度通常较高。闭环控制系统也有它的缺点，这类系统是靠偏差进行控制的，因此，在整个控制过程中始终存在着偏差，由于元件的惯性(如负载的惯性)，若参数配置不当，很容易引起振荡，使系统不稳定，而无法工作。

3.　随动控制系统

随动系统在工业部门又称伺服系统。这种系统的输入量的变化规律是不能预先确定的。当输入量发生变化时，要求输出量迅速而平稳地跟随着变化，且能排除各种干扰因素的影响，准确地复现控制信号的变化规律(此即伺服的含义)。控制指令可以由操作者根据需要随时发出，也可以由目标物或相应的测量装置发出。常见的随动系统有太阳光跟踪系统、导弹打击移动目标等。

本章小结

本章主要介绍了测控技术的基础知识，其中主要包括信号的分类、误差理论、传感器、采样定理、信号的预处理与控制器与执行机构、测量系统的基本构成，重点介绍了误差的组成、采样定理、传感器的性能指标、测量系统的连接方式等内容，使同学初步掌握了测量系统相关的基础知识，从而为今后的虚拟仪器设计打下基础。

阅读材料

测温技术的发展与温度计的发明

第一台测量温度的科学仪器是伽利略于 1593 年发明的，该测温器是一个颈部极细的玻璃长颈瓶，瓶中装有一半带颜色的水，把它倒过来放在碗里，碗里也盛有带同样颜色的水。随着温度的变化，瓶中所包含的空气便收缩或膨胀，瓶中的水柱就会上升或下降。1631 年，法国化学家詹·雷伊(J.Rey)对伽利略测温器做了改进，他将测温器的长颈瓶再倒过来(即正摆)，用水的膨胀来表示冷热程度。但因瓶未封口，所以水的蒸发会产生误差。在雷伊之后约 25 年，意大利佛罗伦萨的院士们用蜡封了瓶口，在玻璃泡里装上酒精，并把刻度附在玻璃管上，这样的结构已接近后来的温度计。1659 年，巴黎天文学家博里奥(Boullian)制造了第一支用水银作测温质的温度计。以后，温度计的制作和改进主要从两方面进行：第一，为了定出温标，需要确定"定点"，促进了人们对于冰和其他物质的熔解和凝固温度的研究，发现了在一定条件下，这些温度是恒定不变的。第二，需找出合适的测温质，从而促进了人们对物体热膨胀的研究。德国格里凯选择马德堡初冬和盛夏的温度为定点，佛罗伦萨院士们选择严寒时下雨或结冰的气温与牛或鹿的体温为定点，他们还发现冰的熔点是不变的。1688 年，道伦斯(Dolence)提出用冰冻时的温度和黄油熔解的温度为定点温度。1702 年，阿蒙顿(Amontons)改进了伽利略测温器，他将一个球连接到一个 U 形管上，管中装有水银，并保持球内空气的容积不变，用 U 形管两臂水银面的高度差来测量球内空气的温度，他用水的沸点和冰的熔点作为定点。第一支实用温度计是迁居荷兰的吹制玻璃的工匠华伦海特(Fahrenheit)制成的。1709 年他开始制作酒精温度计，1714 年得知阿蒙顿在水银热膨胀方面的研究后，转向制作水银温度计，并创造了净化水银的方法，使水银能在温度计中普遍使用。他把冰、水、氨水和盐的混合平衡温度定为 0°F，冰的熔点定为 32°F，而人体的温度为 96°F。1724 年后，他又把水的沸点定为 212°F。他发现每种液体都有一个固定的沸点，且随大气压变化而变化。这一发现对精密的计温学是个很大的贡献。华伦海特把 0°F 和 212°F 作为基本点的刻度法至今还在美国和美洲采用，称为"华氏温标"。法国勒奥默(Reaumur)长期致力于酒精温度计的研究，发现酒精(和 1/5 的水混合)的体积若在水的冰点时为 1000 单位，则到达水的沸点时将变为 1080 单位。1730 年制作的酒精温度计取水的冰点为零度(0°R)、水的沸点为 80°R，在这两个定点中间分成 80 等份。勒氏温标曾较多地在德国采用。1742 年，瑞典天文学家摄尔修斯(Celsius，1701—1744)用水银作测温质，采用百分刻度法，以水的沸点为 0℃，冰的熔点为 100℃。8 年后把两定点对调，确立了摄氏温标。应该指出，上面所说的摄氏温标只是旧摄氏温标，今天科学界和计量界所说的摄氏温标是以热力学第二定律来定义的，和摄尔修斯的定义完全不同，只在某些范围内有相似的取值。

习　题

一、简答题

1．什么是系统误差？产生系统误差的原因是什么？如何发现系统误差？减少系统误差有哪几种方法？

2．服从正态分布规律的随机误差有哪些特性？

二、计算题

1．等精度测量某电阻 10 次，得到的测量数据如下：

$R_1 = 167.95\,\Omega$　　$R_2 = 167.45\,\Omega$　　$R_3 = 167.60\,\Omega$　　$R_4 = 167.60\,\Omega$　　$R_5 = 167.87\,\Omega$

$R_6 = 167.88\,\Omega$　　$R_7 = 168.00\,\Omega$　　$R_8 = 167.850\,\Omega$　　$R_9 = 167.82\,\Omega$　　$R_{10} = 167.61\,\Omega$

(1) 求 10 次测量的算术平均值，以及测量的标准偏差和算术平均值的标准误差。

(2) 若置信概率取 99.7%，写出被测电阻的真值和极限值。

2．传感器的静态特性和动态特性的指标分别有哪些？

3．简述典型数据采集系统的构成？

第 **2** 章
虚拟仪器的概念及其软硬件系统

 学习目标

> ➢ 掌握虚拟仪器的概念。
> ➢ 掌握 MAX 软件的使用方法。
> ➢ 了解虚拟仪器和传统仪器的差异。
> ➢ 了解虚拟仪器的硬件、软件系统。

 本章知识结构

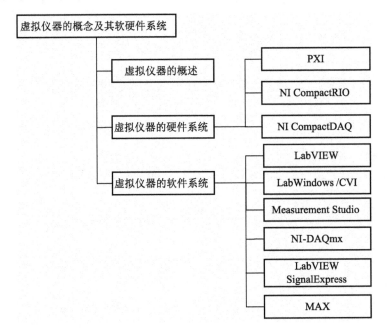

导入案例

虚拟仪器随着计算机技术、网络技术、嵌入式技术、实时操作系统的飞速发展，现在已经被广泛应用于数据采集、工业控制、仪器控制和实验室自动化测量等领域。现在，机器人领域也出现了虚拟仪器矫健而强大的身影。

案例一：使用 NI LabVIEW 和视觉硬件参加国际机器人大赛

和具有不同编程技能水平的团队成员一起快速开发自治机器人系统，以便迅速、准确地执行"2010年田地机器人竞赛"的复杂任务。

解决方案：借助 National Instruments 的 LabVIEW 和嵌入式视觉系统，使用多核并行循环程序设计，制造必将获得比赛胜利的机器人。

来自方提斯应用科技大学(Fontys University of Applied Sciences)工程系的大三学生在 4 个月时间内接受了从零开始开发机器人的挑战，以参加在德国不伦瑞克市举办的"2010 年田地机器人竞赛"。"田地机器人竞赛"是一个泛欧洲的比赛，由来自欧洲主要大学的 20 个团队参加。每个团队将建造一台机器人，以执行以下 3 项关键任务：

(1) 在 3min 时间内尽可能远距离独立行驶通过长线型、道路弯曲的玉米地行。

(2) 在宽达 1m 间隙的两行直线型玉米地行之间导航，于 3min 时间内尽可能远地行驶。

(3) 探测玉米秆之间的种子、洒水或者对种子进行有效处理。

学生们把机器人命名为"谷神星(Ceres)"(以罗马农业女神命名)。谷神星包括两个用于为 4 个车轮提供动力的电动机，以及两个用于方向控制的电动机。因为机器人的倒车与向前驱动完全一样，从而简化了软件开发。

选择 LabVIEW 实时模块和 National Instruments 的嵌入式视觉系统，从零开始制造谷神星。视觉系统是一个运行实时 OS 的嵌入式强固型计算机。在嵌入式系统上安装了一个 IEEE 1394 彩色摄像机，它朝向一个安装好的抛物面镜并且提供机器人周围区域 360° 景象。通过这种方法，用一台摄像机就可以探测机器人周围的物体，极大简化了信号监控和处理。嵌入式计算机使用串行端口与自行开发的电动机控制器通信。

在 2009 年的竞赛中，该校的机器人基于安装有 Linux 系统的计算机，并且使用 ANSI C 算法。现在想要在较短的时间内开发出具有更复杂的功能(与 ANSI C 算法相比较)的代码。对于 2010 年的竞赛，选择 LabVIEW 图形化系统设计软件进行更快、更容易地开发。没有程序设计经验的团队成员同样可以借助 LabVIEW GUI 毫不费力地对项目做出贡献。使用 LabVIEW 在代码中实施并行处理，无须并行程序设计方面的大量经验。

LabVIEW 中的实时处理和视觉整合还能够确保比以往更加无缝的程序设计，节省了短期开发窗口的宝贵时间。还在原型开发期间使用网络摄像机，因此可以在获得机器人硬件之前开发代码。

摄像机可以获得 30 帧/s 的图像，LabVIEW 视觉开发模块可以覆盖弯曲的感兴趣区域(ROI)，并且采用过度绿色滤波器。这是一种计算密集型的滤波器并且软件根据 RGB 值重新计算了每个像素值。为了提高计算速度，采用 LabVIEW 2009 中的新增特性——并行 For 循环，在不同处理器核上自动划分 For 循环迭代，从而通过多线程处理器可以同时处理 For 循环的单个迭代。程序以感兴趣区域为阈值并且计算 x 轴上的累积直方图。通过累积直方图，软件程序可以搜索玉米植株的边缘，并且相应控制机器人的行驶方向。

借助 LabVIEW，制造了一个可以比其他软件更快、更好执行竞赛任务并且更加容易操作的机器人。在"田地机器人竞赛"中，谷神星在 3 项比赛中和 16 个团队的机器人展开竞争，并且赢得了其中两项比赛的第一名，从而获得了整体最高奖项。机器人在第一项比赛中表现得特别好，其行使速度比第二名快了3倍。

借助 LabVIEW，方提斯应用科技大学的学生创造了一个比其他软件更快、能够更好执行竞赛任务并且更加容易操作的机器人。通过竞赛等活动，把学生培养成为全面发展的机械电子和机器人工程师。此项教育的关键要素，是给学生提供了把工程原理应用到解决实际问题上，并且增加亲自动手实践的机会。

案例二：2012 年篮球机器人大赛

为激励机器人技术的交流与发展，激发学生创意，培育未来机器人相关领域人才。2012 年 12 月，美国国家仪器公司携手上海交通大学于 2012 年 12 月 1 日到 2 日共同举行 2012 中国机器人大赛暨 RoboCup 公开赛(上海赛区)篮球机器人比赛。

比赛内容简介：

(1) 自主定位及移动。

(2) 篮球识别。

(3) 得分策略。

(4) 自主传球。

(5) 自主投篮。

比赛采用的软件平台：LabVIEW Robotics 2011 等。

比赛采用的硬件平台：

(1) 参赛机器人须具备电力与控制自主能力。

(2) 参赛机器人须使用 NI CompactRIO 或者 Singleboard RIO 系列控制器作为主要控制单元，型号不限，参赛队伍可向技术委员会中的美国国家仪器公司联系借用设备。

(3) 机器人全身之尺寸：高 90cm，长 65cm，宽 65cm 以内。此尺寸亦为每回合比赛初始时机器人之尺寸，其长宽限制也为比赛过程中机器人与地面相接触点之范围。

(4) 机器人可因比赛任务进行需要增设自动展开和收回之机构，机构运作时可容许之最大尺寸为：高 120cm，长 100cm，宽 100cm。

(5) 机器人总质量：40kg 以内。

(6) 机器人需于本体上方明显易见处安装紧急停止按钮。比赛过程中如有任何违规或可能干扰他队之行为，裁判将保留随时紧急停止机器人的权力。

比赛分为两个阶段进行：

(1) 篮球自主区域投球。

(2) 排球自主投篮。

两阶段的分数相加得到总分，按总分由高至低顺序排列名次，若分数相同则机器人质量轻者名次靠前。

来自全国各地 9 所高校的 9 支队伍、共 50 余名参赛队员代表参加了此次比赛，围绕篮球机器人 1 大项 3 小项项目展开竞技。最终上海交通大学交龙队获得创新篮球机器人项目、自主传球项目两项冠军，上海大学自强队获得自主投篮项目冠军。

既然虚拟仪器如此强大，那么什么是虚拟仪器呢？虚拟仪器系统有哪些组成部分呢？虚拟仪器硬件系统有哪些产品？常见的硬件产品都有什么功能呢？虚拟仪器软件系统又有哪些产品？各个常用软件的应用场合是什么呢？学习完本章内容，这些疑问都将得到解答。

2.1　虚拟仪器概述

20 世纪 80 年代以来，虚拟仪器随着计算机技术、网络技术、嵌入式技术、实时操作系统飞速发展，现在已经被广泛应用于数据采集、工业控制、仪器控制和实验室自动化测量等领域。虚拟仪器的概念也被科学家和工程师所熟知和喜爱。

在采用虚拟仪器进行测试、控制和嵌入式设计应用的过程中，虚拟仪器模块化的硬件和开放的编程软件，帮助用户简化了开发过程、提高了开发效率、缩短了开发时间。无论是测试新一代智能手机、开发游戏系统，还是突破性地创建医疗设备、机器人，虚拟仪器的用户不断开发着造福人类的创新性技术。

1. 虚拟仪器的概念

虚拟仪器(Virtual Instrumentation，VI)的概念，是由美国国家仪器公司于 1986 年创建的。它基于高性能的模块化的 I/O 硬件，结合高效灵活的软件，充分利用软件定义来实现各种仪器功能，完成各种测试、测量和自动化的应用。用户可以通过友好的人机界面与仪器进行交互操作。灵活高效的软件可以帮助用户创建完全自定义的人机界面，模块化的 I/O 硬件可以方便地提供全方位的系统集成，而标准的软硬件平台能满足对同步和定时应用的需求。由于同时拥有了灵活高效的软件、模块化的 I/O 硬件和用于集成的软硬件平台，因此，充分发挥了虚拟仪器技术性能高、扩展性强、开发时间少、集成功能出色的优点。

通俗地讲，虚拟仪器就是在以通用计算机(PC)为核心的硬件平台上，由用户合理选择各种 I/O 接口设备用于信号的采集、调理与测量，设计美观实用的人机界面，利用计算机强大的软件功能实现数据和信号的运算、分析和处理，利用显示器的显示功能来替代传统仪器的操作面板，最终以图形、图像、数字、模拟仪表、指示灯、动画等多种丰富的表现形式输出检测结果，从而完成各种测试功能的一种计算机仪器系统。用户用鼠标或键盘操作人机界面，就可以使用这样的一台测量仪器完成测试、测量和自动化的应用。

狭义的虚拟仪器概念主要是在测量与测试系统的范畴内，通过软件定义通用硬件的功能，从而实现不同的自定义功能。广义的虚拟仪器概念可进一步扩展到自动控制等领域，只要是通过软件定义模块化硬件功能，从而满足自定义应用需求的系统，都可以看作虚拟仪器系统。

2. 虚拟仪器和传统仪器的差异

虚拟仪器的概念是相对于传统仪器来说的。我们常用的直流电源、万用表、示波器等仪器，每台仪器都是一个功能固定的方块，用户不知道其内部详细的工作原理、无法改变其功能和外观；它们所有的测量功能都独立完成，用户只能利用一台传统仪器完成某个功能固定的测试任务，一旦测试需求改变，则必须购买能够满足新需求的仪器。这就是传统仪器的工作情况。虚拟仪器则相当于用通用计算机替代这种功能固定的方块，除了信号采集和调理部分，采用通用的计算机硬件设备。这些通用的硬件设备可以根据需要进行升级，或者按用户的要求进行配置。例如，在虚拟仪器上，用户可以通过升级 CPU 来加快处理速度、可以自己编写程序来改变仪器的测试功能和人机界面。

"虚拟"主要包含以下两方面的含义。

1) 虚拟的人机界面

位于虚拟仪器人机界面上的各种"'软'控件",与传统仪器面板上的各种"'硬'器件"所完成的功能是相同的。例如,用各种按钮、开关、显示器实现传统仪器电源的"通""断",测量结果的"数值显示""波形显示"。传统仪器操作面板上的器件都是实物,通过手指拨动或者触摸进行操作,虚拟仪器人机界面上的控件是外形与实物相像的图标,需要通过鼠标等进行操作。设计虚拟人机界面的过程,就是在前面板上放置所需的控件,然后编写相应的应用程序。大多数初学者可以利用虚拟仪器的软件开发工具,如LabVIEW、Lab Windows/CVI等编程语言,在短时间内轻松完成美观而又实用的虚拟仪器软件程序的设计。

2) 虚拟的测量功能

常常与虚拟仪器对应的一句话是"软件就是仪器",可见,虚拟仪器软件是非常核心的部分。在以通用计算机为核心组成的硬件平台支持下,不仅可以通过虚拟仪器软件编程来实现仪器的测试功能,而且可以通过不同软件模块的组合与开发来实现多种测试功能。

虚拟仪器和传统仪器的差异如表2-1所示。

表2-1 虚拟仪器和传统仪器的差异

虚拟仪器	传统仪器
软件是核心	硬件是核心
开发与维护的费用低	开发与维护的费用高
可配置性好、软件功能丰富灵活	功能固定、软件功能单一
用户可以定义仪器功能	只能使用生产厂商提供仪器的功能
系统开放、与计算机同步更新	系统封闭、更新困难
与其他设备连接灵活、综合利用率比较高	不易与其他设备连接、精密实验室的高端测量仪器领域的主宰者

3. 虚拟仪器的特点

虚拟仪器在自动化程序、信息处理能力、性价比、操控性等方面都具有突出的特点,具体说明如下:

(1) 自动化程度高,信息处理能力强。虚拟仪器的处理能力和自动化程度取决于虚拟仪器软件的水平。用户可以根据实际应用的需求,将先进的信号处理算法、智能控制技术和专家系统应用于虚拟仪器的软件设计,从而将虚拟仪器的水平提高到一个新的高度。

(2) 性价比。采用相同的硬件可以搭建多种不同用途的虚拟仪器。这种虚拟仪器的功能更灵活、费用更低。通过以太网与计算机网络连接,可以实现虚拟仪器的分布式测控功能,更好地发挥仪器的使用价值。

(3) 操控性好。虚拟仪器前面板由用户定义,结合计算机强大的多媒体处理能力,可以使虚拟仪器更好地满足用户的要求与习惯,有关人员的操作更加直观、简便、易于理解,测量结果可以直接进入数据库。

(4) 虚拟仪器代表了仪器仪表的发展趋势。总的来说，就是仪器的数字化、计算机化。

2.2　虚拟仪器的硬件系统

虽然软件是虚拟仪器系统的主体，但是硬件仍然是整个系统最基础、不可缺少的部分。虚拟仪器硬件系统的主要作用是将被测物理量转换为数字信号等。

由于虚拟仪器硬件的种类繁多，用户在选择使用时，需要考虑多种因素。例如，在恶劣环境下运行的虚拟仪器系统需要采用工业控制计算机；放置于工业现场狭小空间内的虚拟仪器需要采用嵌入式系统；满足多种测量功能的虚拟仪器系统需要选用 PXI 机箱。

下面以美国国家仪器公司的硬件系统为例进行概略的介绍。NI 公司的硬件平台主要有 PXI、NI CompactRIO、NI CompactDAQ。

2.2.1　PXI

PXI 是一种坚固、基于计算机的平台，适用于测量和自动化系统。PXI 结合了 PCI 的电气总线特性、CompactPCI 的模块化、Eurocard 机械封装的特性，并增加了专门的同步总线。PXI 可用于多种领域，如军事和航空、机器监控、汽车和工业测试。

PXI 系统由以下 4 个部分组成：机箱、控制器、模块、软件。下面分别进行介绍。

1. 机箱

机箱为控制器和模块提供电源、PCI 和 PCI Express 通信总线、一系列的 I/O 模块插槽等。机箱又分为 3 种：PXI Express 机箱、PXI 机箱、集成式机箱。

(1) PXI Express 机箱兼容 PXI 和 PXI Express 模块。

(2) PXI 机箱可以使用 PXI 和 CompactPCI 模块。

(3) 集成式机箱的后部设有一个用于远程系统控制的内置 MXI 接口连接器。

2. 控制器

PXI 机箱包含一个插于机箱最左端插槽(插槽 1)的系统控制器，它具备微软 Windows 操作系统或 NI LabVIEW 实时操作系统。

1) 嵌入式控制器

采用嵌入式控制器，用户就无须外部计算机。PXI 机箱内部包含了一套完整的系统，配有标准设备，如集成 CPU、硬盘、内存、以太网、视频、串口、USB 和其他外设。它们适用于基于 PXI 或 PXI Express 的系统，并可自行选择操作系统，包括 Windows 或 LabVIEW 实时系统。

2) 远程控制器

借助于 PXI 远程控制套件，用户可以直接通过台式计算机、笔记本式计算机或服务器计算机控制 PXI 系统。PXI 的计算机控制由计算机中的一块 PCI Express 板卡和 PXI 系统插槽 1 中的一个 PXI/PXI Express 模块构成，通过一根铜质电缆或光纤电缆连接。

3) 机架式控制器

机架式控制器适用于控制 PXI 系统。

3. 模块

为了满足用户测试或嵌入式应用需求，NI 公司提供了几百个模块，包括多功能数据采集、信号调理、信号发生器、数字化仪/示波器、运动控制、定时与同步等方面。

4. 软件

软件有 NI LabVIEW、NI LabWindows/CVI 等。

下面对于 NI PXIe-1073 混合机箱(配有交流的 5 槽 3U PXI Express 机箱、集成 MXI-Express 控制器、NI PXIe-1073 远程控制器)、NI PXI-6515 工业数字输入/输出、NI PXI-6221 M 系列多功能数据采集卡做简要的介绍。

NI PCI Express Host Card(主机卡)已经插在台式计算机的机箱里，教材提供的图片里看不见 NI PCI Express Host Card，该卡占用一个台式计算机的 PCI Express 扩展插槽，NI PCI Express Host Card 和 NI PXIe-1073 混合机箱通过 MXI- Express 线缆连接，该线缆没有极性之分，任何一端连接到 NI PCI Express Host Card 或者计算机都可以。这种将台式计算机作为控制器的硬件配置，既不影响整个硬件系统的性能，又降低了使用成本，是一种高性价比的 PXI 系统平台，如图 2-1 所示。

在 NI PXIe-1073 混合机箱的第 4 个插槽里插的是 NI PXI-6515 工业数字输入/输出模块，插在第 5 个插槽里的是 NI PXI-6221 M 系列多功能数据采集卡，如图 2-2 所示。

　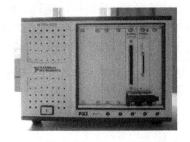

图 2-1　NI PXIe-1073 混合机箱　　图 2-2　NI PXIe-1073 混合机箱里的两个 PXI 模块

用于两个 PXI 模块的经济型接线端子及屏蔽线缆，如图 2-3 所示。

NI PXIe-1073 混合机箱背面的下方，设置有风扇选择器的拨动开关，有自动和高两挡，用于机箱内部的散热，如图 2-4 所示。

图 2-3　经济型接线端子及屏蔽线缆　　　图 2-4　自动/高风扇选择器

2.2.2　NI CompactRIO

NI CompactRIO 是一种可重新配置的嵌入式控制和采集系统，由以下 4 个部分组成：嵌入式控制器、可重新配置现场可编程门阵列(FPGA)机箱、可热插拔的 I/O 模块、软件。

嵌入式控制器用于通信和处理。

嵌入式机箱具有可重新配置 I/O 的 FPGA。集成式机箱和控制器将可重新配置现场可编程门阵列(FPGA)机箱、嵌入式控制器集成为一个整体。

适合不同测量任务的几十种 NI C 系列、可热插拔的 I/O 模块包括热电偶、电压、热电阻(RTD)、电流、电阻、应变、数字(TTL 和其他)、加速度计和麦克风等。

CompactRIO 通过 NI LabVIEW 进行程序开发。此外，采用 NI LabVIEW Real-Time 模块，通过以太网可以将实时系统开发并部署至 CompactRIO 的微处理器。采用 NI LabVIEW FPGA 模块，可以帮助用户采用图形化编程来创建自定义的测量和控制硬件，实现超高速控制、数字信号处理(DSP)，要求具有高速硬件可靠性和高度确定性的应用，而不需拥有底层硬件描述语言或板卡设计的经验。通过以太网可以将应用程序开发、编译并部署至 CompactRIO 的板载 FPGA。

下面简要介绍嵌入式机箱 cRIO-9074、电源模块 NI PS-15(DC24 V，5 A)、模拟输出模块 NI 9263、数字输出模块 NI 9472、电压输入模块 NI 9215、数字输入模块 NI 9411。

嵌入式机箱 cRIO-9074 的外观和结构，如图 2-5 所示。

在嵌入式机箱 cRIO-9074 的插槽里插有模拟输出模块 NI 9263、数字输出模块 NI 9472、电压输入模块 NI 9215、数字输入模块 NI 9411 的情形，如图 2-6 和图 2-7 所示。

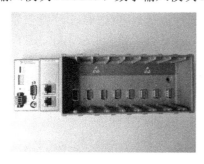

图 2-5　嵌入式机箱 cRIO-9074　　　　图 2-6　插有 4 种 NI C 系列模块的 cRIO-9074 正面

电源模块 NI PS-15 的正面如图 2-8 所示。

图 2-7　插有 4 种 NI C 系列模块的 cRIO-9074 机箱　　　图 2-8　电源模块 NI PS-15

5 种 NI C 系列模块的外观、结构如图 2-9 所示。

图 2-9　5 种 NI C 系列模块的外观、结构

2.2.3　NI CompactDAQ

NI CompactDAQ 系统由 3 个部分组成：机箱、NI C 系列 I/O 模块及软件。

机箱可以通过 USB、以太网或 802.11 无线网络连接到主机。NI CompactDAQ 提供了单槽、4 槽、8 槽的机箱。机箱负责控制定时、同步，还负责外部/内置计算机与 C 系列 I/O 模块之间的数据传输，是一个非常灵活、易于扩展的硬件平台。

NI C 系列模块为特定的电子测量或传感器测量任务进行了设计，其坚固的封装中包含了信号转换器、连接，以及放大、过滤、激励和隔离等信号调理电路。

NI CompactDAQ 的软件由基础硬件驱动软件和开发环境这两个部分组成。

基础硬件驱动软件完成 PC 和 DAQ 设备之间的通信，实现软件控制硬件。NI CompactDAQ 及几乎所有 NI DAQ 设备的硬件驱动软件都是 NI-DAQmx，它提供了几乎相同的 API，适用于 NI LabVIEW 软件、NI LabWindows/CVI、Visual Studio .NET 语言和 ANSI C 开发。

在开发环境中，用户完成应用程序的二次开发。

安装有热电偶采集模块 NI-9211 的 USB 单槽机箱 cDAQ-9171 如图 2-10 所示。

将热电偶采集模块 NI-9211 从 USB 单槽机箱 cDAQ-9171 拔下的情形，如图 2-11 所示。

图 2-10　安装有 NI-9211 的单槽机箱 cDAQ-9171　　　图 2-11　NI-9211 与 cDAQ-9171 分离的情形

USB 单槽机箱 cDAQ-9171 的背部 4 个角上安装有 4 个橡胶软垫，用于避免振动对测量的影响，还有两个孔可以用于将其悬挂在墙面上，节省空间位置。

图 2-12　USB 单槽机箱 cDAQ-9171 的背部

2.2.4　NI Single-Board RIO 机器人

下面简要介绍具有 NI sbRIO-9632 单板嵌入式控制器的 NI LabVIEW 机器人起步包、NI sbRIO-9642 单板嵌入式控制器的功能、外观及结构。

1. NI LabVIEW 机器人起步包

NI LabVIEW 机器人起步包包括 NI Single-Board RIO 嵌入式控制器、超声波传感器、编码器、电动机、电池和充电器，以及 NI LabVIEW 机器人软件模块等。NI Single-Board RIO 嵌入式控制器安装在 Pitsco TETRIX 装配机器人基座的顶部。NI Single-Board RIO 控制器是基于 NI CompactRIO 平台的，在该单板嵌入式控制器中集成了实时处理器、可重复设置 FPGA、模拟和数字 I/O 等，用户可以通过 NI C 系列模块，扩展内置模拟和数字 I/O。

用户可以通过 NI LabVIEW 机器人软件模块或者使用 NI LabVIEW 机器人软件套件进行机器人软件系统等的设计与开发。

具有 NI sbRIO-9632 单板嵌入式控制器的 NI LabVIEW 机器人起步包的正面如图 2-13 所示。

具有 NI sbRIO-9632 单板嵌入式控制器的 NI LabVIEW 机器人起步包的背面如图 2-14 所示。

图 2-13　具有 NI sbRIO-9632 单板嵌入式控制器的　　图 2-14　具有 NI sbRIO-9632 单板嵌入式控制器的
　　　　　NI LabVIEW 机器人起步包正面　　　　　　　　　　NI LabVIEW 机器人起步包的背面

具有 NI sbRIO-9632 单板嵌入式控制器的 NI LabVIEW 机器人起步包的俯视图如图 2-15 所示。

图 2-15 具有 NI sbRIO-9632 单板嵌入式控制器
的 NI LabVIEW 机器人起步包的俯视图

NI sbRIO-9632 单板嵌入式控制器配有 AI、AO、DIO、2 百万门 FPGA；具有 400 MHz 处理器，256 MB 非易失性存储介质，128MB DRAM 用于确定性的控制和分析；集成了 2 百万门可重新配置 I/O (RIO) FPGA 用于自定义的定时、在线处理和控制；110 路 3.3 V (TTL/容限 5V) DIO，32 路 16 位分辨率的模拟输入通道，4 路 16 位分辨率的模拟输出通道；10/100BASE-T 以太网接口和 RS232 串口；电源输入范围为 DC19～30 V；工作的温度范围为-20～+55℃。

2．NI sbRIO-9642 单板嵌入式控制器

NI sbRIO-9642 单板嵌入式控制器配有 DIO、AI/AO、24V DI/DO、2 百万门 FPGA。NI sbRIO-9642 除了具有 NI sbRIO-9632 的全部功能外，还具有 32 路工业级 24V 数字 I/O。NI sbRIO-9642 单板嵌入式控制器的正面如图 2-16 所示。

NI sbRIO-9642 单板嵌入式控制器的俯视图如图 2-17 所示。

图 2-16 NI sbRIO-9642 单板嵌入式控制器的正面　图 2-17 NI sbRIO-9642 单板嵌入式控制器的俯视图

2.3　虚拟仪器的软件系统

软件系统既负责控制硬件的工作，又负责对采集到的数据进行分析处理、显示和存储。常用的虚拟仪器系统开发语言有标准 C，C++、C#、VB.net 等，NI LabVIEW。

我们下面先对 NI 公司的 LabVIEW、LabWindows/CVI、Measurement Studio、NI-DAQmx 驱动软件、LabVIEW SignalExpress 进行简单介绍，再对 MAX 进行详细介绍。

2.3.1　LabVIEW

NI 公司从 1983 年就开始在可视化操作的苹果计算机上进行 LabVIEW 项目的研发，虚拟仪器的概念也同时产生并得到不断的发展。1986 年该公司推出第一套虚拟仪器开发技术。

LabVIEW 是 Laboratory Virtual Instrument Engineering Workbench(实验室虚拟仪器集成环境)的简称。

LabVIEW 是一种图形化的编程语言，也是一种图形化的虚拟仪器软件开发环境。通过简化底层复杂性和集成构建各种测量或控制系统所需的工具，LabVIEW 为用户提供了一个加快实现所需结果的平台，加速了工程开发，它内置了多个工程专用的软件函数库及硬件接口、数据分析、可视化和特性共享库。用户以图形化的方式开发复杂的测量、测试和控制系统，可以连接测量和控制硬件、实现高级分析和数据的可视化、发布系统等。

LabVIEW 环境中的软件可用于：

(1) 信号处理、分析和连接。

(2) 与实时系统、FPGA 和其他部署硬件集成。

(3) 数据管理、记录与报告。

(4) 控制与仿真。

(5) 开发工具和验证。

(6) 应用发布。

现在，LabVIEW 已从当初的虚拟仪器软件开发环境发展到现在的图形化系统设计平台。LabVIEW 取得成功并得到持续发展的原因，在一定程度上取决于图形化的编程语言，以及良好、高效的开发环境。

2.3.2　LabWindows/CVI

LabWindows/CVI 是一种 ANSI C 集成式开发环境，为创建测试和控制应用提供了完整的编程工具。

2.3.3　Measurement Studio

Measurement Studio 是专为 Visual Studio .NET 编程人员创建的集成式测量方案工具。它可在 Visual Studio 中创建测试、测量和控制应用程序，并通过扩展 Microsoft .NET Framework 提高开发效率。

2.3.4　MAX

MAX (Measurement & Automation Explorer)可以让用户即时访问硬件。借助于 MAX，用户可以立即确定 NI CompactDAQ 机箱和模块的安装与工作是否正常，可以仿真开发过程中使用的设备、管理网络设置、配置测量任务，甚至还可以进行简单的测量。

下面通过在 MAX 软件中操作几种常见硬件的过程，对 MAX 软件进行较为详细的介绍。

(1) 添加仿真设备。

启动 MAX 软件后，在 MAX 界面左边的配置树形目录中，右击"我的系统"下面的"设备和接口"，在弹出的快捷菜单中选择"新建"命令，如图 2-18 所示。

在打开的"新建"对话框中选择"设备和接口"下面的"仿真 NI-DAQmx 设备或模块化仪器"选项，如图 2-19 所示。

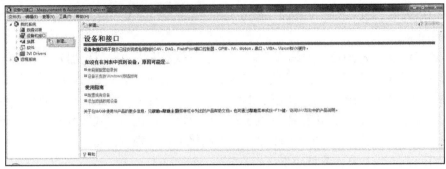

图 2-18　MAX 界面

图 2-19　选择要添加的设备和接口

在打开的"创建 NI-DAQmx 仿真设备"对话框中，单击"NI-DAQmx 仿真设备"区域中"M 系列 DAQ"前面的加号，展开设备树形目录，如图 2-20 所示。

在"M 系列 DAQ"设备树形目录中，选择"NI PXI-6224"设备，如图 2-21 所示。

图 2-20　展开"M 系列 DAQ"设备树形目录

图 2-21　选择"NI PXI-6224"设备

随后，系统将进行加载，加载的过程如图 2-22 所示。

图 2-22　系统正在加载仿真"NI PXI-6224"设备

系统加载完成后，在 MAX 界面左边的配置树形目录中，"我的系统"下面的"设备和接口"下面将出现一个图标为黄色、名称为"NI PXI-6224"的设备，如图 2-23 所示。

图 2-23　系统加载完成

在 MAX 界面左边的配置树形目录中，要区别显示出来的设备是仿真设备还是实际拥有的设备，一个简单直观的方法是，通过设备名称前面的图标颜色进行区分。仿真设备的图标颜色是黄色的；实际拥有的设备的图标颜色是绿色的。

配置、安装新硬件的过程：先将计算机电源关闭，再将所购买的虚拟仪器硬件与计算机有关接口连接好，启动计算机，然后启动 MAX 软件。这时，在 MAX 界面左边的配置树形目录中就可以看到已经成功连接到计算机的 NI 硬件了，如图 2-24 所示。

图 2-24　成功连接到计算机的 NI 硬件

(2) 配置 USB 单槽机箱 cDAQ-9171 与热电偶采集模块 NI-9211。

在打开的 MAX 配置树形目录中，选择"设备和接口"下面的"NI cDAQ-9171"选项，再展开"NI cDAQ-9171"前面的加号，选择看到的"NI-9211"选项，在 MAX 界面的中部，默认显示的是 NI-9211 的属性，如产品序列号、插槽号、NI-DAQmx 的软件版本，如图 2-25 所示。

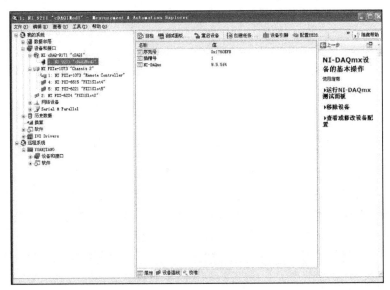

图 2-25　NI-9211 的属性

在 MAX 界面的上部，单击"测试面板"按钮，打开 NI-9211 对应的测试面板，用于设置测量通道号、热电偶的类型等，如图 2-26 所示。

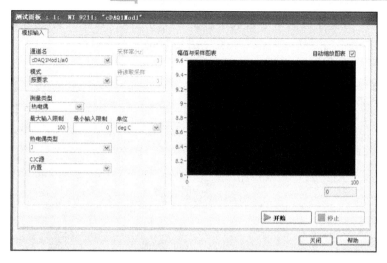

图 2-26　NI-9211 的测试面板

在 MAX 界面的上部，单击"创建任务"按钮，弹出"新建"对话框，分别选择当中的"模拟输入""温度""热电偶"选项，以确定采集信号的种类，如图 2-27 所示。

在"新建"对话框中选择 cDAQ 的"物理通道 ai0"，如图 2-28 所示，再单击"下一步"按钮，弹出如图 2-29 所示的对话框，在该对话框中输入任务的名称，这里保持系统默认的名称"我的温度任务"，再单击"完成"按钮。

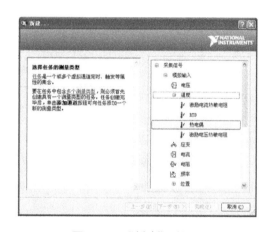

图 2-27　"新建"对话框

图 2-28　选择 cDAQ 的"物理通道 ai0"

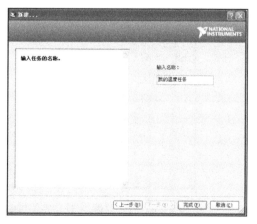

图 2-29　输入任务的名称

现在，MAX 界面左边的树形目录中，在"我的系统→数据邻居→NI-DAQmx 任务"下生成了一个"我的温度任务"选项。在 MAX 界面中间的窗格中，显示了有关热电偶测量的"配置"信息，如图 2-30 所示。

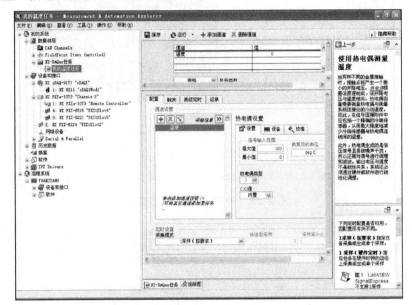

图 2-30　生成的"我的温度任务"的"配置"信息

选择"记录"选项卡有关热电偶测量的"记录"信息如图 2-31 所示。

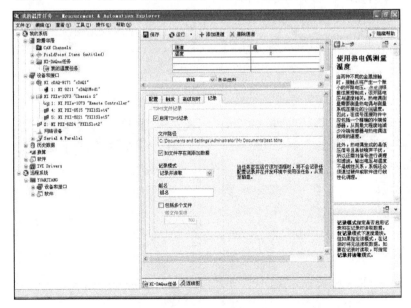

图 2-31　有关热电偶测量的"记录"信息

在 MAX 界面的下部，单击"连线图"按钮，可以非常直观地显示热电偶模块与热电偶的接线情况，自动完成接线图的绘制，如图 2-32 所示。

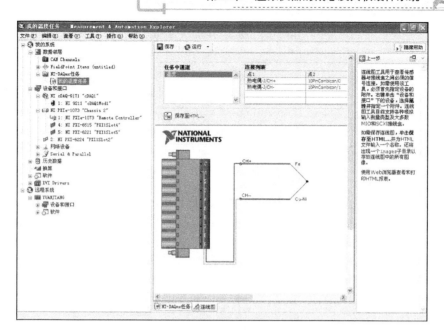

图 2-32　连线图

如果用户想在同一个任务中再添加一个温度测量通道，在 MAX 界面的下部，先单击"NI-DAQmx 任务"按钮，再在 MAX 界面的上部单击"添加通道"下拉按钮，在弹出的下拉列表中选择"热电偶"选项，如图 2-33 所示。

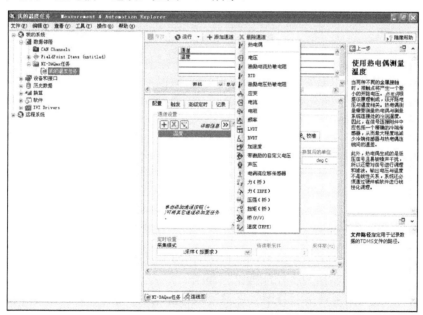

图 2-33　"添加通道"下拉按钮

在打开的"添加通道至任务"对话框中，选择 cDAQ 的"物理通道 ai1"，如图 2-34所示，再单击"确定"按钮。

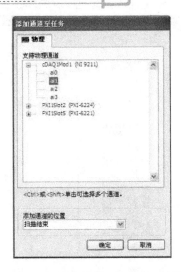

图 2-34　"添加通道至任务"对话框

完成在同一个任务中再添加一个温度测量通道后的情形如图 2-35 所示。

图 2-35　完成后的情形

(3) 配置 NI PXIe-1073 混合机箱、NI PXIe-1073 远程控制器、NI PXI-6515 工业数字输入/输出、NI PXI-6221 M 系列多功能数据采集卡。

在打开的 MAX 配置树形目录中，选择"设备和接口"下面的"NI PXIe-1073"选项，将显示机箱序列号等信息，如图 2-36 所示。

在打开的 MAX 配置树形目录中，选择"设备和接口"下面的"NI PXI-6515"选项，将显示序列号、PXI 插槽号等信息，如图 2-37 所示。

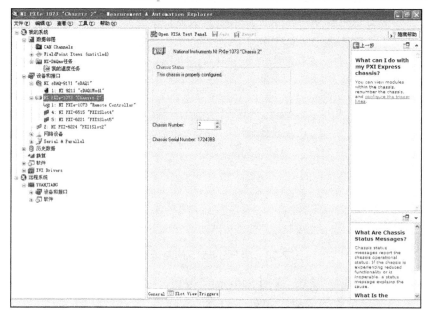

图 2-36　"NI PXIe-1073" 的机箱序列号等信息

图 2-37　"NI PXI-6515" 的序列号、PXI 插槽号等信息

在 MAX 界面的上部，单击"测试面板"按钮，可以打开 NI PXI-6515 的对应的测试面板，用于选择端口、方向等，如图 2-38 所示。

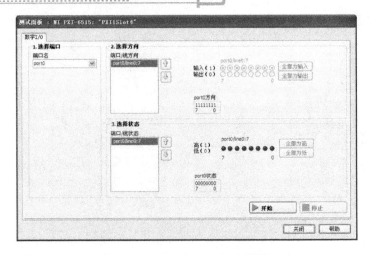

图 2-38　NI PXI-6515 的测试面板

在 MAX 界面的下部，单击"PXI Settings"按钮，可以看到 NI PXI-6515 的制造厂商、型号、该板卡的插槽位置等信息，如图 2-39 所示。

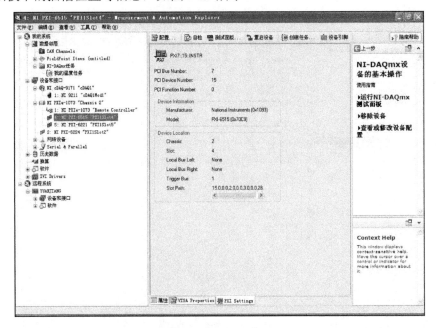

图 2-39　NI PXI-6515 的制造厂商、型号、该板卡的插槽位置等信息

在打开的 MAX 配置树形目录中，选择"设备和接口"下面的"NI PXIe-1073"选项，再展开"NI PXIe-1073"前面的加号，选择看到的"NI PXI-6221"选项。在 MAX 界面的下部，单击"PXI Settings"按钮，可以看到 NI PXI-6221 的制造厂商、型号、该板卡的插槽位置等信息，如图 2-40 所示。

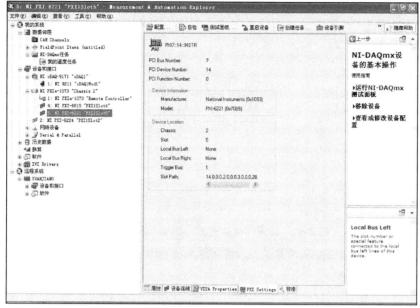

图 2-40　NI PXI-6221 的制造厂商、型号、该板卡的插槽位置等信息

在 MAX 界面的上部，单击"测试面板"按钮，可以打开"NI PXI-6221"对应的测试
面板，用于设置"模拟输入""模拟输出""数字 I/O""计数器 I/O"等选项卡的参数。
设置"模拟输入"选项卡的参数内容如图 2-41 所示。

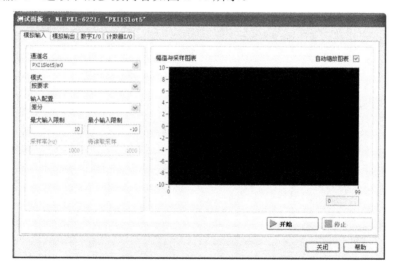

图 2-41　设置"模拟输入"选项卡的参数内容

设置"模拟输出"选项卡的参数内容如图 2-42 所示。
设置"数字 I/O"选项卡的参数内容如图 2-43 所示。

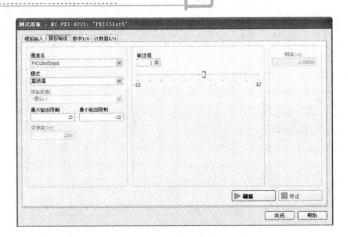

图 2-42　设置"模拟输出"选项卡的参数内容

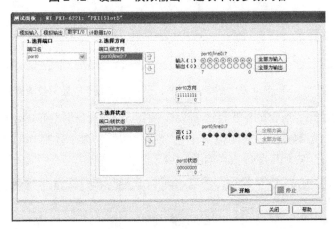

图 2-43　设置"数字 I/O"选项卡的参数内容

设置"计数器 I/O"等选项卡的参数内容如图 2-44 所示。

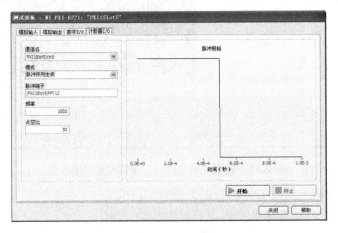

图 2-44　设置"计数器 I/O"等选项卡的参数内容

在 MAX 界面的下部，单击"校准"按钮，可以查看外部校准的时间、自校准的时间、当前温度等信息，如图 2-45 所示。

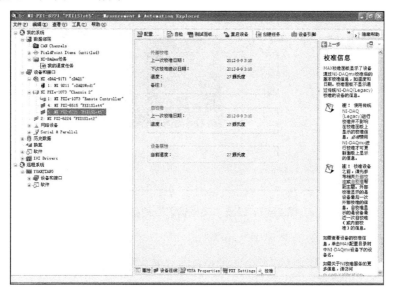

图 2-45 查看外部校准的时间、自校准的时间、当前温度等信息

在打开的 MAX 配置树形目录中，选择"设备和接口"下面的图标为黄色、名称为"NI PXI-6224"仿真设备，可以看到其 PXI 插槽号、PXI 机箱号等信息，如图 2-46 所示。

图 2-46 查看"NI PXI-6224"仿真设备的 PXI 插槽、PXI 机箱号等信息

在 MAX 界面的上部，单击"测试面板"按钮，可以打开"NI PXI-6224"仿真设备对应的测试面板，用于设置"模拟输入""数字 I/O""计数器 I/O"等选项卡的参数内容。设置"模拟输入"参数内容如图 2-47 所示。

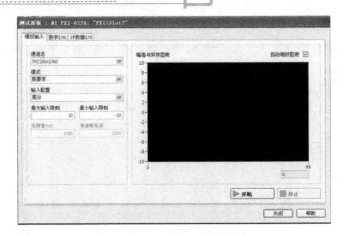

图 2-47　设置"模拟输入"的参数内容

设置"数字 I/O"参数内容如图 2-48 所示。

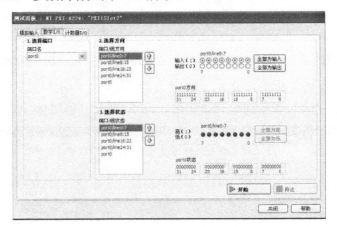

图 2-48　设置"数字 I/O"的参数内容

设置"计数器 I/O"参数内容如图 2-49 所示。

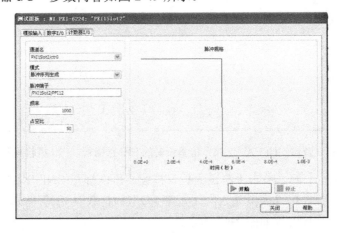

图 2-49　设置"计数器 I/O"的参数内容

（4）配置具有单板控制器 sbRIO-9632 的机器人起步包。

在 MAX 界面左边的配置树形目录中，单击"远程系统"，等待一段时间后，会显示单板控制器 sbRIO-9632 的机器人起步包的名称，在这里已经命名为"YUANJIANG"，单击"YUANJIANG"前面的加号，就可以看到在机器人起步包里面安装好的单板控制器 sbRIO-9632、软件等情况。在 MAX 界面的中部，显示的是单板控制器 sbRIO-9632 的主机名称、IP 地址、型号、序列号、内存等信息，如图 2-50 所示。

图 2-50　单板控制器 sbRIO-9632 的机器人起步包有关信息

在 MAX 界面的下部，单击"网络设置"按钮，可以配置 IP 地址等信息，如图 2-51 所示。

图 2-51　配置 IP 地址

在 MAX 界面的上部，单击"设置权限"按钮，弹出"设置权限"对话框(图 2-52)，可以设置程序设计员自己的密码，这样，可以防止无关人员在单板控制器上安装软件、更改设置。要知道，当别人来使用没有设置密码、已经具有 IP 地址的单板控制器时，为了使他的计算机与单板控制器连接成功，他必须使在单板控制器上设置的 IP 地址和他的计算机 IP 地址匹配，才能够连接成功，而一般情况下，他只知道自己计算机的 IP 地址、不知道单板控制器上的 IP 地址，因此，他会重新设置单板控制器上的 IP 地址、并下载自己的程序到单板控制器里。等到用户再来使用的时候，会发现连接单板控制器总是不成功，就算连接成功，也会发现里面的程序已经面目全非。这样会浪费不少时间和精力。

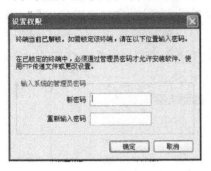

图 2-52 设置程序设计员自己的密码

2.3.5 NI-DAQmx 驱动软件

NI-DAQmx 驱动服务软件可以控制数据采集 (DAQ) 系统的每个部分，从 LabVIEW 环境中的配置和编程，到低端操作系统和设备的控制，快速完成数据采集任务。其作用如下。

(1) 在几百个多功能 DAQ 硬件设备上，针对编程模拟输入、模拟输出、数字 I/O 和计数器，提供统一的编程界面。

(2) 为 NI LabVIEW、NI LabWindowsTM/CVI、Visual Basic、Visual Studio .NET 和 C/C++提供统一的 VI 和函数。

(3) 提供 NI MAX、DAQ 助手和 LabVIEW SignalExpress LE 软件，节省配置、开发和数据记录的时间。

从 NI-DAQmx 7.4 版本开始，DAQ 系统的开发人员就能够创建 NI-DAQmx 仿真设备。选择 NI-DAQmx 所支持的任何设备，将它作为仿真设备添加至 MAX 中的硬件配置。这样，该设备就能适用于所有的 NI 应用软件。NI-DAQmx 仿真设备可以高效创建并运行 NI-DAQmx 程序，同时用户无需借助任何物理硬件即可使用 DAQ 助手或 SignalExpress 等工具。

2.3.6 LabVIEW SignalExpress

LabVIEW SignalExpress 是一款交互式数据记录软件，无须编程就可以从几百种数据采集设备和仪器上快速采集、分析并显示数据。

本章小结

本章首先介绍虚拟仪器的概念、虚拟仪器与传统仪器的差异、虚拟仪器的特点，然后介绍了以 NI 公司为代表的虚拟仪器的硬件系统平台 PXI、NI CompactRIO、NI CompactDAQ 的基本情况，最后介绍了虚拟仪器的软件系统 LabVIEW、LabWindows/CVI、Measurement

Studio、LabVIEW SignalExpress、NI-DAQmx 驱动软件、MAX 软件的基本作用。重点介绍了：虚拟仪器的概念；NI PXIe-1073 混合机箱(配有交流的 5 槽 3U PXI Express 机箱、集成 MXI-Express 控制器、NI PXIe-1073 远程控制器)，NI PXI-6515 工业数字输入/输出，NI PXI-6221 M 系列多功能数据采集卡，嵌入式机箱 cRIO-9074，电源模块 NI PS-15(24V DC，5A)，模拟输出模块 NI 9263，数字输出模块 NI 9472，电压输入模块 NI 9215，数字输入模块 NI 9411，USB 单槽机箱 cDAQ-9171，热电偶采集模块 NI-9211，NI sbRIO-9632 单板嵌入式控制器的 NI LabVIEW 机器人起步包，NI sbRIO-9642 单板嵌入式控制器的功能、外观及结构；同时，通过大量图片资料，向用户展示了如何借助于 MAX 确定 NI 硬件的安装和工作是否正常，仿真开发过程中使用的设备、管理网络设置、配置测量任务，进行简单的测量。读者如果掌握了 LabVIEW 的概念、熟悉了有关的硬件软件系统，就能够在以后的程序开发中，选择适合工程需要的硬件和软件。

阅读材料

工业机器人

按照 ISO 定义，工业机器人是面向工业领域的多关节机械手或多自由度的机器人。工业机器人是自动执行工作的机器装置，是靠自身动力和控制能力来实现各种功能的一种机器。它可以接受人类指挥，也可以按照预先编排的程序运行，现代的工业机器人还可以根据人工智能技术制定的原则纲领行动。

工业机器人的典型应用包括焊接、刷漆、组装、采集和放置(如包装、码垛和 SMT)、产品检测和测试等。所有工作的完成都具有高效性、持久性、高速度和准确性。

在国际上，工业机器人技术日趋成熟，已经成为一种标准设备而得到工业界广泛应用，从而也形成了一批在国际上较有影响力的、著名的工业机器人公司，包括瑞典的 ABB Robotics，日本的 FANUC、Yaskawa(安川)、MITSUBISHI(三菱)，德国的 KUKA。在国内，有安川首钢机器人有限公司、沈阳新松机器人被自动化股份有限公司。

1. 国外主要机器人公司

1) 瑞典 ABB Robotics 公司

ABB 公司是世界上最大的机器人制造公司。1974 年，ABB 公司研发了全球第一台全电控式工业机器人 IRB6，主要应用于工件的取放和物料的搬运。1975 年，又生产出第一台焊接机器人。至 2002 年，ABB 公司销售的工业机器人已经突破 10 万台，是世界上第一个突破 10 万台的厂家。ABB 公司制造的工业机器人被广泛应用在焊接、装配、铸造、密封涂胶、材料处理、包装、喷漆、水切割等领域。

ABB 公司工业机器人产品有以下几种。

(1) IRB 120：承载能力为 3 kg；到达距离为 0.58m。

(2) IRB 1410：承载能力为 5 kg；到达距离为 1.44 m。

(3) IRB 1600：承载能力为 6～8.5kg；到达距离为 1.2 m，1.45 m。

(4) IRB 2400：承载能力为 7～20 kg；到达距离为 1.5m，1.81m。

(5) IRB 260：承载能力为 30 kg；到达距离为 1.5 m。

(6) IRB 4400：承载能力为 60 kg；到达距离为 1.95 m。

(7) IRB 460：承载能力为 110 kg；到达距离为 2.40m。

(8) IRB 6400RF：承载能力为 200 kg；到达距离为 2.5m，2.8 m。

(9) IRB 760：承载能力为 450 kg；到达距离为 3.18m。

(10) IRB 52：喷涂机器人，紧凑的喷涂专家。

公司网址：http://www.abb.com/robotics。

2) 日本 Yaskawa(安川)电机公司

安川电机公司(Yaskawa Electric Co.)自 1977 年研制出第一台全电动工业机器人以来，已有 28 年的机器人研发生产历史，旗下拥有 Motoman 美国、瑞典、德国及 Synetics Solutions 美国公司等子公司，至今共生产 13 万多台机器人产品，而最近两年生产的机器人有 3 万多台，超过了其他的机器人制造公司。

安川电机公司核心的工业机器人产品包括：点焊和弧焊机器人、油漆和处理机器人、LCD 玻璃板传输机器人和半导体晶片传输机器人等。该公司是将工业机器人应用到半导体生产领域最早的厂商之一。

安川电机公司工业机器人产品有以下几种。

(1) 6 轴垂直多关节：MOTOMAN-MA1400。

(2) 6 轴垂直多关节：MOTOMAN-MA1900。

(3) 6 轴垂直多关节：MOTOMAN-MH5 系列。

(4) 6 轴垂直多关节：MOTOMAN-MH6。

(5) 6 轴垂直多关节：MOTOMAN-HP20D。

(6) 6 轴垂直多关节：MOTOMAN-MS80。

(7) 6 轴垂直多关节：MOTOMAN-ES165D。

(8) 6 轴垂直多关节：MOTOMAN-MH50。

(9) 4 轴垂直多关节：MOTOMAN-MPL100。

(10) 6 轴垂直多关节：MOTOMAN-EPX1250。

安川电机(中国)有限公司网址：http://www.yaskawa.com.cn/。

3) 日本 FANUC 公司

FANUC 公司的前身致力于数控设备和伺服系统的研制和生产，1972 年，从日本富士通公司的计算机控制部门独立出来，成立了 FANUC 公司。FANUC 公司包括两大主要业务，一是工业机器人，二是工厂自动化。

FANUC 公司工业机器人产品有以下几种。

(1) FANUC Robot i series。

(2) FANUC Robot M-1iA。

(3) FANUC Robot M-1iA。

(4) FANUC Robot M-2iA。

(5) FANUC Robot M-3iA。

(6) FANUC Robot LR Mate 200iC。

(7) FANUC Robot LR Mate 200iD。

(8) FANUC Robot ARC Mate 0iA。

(9) FANUC Robot ARC Mate 100iC。

(10) FANUC Robot ARC Mate 120iC。

(11) FANUC Robot M-10iA。

(12) FANUC Robot M-20iA。

(13) FANUC Robot ARC Mate 100iCe。

(14) FANUC Robot M-10iAe。

FANUC 公司网址：http://www.fanuc.co.jp。

4) 德国 KUKA Roboter Gmbh 公司

KUKA Roboter Gmbh 公司位于德国奥格斯堡，是世界几家顶级工业机器人制造商之一，1973 年研制开发了 KUKA 的第一台工业机器人。该公司工业机器人年产量接近 1 万台，至今已在全球安装了 6 万台工业机器人。这些机器人被广泛应用在仪器、汽车、航天、食品、制药、医学、铸造、塑料等工业中，主要应用于材料处理、机床装料、装配、包装、堆垛、焊接、表面修整等领域。

KUKA Roboter Gmbh 公司工业机器人产品有以下几种。

(1) KR 30-3。

(2) KR 30 L16-2。

(3) KR 40 PA。

(4) It reall。

(5) KR 60-3。

(6) KR 30-3 F。

(7) KR 30-4 KS-F。

(8) KR 30-4 KS。

(9) KR 30-3 CR。

(10) KR 30 jet

(11) KR 30 HA。

KUKA Roboter Gmbh 公司网址：http://www.kuka.com。

2. 国内主要机器人公司

1) 安川首钢机器人有限公司

安川首钢机器人有限公司的前身为首钢莫托曼机器人有限公司，由中国首钢总公司和日本株式会社安川电机共同投资，是专业从事工业机器人及其自动化生产线设计、制造、安装、调试及销售的中日合资公司。公司自 1996 年 8 月成立以来，始终致力于中国机器人应用技术产业的发展，其产品遍布汽车、摩托车、家电、IT、轻工、烟草、陶瓷、冶金、工程机械、矿山机械、物流、机车、液晶、环保等行业，在提高制造业自动化水平和生产效率方面，发挥着重要作用。

安川首钢机器人有限公司工业机器人产品有以下几种。

(1) 弧焊用途机器人：MOTOMAN-VA, MA 系列。

(2) 多功能通用型机器人：MOTOMAN-MH，HP，UP 系列。

(3) 码垛用途机器人：MOTOMAN-MPL 系列。

(4) 点焊用途机器人：MOTOMAN-VS, MS, ES 系列。

(5) 喷涂用途机器人：MOTOMAN-EPX 系列。

(6) 适用于压机间搬运的机器人：MOTOMAN-EPH，EP 系列。

安川首钢机器人有限公司网址：http://www.sg-motoman.com.cn。

2) 沈阳新松机器人自动化股份有限公司

沈阳新松机器人自动化股份有限公司是由中国科学院沈阳自动化所为主发起人投资组建的高技术公司，是"机器人国家工程研究中心""国家八六三计划智能机器人主题产业化基地""国家高技术研究发展计划成果产业化基地""国家高技术研究发展计划成果产业化基地"。该公司是国内率先通过 ISO 9001 国际质量保证体系认证的机器人企业，并在《福布斯》2005 年最新发布的"中国潜力 100 榜"上名列第 48 位。新松公司产品包括 rh6 弧焊机器人、rd120 点焊机器人，以及水切割、激光加工、排险、浇注等特种机器人。

新松公司生产的关节型机器人按照结构形式分为垂直多关节机器人和水平多关节机器人，垂直多关节机器人能够进行全姿态动作运动，而水平多关节机器人可以进行水平直线及回转运动；关节型机器人按照负载能力又分为 6kg、50kg、120kg、165kg、200kg 和 300kg 机器人。关节型机器人的应用领域涵盖搬运、冲压、打磨、点焊、弧焊、激光焊接、切割、码垛、涂胶、消毒、自动校验等多个领域。

新松公司关节型工业机器人产品有以下几种。

(1) RH6 弧焊机器人：属于 6 自由度垂直关节型通用工业机器人，最大工作负荷 6kg，重复定位精度±0.08mm，主要应用于汽车、摩托车、家电、轻工等行业零部件焊接、装配，等离子、激光切割等作业中。

(2) RD120 点焊机器人：具有 6 个自由度，最大额定工作负荷 120kg，水平作业半径 2.6m，重复定位精度±0.4mm，属于一种适用于点焊及搬运、码垛等作业的大负荷垂直多关节通用工业机器人产品。

(3) 新型 6kg 垂直多关节机器人。

(4) 50kg 垂直多关节机器人。

(5) 新型 120kg 水平多关节机器人。

(6) 165kg 垂直多关节机器人。

(7) 200kg 垂直多关节机器人。

(8) 360kg 搬运机器人。

新松公司网址：http://www.siasun.com。

习　题

一、简答题

1．简述虚拟仪器的概念及特点。

2．查阅课外资料，简述虚拟仪器软件 LabVIEW 的发展历程。

3．MAX 软件的作用有哪些？

二、操作题

1．在 MAX 环境里添加数字 I/O 类型的 NI-DAQmx 仿真设备 "NI PCI-6518"。

2．在 MAX 环境里，使用题二(1)创建的仿真设备 "NI PCI-6518"，为其添加一个 "边沿计数的计数器输入" 任务，任务的通道为 "ctr 0"，任务的名称为 "边沿计数任务"。

3．在 MAX 环境里，在完成题二(2)的基础上，再添加一个任务通道 "ctr 1"。

第 3 章

LabVIEW 虚拟仪器入门

 学习目标

➢ 了解 LabVIEW 图形化编程环境。

➢ 熟练使用 LabVIEW 前面板和程序框图的菜单栏和工具栏。

➢ 熟练使用 LabVIEW 的帮助系统。

➢ 使用 LabVIEW 编写简单的字符显示和信号波形显示程序。

本章知识结构

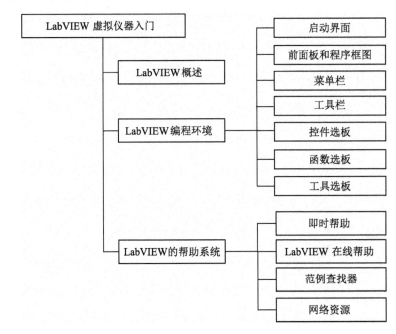

导入案例

LabVIEW 在数据采集与信号处理、仪器控制、自动化测试与验证系统、嵌入式检测和控制等方面都有着广泛应用。

案例一：

LabVIEW 在空调测试台集中测试中的应用。过去的空调测试大多是针对单个台位的几个功能进行测试，如水冷冷水测试、风机盘管测试、焓差测试、换热测试等。随着市场需求的增加，空调企业的生产规模相应扩大，对测试的要求也越来越高。越来越多的测试台需要一套集中测试、远程监控的试验数据管理系统，从而有效地利用现有测试设备，提高测试设备利用率，充分发挥硬件功能作用，便于不同部门的人员有效利用和分析大量的测试数据，实现跨部门的试验数据共享，以及不同部门间试验数据的有效管理。使用 NI 公司的 LabVIEW、Database Connectivity 数据库工具包、Report Generation 报表生成工具包可开发一套基于 TCP/IP 通信的空调测试台集中测试、远程监控数据管理系统，以满足上述要求。

系统方案如图 3-1 所示，数据采集设备(DAQ Devices，如图 3-2 所示)与采集计算机(DAQ Server)进行硬件连接通信(支持多种总线类型连接，如 GPIB、PXI、USB、RS232/485 等，凡是 LabVIEW 支持的通信协议均可采集到采集计算机上)，通过安装在采集计算机上的 LabVIEW 数据采集程序进行数据采集。网络中任何一台授权的客户端计算机(Client)均可通过 TCP/IP 通信和采集计算机建立数据连接，获得其需要的数据，进行后期运算分析，最后通过 TCP/IP 网络将数据保存到数据服务器(Data Server)的数据库中。客户端程序可安装到网络中任何一台经过授权的计算机上进行相应的数据实时采集分析处理，同时也可以通过 TCP/IP 网络将数据服务器的数据库中的历史数据提出进行分析处理。

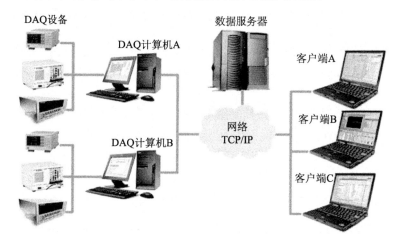

图 3-1　系统结构

案例二：

LabVIEW 用于生物医学信号分析。2011 年 1 月 24 日，NI 发布了生物医学入门工具包，它是应用于生物医学领域的应用程序套件。这些应用程序让程序开发人员能够 NI 软件(如 LabVIEW)和 NI 硬件(如 NI 教学实验室虚拟仪器套件 II，NI ELVIS II)用于生物医学解决方案。使用这些应用程序，执行内建的生物医学应用程序，可以对生物信号进行采集、预处理、提取及分析。

程序开发人员可以使用生物医学传感器和 NI 硬件采集现实世界的实时生物医学数据，或者从文件中导入生物医学数据到工具包的应用程序中(如来自 MIT-BIH 数据的文件)进行分析。程序开发人员还可以使用工具包的应用程序从心电图(ECG)信号中提取特性，分析心率变异性(HRV)及测量血压，也可以使用 NI 硬件和工具包中的应用程序生成标准的模拟生物医学信号，对生物医学仪器进行验证和测试。

图 3-2　数据采集系统

3.1　LabVIEW 概述

LabVIEW 是一种图形化的虚拟仪器软件开发环境，也是一种采用图形化方式进行计算机程序设计的编程语言。

程序开发人员所熟悉的汇编语言、C 语言、Java 语言等都是基于字符的文本式编程语言，编程就是按规则来撰写文本代码，这些代码经过编译器编译、调试和链接后最终生成计算机可执行的代码。LabVIEW 被称为 G 语言(Graphical Language)，它不使用文本代码来编写程序，而是采用一种经过特殊设计和定义的图形化代码，即图标，来进行程序设计，使得程序设计者在流程图构思完毕的同时也完成了程式的撰写。LabVIEW 最初的版本是用 C 语言编写的，后来改用 C++语言编写，图形化代码实际上是对 C 或 C++高级语言的抽象处理。抽象处理后的图形化代码表现得更直观、更简洁，降低了图形化程序设计中复杂的语法要求。LabVIEW 发明的初衷是降低工程师和科学家进行程序设计的复杂度。

LabVIEW 的编译器是一个即时编译器，在编译过程中同时进行图形化代码的编译。LabVIEW 充分利用了现代可视化操作系统中鼠标、键盘的操作功能，它的编程过程就是通过鼠标拖拽的方式来放置图形符号，并通过它们之间的相互连线来描述程序的执行行为。传统文本编辑语言根据语句和指令的先后顺序决定程序执行顺序，而 LabVIEW 则采用数据流编程方式，程序框图中节点之间的数据流向决定了 VI 及函数的执行顺序。

LabVIEW 的程序/子程序称为虚拟仪器(VI)。每个 VI 都由 3 个部分组成：程序框图(Block Diagram)、前面板(Front Panel)和图标/连线器(Icon/Connector)。连线器是用来供其他的程序框图调用本 VI 之用。程序开发人员可以利用前面板上的控件将数据输入正在运行的 VI，或者用显示控件将运算结果输出。前面板还可以作为程序的接口：每个 VI 既可以把前面板当作用户界面，作为一个程序来运行，也可以把它作为一个节点放到另一个 VI

程序框图中，通过连线器将它与框图中的其他部件连接，而前面板则定义 VI 的输入和输出。每个 VI，在作为子程序嵌入到一个大型项目之前，都可以很方便地进行测试。

LabVIEW 不仅可与数据采集、运动控制设备等硬件进行通信，而且可与 GPIB、PXI、VXI、RS232 及 RS485 等仪器进行通信。

3.2　LabVIEW 编程环境

LabVIEW 程序(VI)的外观和操作类似于真实的物理仪器(如示波器和万用表)。LabVIEW 拥有的整套工具可用于采集、分析、显示和存储数据，以及解决程序开发人员在编写代码过程中可能出现的问题。

LabVIEW 通过输入控件和显示控件创建用户界面(前面板)。输入控件指旋钮、按钮、转盘等输入装置，显示控件指图形、指示灯等输出显示装置。前面板创建完毕后，可添加代码，使用 VI 和结构控制前面板上的对象。程序框图包含代码。

3.2.1　启动界面

安装 LabVIEW 后，程序开发人员就可以开始创建图形化程序了。

在 Windows 操作系统下启动 LabVIEW 软件，可以选择"开始→所有程序→National Instruments LabVIEW 2011"命令，启动 LabVIEW，其界面如图 3-3 所示。

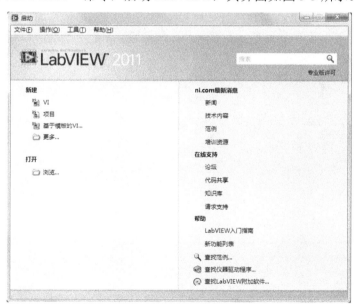

图 3-3　LabVIEW 2011 的启动界面

打开现有文件或新建文件后"启动"窗口就会关闭消失，关闭所有已打开的前面板和程序框图后可再次显示"启动"窗口。在前面板或程序框图窗口中选择"查看"下拉菜单中的"启动窗口"命令，也可显示"启动"窗口。

由以上"启动"窗口可以看到，在 LabVIEW 2011 的开发环境下，左边栏内可以选择新建一个 VI、项目或 VI 的模板，也可以浏览此前打开或已经创建的 VI 等；右边栏内可以通过网络查看 NI 公司的最新消息、LabVIEW 的相关资讯，也可以查看软件自带的入门指南和范例。这个启动界面，列出了程序开发人员可能感兴趣并且需要的条目，给程序开发人员带来了极大的便利。

3.2.2　前面板和程序框图

在"启动"窗口的左栏中，单击"VI"选项，开发环境会自动弹出图形化代码设计所必须的两个空白窗口，其中一个称为"前面板"，如图 3-4 所示；另一个称为"程序框图"，如图 3-5 所示。

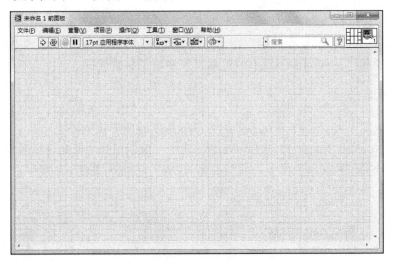

图 3-4　前面板

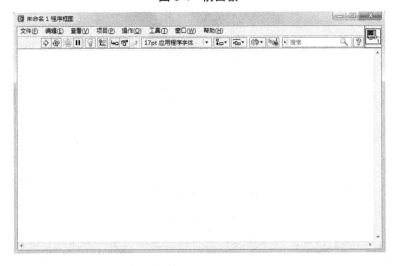

图 3-5　程序框图

"前面板"用来与用户进行交互式操作，即创建人机交互界面，描绘出真实设备的操作面板或图形显示部件。"程序框图"用来放置图形化代码，又称 G 代码，它在某种程度上类似于流程图，因此又被称为程序框图代码。"程序框图"只是程序开发人员编程时所使用的，最终的用户是无法看到的。

开发环境自动弹出的"前面板"和"程序框图"显示为两个前后放置的独立的窗口，用快捷键 Ctrl+E 可以随意切换两个窗口的前后位置。如果程序开发人员希望两个窗口左右或上下并列放置，可选择"前面板"或"程序框图"窗口中的"窗口"下拉菜单中的"左右两栏显示"或"上下两栏显示"命令，如图 3-6 所示。

图 3-6　"前面板"和"程序框图"左右两栏显示

当关闭"前面板"时，"程序框图"也会被自动关闭。如果程序开发人员要关闭"程序框图"窗口，但是"程序框图"窗口没有显示，那么选择"前面板"窗口中的"窗口"下拉菜单中的"显示程序框图"命令，则可显示"程序框图"窗口，如图 3-7 所示。

图 3-7　只有"前面板"的情况下显示"程序框图"

3.2.3　菜单栏

菜单栏包含了"前面板"和"程序框图"的全部功能命令，"前面板"和"程序框图"中菜单栏的内容几乎一样，如图 3-8 所示。

| 文件(F)　编辑(E)　查看(V)　项目(P)　操作(O)　工具(T)　窗口(W)　帮助(H) |

图 3-8　"前面板"的菜单栏

选择"文件"下拉菜单中的"新建 VI"命令(快捷键 Ctrl+N)，可打开一对新的"前面板"和"程序框图"窗口；选择"新建"命令，可打开"新建"窗口，如图 3-9 所示，它和在"启动"窗口上单击"新建"选项生成的是同一个"新建"窗口。

图 3-9　"新建"窗口

选择"文件"下拉菜单中的"另存为"命令，将刚刚建立的、空的 VI 命名为"Empty"存储在易查找的位置，这时"前面板"和"程序框图"的标题栏变成了"Empty.vi"(.vi 是图形化程序文件的扩展名)，如图 3-10 所示。

图 3-10　VI 保存后的"前面板"的标题栏

选择"文件"下拉菜单中的"VI 属性"命令(快捷键 Ctrl+I)，可以弹出"VI 属性"对话框并查看、设置 VI 的静态属性，"VI 属性"一共有 12 种属性类别，如图 3-11 所示。下面介绍它的前 3 种属性类别：VI 的常规属性、VI 的内存使用属性和 VI 信息说明属性。

图 3-11　VI 的 12 种属性类别

在"VI 属性"对话框中，可以看到当前 VI 的名称、当前修订版、当前 VI 在磁盘上的位置和当前 VI 源文件所使用的 LabVIEW 版本，另外还可以手动编辑 LabVIEW 的图标，如图 3-12 所示。

　　下面我们来了解"VI 属性"的内存使用对话框。最小、最简单的虚拟仪器所占用的内存即空的 VI 所占用的内存。如图 3-13 所示，一个空的图形化程序尽管没有填写任何图形化代码，但它还是占用了一定的内存和 4.5KB 的磁盘空间。随时查看 VI 的内存使用情况，有助于对 VI 进行优化。

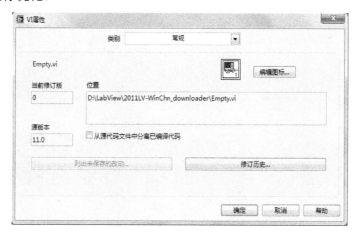

图 3-12　"VI 属性"对话框

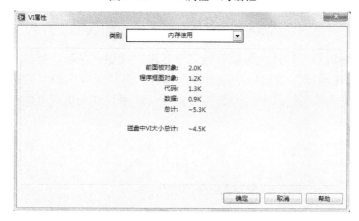

图 3-13　空 VI 的内存使用

　　在"VI 属性"说明信息对话框里，可以为创建的 VI 添加必要的说明信息，这些说明可以给其他看到或使用这个 VI 的程序开发人员提供必要的帮助，尤其是在开发大型程序的时候非常有用。在"VI 说明"的文本框内写入"这是一个空的 VI，没有写入任何图形代码。"，如图 3-14 所示，单击"确定"按钮进行保存。然后回到"前面板"窗口，选择菜单栏中的"帮助"下拉菜单中的"显示即时帮助"命令(快捷键 Ctrl+H)，把鼠标指针放到 VI 图标上，就可以看到之前填写的 VI 信息说明，如图 3-15 所示。

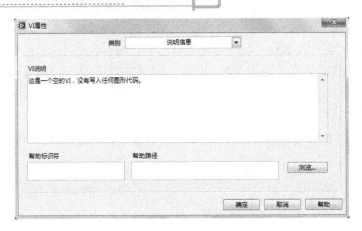

图 3-14　为空 VI 添加说明信息

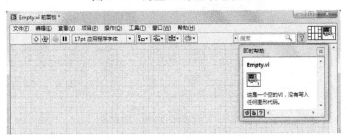

图 3-15　即时帮助显示的 VI 信息说明

通过"菜单编辑器"对话框可以查看菜单各项的类型、名称、标识符和快捷方式。在"前面板"或"程序框图"的窗口中，选择"编辑"下拉菜单中的"运行时菜单"命令，就会弹出"菜单编辑器"对话框，如图 3-16 所示。程序开发人员也可以在该对话框中定义自己的菜单。

图 3-16　"菜单编辑器"对话框

"帮助"下拉菜单中的"显示即时帮助"命令，在程序开发人员的编程过程中是非常有用的，前面已经提到过它，后面还将介绍。

3.2.4　工具栏

工具栏紧排在菜单栏的下面，"前面板"工具栏如图 3-17 所示。

图 3-17 "前面板"工具栏

单击图标 ➡ (它和选择菜单栏中"操作"下拉菜单中的"运行"命令产生的效果完全一样，快捷键为 Ctrl+R)，则运行程序一次，运行过程中图标变为 ➡。

单击图标 ◉，可以立即终止程序运行。如果 VI 使用外部资源，终止 VI 可能导致外部资源(如外部硬件等)无法恰当复位或释放并停留在未知状态。程序开发人员在设计程序时，添加并使用"停止"按钮可避免此类问题，"停止"按钮可以在 VI 完成当前循环后停止 VI 的运行。

单击图标 ⯆，弹出如图 3-18 所示的下拉列表，可以按照不同的方式对齐面板上 VI 的各个组成部件：上边缘对齐、垂直中心对齐、下边缘对齐、左边缘对齐、水平居中对齐和右边缘对齐。

在"搜索"框内，可以通过输入关键字的形式，搜索相关的 VI 资源信息，如输入"控制"，就会实时列出信息，如图 3-19 所示。

图 3-18 对象对齐选钮   图 3-19 搜索功能

单击图标 ❓，可以弹出"即时帮助"对话框。工具栏的其他图标功能在这里就不一一介绍了，当程序开发人员将鼠标指针放置到图标上时，会出现该图标的功能介绍。

3.2.5 控件选板

若 LabVIEW 安装以后，是第一次使用，则在打开"前面板"的同时，"控件"选板是自动打开的。"前面板"上未显示"控件"选板时，有两种方式可以打开"控件"选板：

(1) 在"前面板"窗口中，选择"查看"下拉菜单中的"控件选板"命令。

虚拟仪器技术及其应用

(2) 右击"前面板"窗口的任意空白处，可显示临时的"控件"选板，当将鼠标指针移向别处时，该选板消失。这时的"控件"选板的左上角显示图钉图标 ，单击该图钉图标可锁定浮动的选板。如图 3-20 所示，显示了用两种方式打开的"控件"选板的情况。

(a)

(b)

图 3-20　由菜单栏打开的控制选板与由右击打开的控制选板

单击"控件"选板上的控件：数值输入控件、按钮与开关、文本输入控件、Express 用户控件、数值显示控件、指示灯、文本显示控件和图像显示控件时，可显示该控件所对应的子选板(带有黑色右向三角形图标▶的控件选板都有子选板)。以"数值输入控件"为例，单击可见它的子选板，如图 3-21 所示。

默认打开的"控件"选板，显示的都是"Express"选板。单击"控件"选板底部的 ☆ 图标，可展开所有隐藏的选板类别，如图 3-22 所示。控件选板将不同的控件根据其表现方式不同归为不同的类别：新式、银色、系统、经典和 Express，以及其他选择安装的工具包和程序开发人员自定义的控件。

图 3-21　"数值输入控件"子选板

图 3-22　所有控件类别

单击"控件"选板中的"搜索"按钮，在弹出的"搜索选板"对话框中，通过输入关键字的形式可以查找所需的选板。如图 3-23 所示，输入关键字"数值"，各种类型的跟数值相关的控件都会被列出。

"控件"选板提供了创建虚拟仪器等程序面板所需的输入控件和显示控件，仅位于"前面板"窗口中。"前面板"上可以放置不同外观和功能的控件来创建用户操作界面。放置一个控件的具体操作是：单击所需的具体控件(不带 ▶ 图标的控件)，直接拖拽到"前面板"上即可。

图 3-23　搜索控件

3.2.6　函数选板

图形化程序中的图形化代码来自于"函数"选板，"函数"选板只位于"程序框图"窗口中。"函数"选板的操作和"控件"选板类似，这里不再描述。如图 3-24 所示的"函数"选板，是从"程序框图"菜单栏的"查看"菜单中选择"函数选板"命令而打开的。

在"程序框图"中放置一个图形化代码的具体操作是：单击一个函数图标，直接拖拽到框图内即可。进行图形化编程时，只要程序开发人员确定程序所要执行的任务，然后选择所需的函数就可以实现图形化程序设计。

图 3-24　从菜单栏打开的函数选板

3.2.7　工具选板

"工具"选板提供了 VI 程序设计时可以选用的基本工具，在"前面板"和"程序框图"中都能打开使用。打开"工具"选项的方式也有两种：

(1) 选择菜单栏的"查看"下拉菜单中的"工具选板"命令即可显示"工具"选板。

(2) 在窗口的空白区域按 Shift+鼠标右键，可以打开临时"工具"选板。

图 3-25 显示了两种方式打开的"工具"选板。

(a)　　　　　　(b)

图 3-25　菜单栏打开的"工具"选板与 Shift+鼠标右键打开的"工具"选板

表 3-1 中列出了"工具"选板中各个工具的图标、名称及其功能。

表 3-1　"工具"选板中各项工具的功能

图　标	名　称	功　能
✕ ▬	自动选择工具	当自动选择工具为绿色时,系统根据"前面板"或"程序框图"内对象的位置,自动选择合适的工具
👆	操作值	为控件选择操作值
▸	定位/调整大小/选择	选择对象、移动对象或改变对象尺寸
A	编辑文本	创建或修改文本
▸	进行连线	在程序框图中使用,连接相同类型数据的端口,类型不同,连线会出错
▤	对象快捷菜单	在对象上单击,弹出对象快捷菜单
🖐	滚动窗口	可以上下拖动实现窗口滚动功能
🔴	设置/清除断点	在框图程序中设置断点或清除已设置的断点
👁	探针数据	在框图程序数据连线上设置探针,在探针窗口中观察连线上数据的变化
🖊	获取颜色	提取单击对象的颜色
🖊	设置颜色	根据设定的前景颜色和背景颜色给对象上色

3.3　LabVIEW 的帮助系统

帮助系统包含 LabVIEW 编程理论、编程指导,以及 VI、函数、选板、菜单和工具的参考信息。在"前面板"或"程序框图"窗口中,选择菜单栏中的"帮助"下拉菜单中的"LabVIEW 帮助"命令(快捷键 Ctrl+?),可打开"LabVIEW 帮助"窗口。

例如,由 LabVIEW 帮助系统查看显示于"前面板"右上角的图标和连线板的信息。在帮助窗口的左栏中,单击"目录"选项卡中的"LabVIEW 入门指南""虚拟仪器简介""图标和连线板"选项,在帮助窗口的右栏中就会显示相关的说明,如图 3-26 所示。

图 3-26　"LabVIEW 帮助"窗口中显示关于图标和连线板的说明

又如，由 LabVIEW 帮助系统查看工具栏各个图标的功能。在帮助窗口的左栏中，单击"目录"选项卡中的"基础""LabVIEW 环境""详解""VI 工具栏按钮"选项，在帮助窗口的右栏中就会显示工具栏中每个图标的功能说明，如图 3-27 所示。

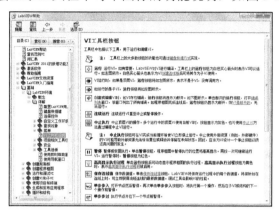

图 3-27　"LabVIEW 帮助"窗口中显示关于 VI 工具栏各个按钮的功能说明

在"LabVIEW 帮助"窗口左栏的"目录"选项卡中，可以找到满足初学者需要的所有信息，如工具栏中每一项图标的作用、各种函数的使用方法、各种实现不同功能的程序模板等。在"LabVIEW 帮助"窗口左栏的"搜索"选项卡中，可以通过输入关键词搜索需要的信息，如输入"时间延迟"，在右栏会显示时间延迟函数的用法、功能说明和范例，如图 3-28 所示。

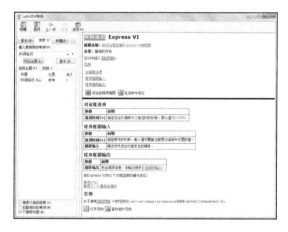

图 3-28　LabVIEW 帮助中的搜索功能

3.3.1　即时帮助

保持"即时帮助"对话框处于打开状态，可以在创建 VI 的过程中提供非常有效的帮助。在"前面板"和"程序框图"窗口中都可打开"即时帮助"对话框，打开"即时帮助"对话框的方法有两种。

(1) 在菜单栏中选择"帮助"下拉菜单中的"显示即时帮助"命令(快捷键为 Ctrl+H)。

(2) 在工具栏中单击图标 ⁇，也可打开"即时帮助"对话框。如图 3-29 所示。

打开"即时帮助"对话框以后，当把鼠标指针放置在"前面板"或"程序框图"窗口中 VI 的对象上时，"即时帮助"对话框会显示该对象的一些概要信息。例如，在"前面板"窗口中放置一个数值输入控件，当把鼠标指针放置在该控件上时，"即时帮助"对话框中会显示输入数值的类型和范围信息，如图 3-30 所示。

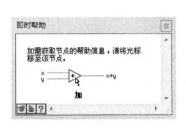 

图 3-29　"即时帮助"对话框　　图 3-30　"即时帮助"对话框显示的数值输入控件的帮助信息

3.3.2　LabVIEW 在线帮助

如果在"LabVIEW 帮助"窗口中无法找到所需要的帮助，有更多的在线资源可以帮助程序开发人员。LabVIEW 的在线支持门户为 http://www.ni.com/support。此页面包含所有有关 NI 软硬件的最新手册、更新和其他可用支持资源的链接。

3.3.3　范例查找器

单击"启动"窗口右栏的 🔍 查找范例... 选项，可以打开"NI 范例查找器"窗口，如图 3-31 所示，在这里程序开发人员可以找到各种各样的程序范例，对初学者来讲，通过范例学习是快速简便的学习途径。

图 3-31　"范例查找器"窗口

3.3.4　网络资源

选择菜单栏上"帮助"下拉菜单中的"网络资源"命令，在计算机联网的情况下，可以打开 NI 公司中国站的网页，或者直接在浏览器中输入 http://www.ni.com/labview，也可以打开该网页，如图 3-32 所示。此网页中提供了有关 LabVIEW 的所有在线资源和链接。

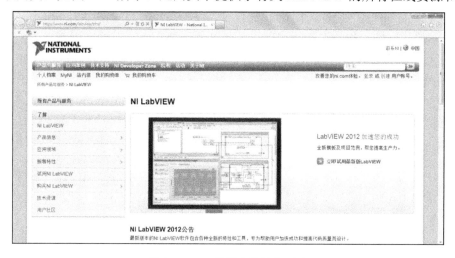

图 3-32　NI 公司中国站的网页

本章小结

LabVIEW 是一种图形化的虚拟仪器软件开发环境，也是一种图形化的计算机编程语言。本章对 LabVIEW 的编程环境、帮助系统做了详细介绍，对 LabVIEW 的启动界面、前面板、程序框图、菜单栏、工具栏、控件选板、函数选板和工具选板的功能和使用方法做了文字介绍和配图说明。

阅读材料

NI LabVIEW 认证

NI LabVIEW 认证有 3 个认证等级和一个专业技术认证，证书自颁布起具有两年有效期，维持证书效力需要进行续证。

NI LabVIEW 认证包含以下 3 个阶段。

1. NI LabVIEW 助理开发工程师认证(CLAD)

入门级 LabVIEW 认证，证明自己对 NI LabVIEW 核心特性和功能具有广泛的了解，能读懂和解释现有 LabVIEW 代码。获得 NI LabVIEW 认证需要经过 3 个阶段，获得 NI LabVIEW 助理开发工程师认证是第一步。合格者被证明非常了解 LabVIEW 工作环境、对最佳的编码和文档编制有基本认知，还能读懂和诠释现有代码。人们能利用该认证来评估和验证个人的 NI LabVIEW 开发技能，成为项目开发人员或取得事业发展。

2. LabVIEW 开发工程师(CLD)

中级 NI LabVIEW 认证，证明自己具有以最少开发投入编写功能完善、文档清晰的 LabVIEW 代码的能力。NI LabVIEW 认证包含 3 个阶段，第二步是成为 NI LabVIEW 开发工程师。获得此资质的相关人士不但能设计和开发函数程序，还能利用正确的文档记录和风格来最大程度缩减开发时间并确保易维护性。人们能利用该认证来评估和验证个人的 NI LabVIEW 运用技能，成为项目开发人员或获得晋升。例如，聘用具有 LabVIEW 开发工程师资质的人士担当技术领导和指导可确保经验较少的开发人员学习其优秀做法，从而提高自身的能力和效率。

3. NI LabVIEW 程序架构师(CLA)

LabVIEW 认证的最高级别，证明自己具有 LabVIEW 应用程序架构设计和项目管理的能力。获得 NI LabVIEW 认证需要经过 3 个阶段，成为 LabVIEW 程序架构师是最后一步。这一阶段的考核包含一系列高层次要求，以测试程序开发人员构建合理 VI 层次和项目计划的能力，确保其开发的应用程序可满足这些要求。人们可利用该认证来评估和验证个人的 LabVIEW 开发与项目管理技能，以便为项目安排合适的人员或决定人员的晋升。例如，从员工中选拔程序架构师担当技术负责人和指导，可确保经验较少的开发人员可以学习最佳做法，以提高自身的能力和效率。此外，程序架构师还能够设计应用架构并管理其他工程师进行单个组件的开发。

NI LabVIEW 认证包含一个专业技术认证：LabVIEW 嵌入式系统开发专家(CLED)。CLED 目前还是一个实验性的项目，只提供英文测试。CLED 具备娴熟的大中型 LabVIEW 控制和监测应用开发技术。

习　　题

一、选择题

1. 关于 LabVIEW 的说法，以下错误的是(　　)。
    A．LabVIEW 是一种编程语言　　　　B．LabVIEW 是一种软件开发环境
    C．LabVIEW 是一种系统设计平台　　D．LabVIEW 不是编程语言
2. 每个 VI 都由 3 部分组成，以下不属于组成部分的是(　　)。
    A．程序框图　　B．前面板　　　C．图标/连线器　　　　D．控件选板
3. LabVIEW 和 C 语言的区别是(　　)。
    A．前者不是编程语言，后者是编程语言
    B．前者是低级编程语言，后者是高级编程语言
    C．前者是高级编程语言，后者是低级编程语言
    D．前者是图形编程语言，后者是文本式编程语言

4．VI 的执行顺序由(　　)决定。

    A．语句的先后顺序   B．指令的先后顺序

    C．节点之间的数据流向   D．图标排列的先后顺序

5．只有编程者编程时使用，用户最终看不到的是(　　)。

    A．程序框图   B．前面板   C．人机交互界面   D．用户界面

6．在程序框图上右击，弹出的是(　　)。

    A．控件选板   B．函数选板   C．工具选板   D．即时帮助

7．在前面板上右击，弹出的是(　　)。

    A．控件选板   B．函数选板   C．工具选板   D．即时帮助

8．编写图形化程序，对图标进行连线时，如果不希望系统自动弹出连线工具，程序开发人员需要打开(　　)。

    A．控件选板   B．函数选板   C．工具选板   D．即时帮助

9．单击工具栏上的问号图标，会弹出(　　)。

    A．"LabVIEW 帮助"窗口   B．"即时帮助"窗口

    C．"搜索"窗口   D．"查询"窗口

10．LabVIEW 的图形化程序也叫作(　　)。

    A．虚拟仪器   B．用户界面   C．面板   D．框图

二、编程题

1．用 LabVIEW 编写一个图形化程序，实现两个数值的相加显示功能，在用户界面上，要可以手动更改输入的两个数，要显示两数的和。

2．用 LabVIEW 的"生成、分析和显示"VI 模板，对两路正弦信号进行相加，并显示出相加后的信号的波形。

第 **4** 章

创建、编辑和调试 VI

 学习目标

- ➤ 掌握新建 VI、项目、其他文件的途径和方法。
- ➤ 掌握程序框图、前面板的功能。
- ➤ 掌握添加各种控件的途径和方法。
- ➤ 掌握 VI 前面板、程序框图的控件编辑方法。
- ➤ 掌握调试 VI 的基本方法。
- ➤ 掌握子 VI 的创建和调用方法。
- ➤ 了解程序框图 Express VI 和函数的使用方法。

本章知识结构

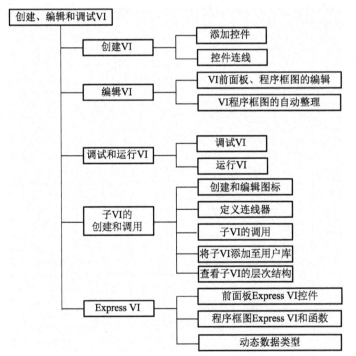

导入案例

软件也许是当今信息技术领域最不可或缺的要素，虽然人们摸不到它，但是在人们的学习、生活、工作中，一刻都离不开它。例如，智能手机就是好，能上网看新闻、刷微博、收发邮件，能看视频，能玩很多的游戏，当然，还可以用来学习。现在，谁要是使用过智能手机，再回过头来使用非智能手机，一定会难以忍受的。在这其中，手机软件的作用功不可没。

案例一：编写软件

也许读者或多或少都编写过软件。例如，理工科专业的大学生们一定都学习过 C 语言。除此之外，可能还学过其他语言。但是，还是有人不知道开发 Android 需要使用 Java 语言，或者还不知道什么是面向对象的概念。不过，世界上的编程语言是相通的，学好一门，其他的都很好学，对这点我们应深信不疑。因此，我们有学好 LabVIEW 可能。

案例二：软件补丁

如果衣服破了一个洞，就需要打补丁。与此类似，人编写程序不可能十全十美，因为发现原来发布的软件存在缺陷之后，而另外编制一个小程序使其完善，这种小程序就被称为软件补丁。一般在一个软件的开发过程中，一开始有很多因素是没有考虑到的，但是随着时间的推移，软件所存在的问题会慢慢地被发现。这时候，为了对软件本身存在的问题进行修复，软件开发者会发布相应的补丁。

例如，在使用微软操作系统的过程中，也经常暴露出新的问题，这些问题一般由黑客或病毒设计者发现，而微软公司就会发布相应的解决问题的小程序。微软发布的系统补丁有两种类型：Hotfix 和 Service Pack。Hotfix 是微软针对某一个具体的系统漏洞或安全问题而发布的专门解决程序，Hotfix 的程序文件名有严格的规定，一般格式为"产品名-KBXXXXXX-处理器平台-语言版本.exe"。用下面这个例子来说明：微软针对振荡波病毒而发布的 Hotfix 程序名为 "Win2K-KB835732-X86-CHS.exe"，这个补丁是针对 Windows 2000 系统，其知识库编号为 835732，应用于 X86 处理器平台，语言版本为简体中文。Hotfix 是针对某一个具体问题而发布的解决程序，因此它会经常发布，数量非常大。用户想要知道目前已经发布了哪些 Hotfix 程序是一件非常麻烦的事，更别提自己是否已经安装了。因此微软将这些 Hotfix 补丁全部打包成一个程序提供给用户安装，这就是 Service Pack，简称 SP。Service Pack 包含了发布日期以前所有的 Hotfix 程序，因此只要安装了它，就可以保证自己不会漏掉一个 Hotfix 程序。而且发布时间晚的 Service Pack 程序会包含以前的 Service Pack，例如，SP3 会包含 SP1、SP2 的所有补丁。

现在，我们知道了软件对于我们确实非常重要。因此，我们在学习 LabVIEW 时，需要仔细区分一切技术方面的细节，尽量使自己编写出来的应用软件没有补丁。

4.1　创建新 VI

LabVIEW 包含多个用于创建特定应用程序的内置 VI 和函数，如数据采集 VI 和函数、访问其他 VI 的 VI，以及与其他应用程序通信的 VI。将这些 VI 作为子 VI 在应用程序中使用，可缩短开发时间。在创建新 VI 之前，可考虑在函数选板中查找类似的 VI 和函数，在现有 VI 的基础上创建 VI。

启动 LabVIEW 以后，首先进入的是环境选择窗口。目前，在 LabVIEW 环境里只有 LabVIEW、LabVIEW Robotics 两种环境，如图 4-1 所示。

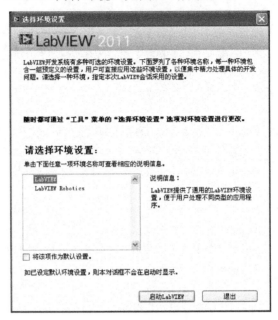

图 4-1　环境选择窗口

选择 LabVIEW 环境后，单击"启动 LabVIEW"按钮，即可进入"启动"窗口，如图 4-2 所示。

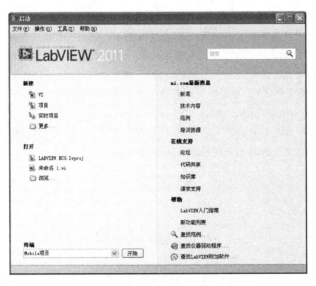

图 4-2　LabVIEW 启动窗口

在 LabVIEW 启动窗口左边的"新建"区域，有"VI""项目""实时项目""更多" 4 个选项。

单击选择"更多"选项后，可以打开如图 4-3 所示的界面。

图 4-3 "更多"选择的新建 VI、项目等窗口

在这个窗口界面里，可以选择新建 VI、项目、其他文件。其中，新建 VI 可以只新建一个新 VI、新建多态 VI、基于模板新建 VI；新建项目可以基于项目新建 VI、基于向导新建 VI；根据用户需要，还可以新建状态图、XControl、库、类、自定义控件等。

等读者熟悉了 LabVIEW 的操作环境后，可以选择在图 4-3 的窗口里以更符合自己需求的方式来新建新 VI。

下面以新建一个简单 VI 的方式为读者做讲解。

在图 4-3 的窗口里，单击选择"VI"选项，再单击"确定"按钮后，可以打开如图 4-4 所示的界面。

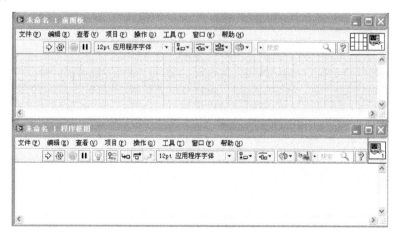

图 4-4 新建的一个 VI

在图 4-4 所示的窗口里，就可以进行程序的编制及界面的设计了。其中左边的窗口是"前面板"，右边的窗口是"程序框图"。"前面板"窗口主要完成人机界面的设计；"程序框图"窗口主要通过图形化的编程方式完成程序设计。

4.1.1　在 VI 前面板中添加控件并创建 VI 程序框图

在图 4-4 所示的"前面板"窗口里打开"控件"选板。

方法一：在"前面板"窗口编辑范围内右击，即可弹出"控件"选板。

方法二：在"前面板"窗口的"查看"下拉菜单中选择"控件选板"命令，即可弹出"控件"选板。

在图 4-4 所示的"程序框图"窗口里打开"函数"选板。

方法一：在"程序框图"窗口编辑范围内右击，即可弹出"函数"选板；

方法二：在"程序框图"窗口的"查看"下拉菜单里选择"函数选板"命令，即可弹出"函数"选板。

下面通过图 4-5～图 4-11 详细介绍显示、放置有关控件的过程及方法。

在"前面板"窗口编辑范围内右击，从弹出的"控件"选板中选择如图 4-5 所示的"数值输入控件"。此时，鼠标的形状如图 4-6 所示。

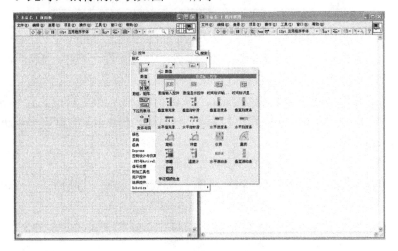

图 4-5　选择"数值输入控件"

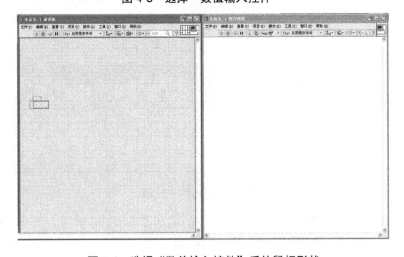

图 4-6　选择"数值输入控件"后的鼠标形状

在"前面板"窗口编辑范围内的适当位置上单击，即可完成"数值输入控件"的放置，如图 4-7 所示。

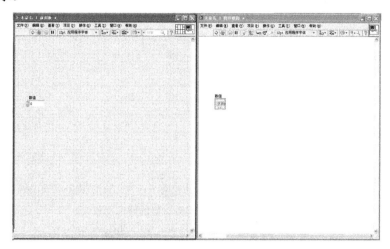

图 4-7　放置"数值输入控件"后的界面

在"前面板"窗口编辑范围内右击，从弹出的"控件"选板中选择如图 4-8 所示的"波形图表"。此时，鼠标的形状如图 4-9 所示。

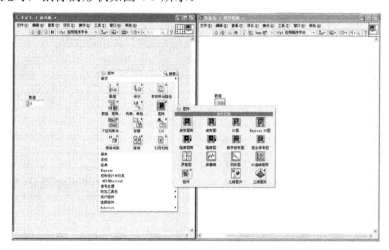

图 4-8　选择"波形图表"

在"前面板"窗口编辑范围内的适当位置上单击，完成放置"波形图表"后，在程序框图编辑范围内的适当位置上右击，从弹出的"函数"选板中选择"随机数、加法等"控件，如图 4-10 所示。

完成有关控件放置后的效果如图 4-11 所示。

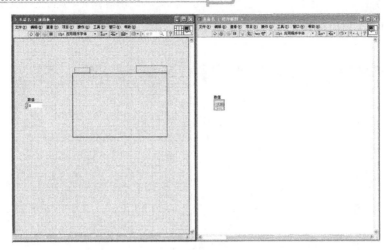

图 4-9 选择"波形图表"后的鼠标形状

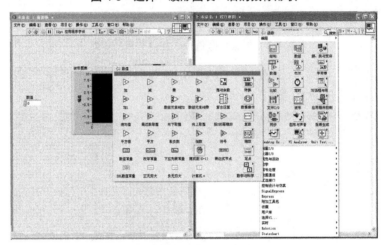

图 4-10 选择"随机数、加法等"控件

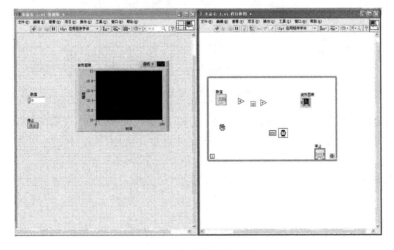

图 4-11 完成放置后的界面

4.1.2　VI 程序框图控件连线

使用连线工具可以连接两个 VI 控件。连线用于传递程序框图上各对象间的数据。使用连线工具可将 VI 或函数的接线端连接到另一 VI 或函数的接线端。使用自动连线，则可当对象被放置在程序框图时即完成连线。

按照下列步骤，在程序框图上连线。

(1) 用连线工具将光标移至 VI 或函数的输出接线端。连线工具移到某个接线端上时，接线端将不断闪烁，并出现一个提示框。

(2) 用连线工具单击接线端并释放鼠标。光标在程序框图上移动时，LabVIEW 将在接线端和连线工具间绘制一条连线，其外观如同从线轴上拉出来的电线。

(3) 将光标移至另一 VI 或函数的输入端，不要按下鼠标。第二个接线端闪烁，并出现一个提示框。

(4) 使用连线工具单击第二个接线端。与接线端连线时可能会产生断线，在运行 VI 前必须纠正这些断线。

(5) 确保连接所有必需的输入端。

具体操作过程如图 4-12～图 4-14 所示。

首先，选择"查看"下拉菜单中的"工具选板"命令，在打开的"工具"选板中，启用"自动工具选择"功能。这样，光标移到前面板或程序框图的对象上时，LabVIEW 将从"工具"选板中自动选择相应的工具。

当鼠标移动到"加法"控件的右边时，鼠标的形状自动变为"连线"状态，按住鼠标左键，一直连线到"波形图表"控件的输入端，如图 4-12 所示。

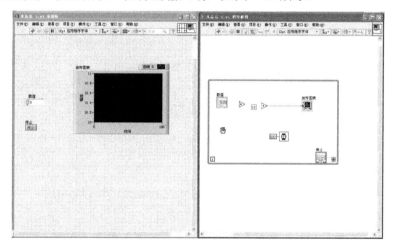

图 4-12　准备连线

在"波形图表"控件的输入端单击，即可完成连线，如图 4-13 所示。

按照同样的方法，完成全部连线，如图 4-14 所示。

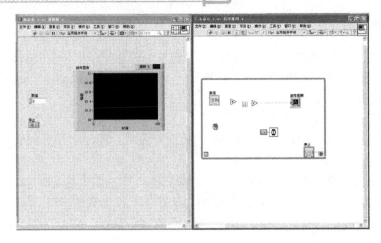

图 4-13　已经连好线

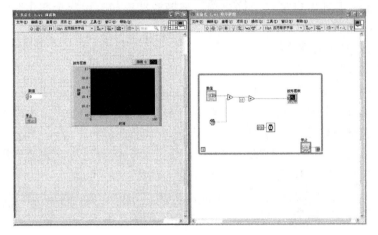

图 4-14　完成所有连线

4.2　编辑 VI

4.2.1　VI 前面板、程序框图的编辑

1.　创建对象

参见 4.1.1 节。

2.　选择对象

方法一：直接单击对象控件选中。

方法二：按住鼠标左键，框选范围内的对象控件。

方法三：按住 Shift 键不松手，单击对象控件选中。

3.　移动对象

选择对象后，对准控件按住鼠标左键，移动到合适位置释放鼠标左键。

4. 复制和删除对象

选中对象后，复制和删除对象控件的方法类似于 Word 编辑方式。

方法一：选择"编辑"下拉菜单中的"复制"命令，再选择"粘贴"命令。

方法二：使用快捷键 Ctrl+C 复制，快捷键 Ctrl+V 粘贴。

选中对象后，按计算机键盘上的 Delete 键即可删除。

5. 标注对象

要为前面板和程序框图中的对象添加标识，实际上就是为其添加标签。

LabVIEW 有两种标签：自带标签和自由标签。

自带标签仅用于注释该对象。自带标签可单独移动，但移动该标签的对象时，标签将随对象移动。LabVIEW 有两种自带标签：名称标签和单位标签。右击数值控件，从弹出的快捷菜单中选择"显示项里面的级联菜单中的标签"命令，可显示数值控件或连线的名称标签；右击数值控件，从弹出的快捷菜单中选择"显示项"里面的级联菜单中的"单位标签"命令，可显示数值控件的单位标签。

自由标签用于在前面板和程序框图上添加注释。双击空白区域或使用标注工具可创建自由标签。用户可独立创建、移动、旋转或删除自由标签。

6. 改变文本字体、大小、颜色

按照下列步骤，改变文本的字体、大小和颜色。

(1) 选择要改变其文本字体、大小和颜色的对象。要设置前面板或程序框图上所有对象的字体，取消先前选中的所有对象。

(2) 选择工具栏上"文本设置"下拉菜单中的"字体"对话框，打开"默认字体"对话框。该对话框中的选项与"字体样式"对话框相同。改变默认字体并不会改变现有标签的字体，仅对此后创建的标签有效。

(3) 从"字体"下拉菜单中选择一个字体。LabVIEW 显示当前在计算机上安装的所有字体。

(4) 单击箭头按钮并从下拉菜单中选择字体大小，或直接在"大小"文本框中输入一个代表字体大小的数字。

(5) 从"对齐"下拉菜单中选择一个对齐选项。

(6) 单击颜色盒，从弹出的颜色选择器中选择文本的颜色。

(7) 根据实际需要，选择是否勾选"无格式""粗体""斜体""下划线""删除线"等复选框。

(8) 修改后的文本将出现在一个文本框中，用于预览其在前面板上的外观。

(9) 勾选"默认前面板"或"默认程序框图"复选框，分别在新前面板或程序框图标签上使用新的文本设置。

(10) 单击"确定"按钮以保存上述文本设置。单击"取消"按钮则不保存上述设置并退出"默认字体"对话框。

7. 排列对象

按照下列步骤，重新排列层叠的对象。

(1) 选择要移动的对象。

(2) 选择重新排序下拉菜单。

(3) 从以下选项中选择：

①向前移动：将选定的对象向前移动一层。

②向后移动：将选定的对象向后移动一层。

③移至前面：将选定的对象移至顶层。

④移至后面：将选定的对象移至底层。

8. 改变对象大小

按照下列步骤，调整大多数前面板对象的大小。

(1) 将定位工具移至对象上。调节柄将出现在可以调整对象大小的位置。如对象大小无法调节，调节柄不会出现。

(2) 移动光标到调节柄处，使光标变成调整大小的光标。

(3) 单击和拖曳调节柄，直到对象的大小符合要求。

(4) 松开鼠标，对象将按新尺寸重新显示。

4.2.2 VI 程序框图的自动整理

LabVIEW 可重新连接连线及重新排列程序框图对象。

(1) 按照下列步骤，重新连接连线及重新排列程序框图对象。

①配置整理选项。选择"工具"下拉菜单中的"选项"命令，打开"选项"对话框，从类别列表框中选择"程序框图"选项。在程序框图页上(拖动垂直滚动条到底部)可配置 LabVIEW 自动将输入控件移至程序框图的左边，显示控件至程序框图的右边，在程序框图的对象和连线之间放置固定数量的像素，使程序框图更为紧凑，如图 4-15 所示。

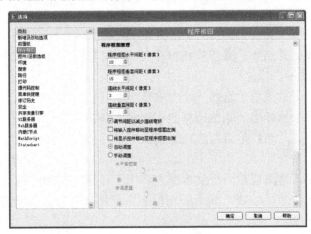

图 4-15 配置整理选项

②选择"编辑"下拉菜单中的"整理程序框图"命令，也可在程序框图工具栏上单击整理程序框图按钮，或按快捷键 Ctrl+U。

还可以选择特定的整理对象(如若干连线或各个节点)。选择要整理的对象时，"整理程序框图"按钮显示为"整理所选部分"按钮 ![icon]。LabVIEW 只整理选中的对象,而不是整个程序框图。如选择整理部分连线,LabVIEW 只重新整理连线,不整理连线上的对象。

(2) 按照下列步骤,自动对选中的对象重新连线和重新安排对象位置。

① 单击并拖曳出要整理的长方形区域。或者按 Shift 键并拖曳出一个选中框,可一次选中多个区域。

② 选择"编辑"下拉菜单中的"整理程序框图"或"整理所选部分"命令即可。

4.3　调试和运行 VI

4.3.1　调试 VI

调试 VI 主要指的是调试程序框图中的图形化程序。因此,下面的调试工作都在程序框图中进行。

1. 高亮显示执行过程

单击"高亮显示执行过程"按钮可查看程序框图的动态执行过程,"高亮显示执行过程"按钮由 ![icon] 变为 ![icon]。

高亮显示执行过程通过沿连线移动的圆点显示数据在程序框图上从一个节点移动到另一个节点的过程。使用高亮显示执行的同时,结合单步执行,可查看 VI 中的数据从一个节点移动到另一个节点的全过程,如图 4-16 所示。

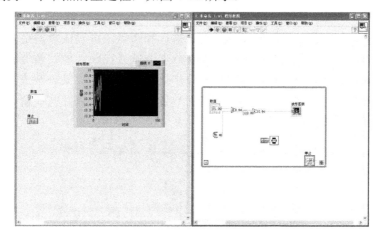

图 4-16　高亮显示执行过程

2. 单步执行

单步执行 VI 可查看 VI 运行时程序框图上 VI 的每个执行步骤。"单步执行"按钮仅在单步执行模式下影响 VI 或子 VI 的运行。如 ![icon] 所示,从左往右依次表示"开始单步执行步入""开始单步执行步过""单步步出"。

单击程序框图工具栏上的"开始单步执行步入"或"开始单步执行步过"按钮可进入单步执行模式。将鼠标移动到"开始单步执行步入""开始单步执行步过"或"单步步出"

按钮时，可看到一个提示框，该提示框描述了单击该按钮后的下一步执行情况。单步执行一个 VI 时，该 VI 的各个子 VI 既可单步执行，也可正常运行。

在单步执行 VI 时，如某些节点发生闪烁，表示这些节点已准备就绪，可以执行。

3．探针工具

探针工具用于检查 VI 运行时连线上的值。如程序框图较复杂且包含一系列每步执行都可能返回错误值的操作，可使用探针工具。对于需要检查的、有关连线上的值，右击有关连线，从弹出的快捷菜单中选择"探针"命令，如图 4-17 所示。

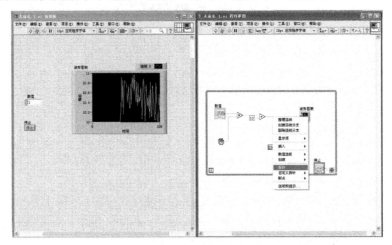

图 4-17　探针工具

利用探针并结合高亮显示执行过程、单步执行和断点，可确认数据是否有误并找出错误数据。如有流经数据，高亮显示执行过程、单步调试或在断点位置暂停时，探针监视窗口会立即更新和显示数据。当执行过程由于单步执行或断点而在某一节点处暂停时，可用探针探测刚才执行的连线，查看流经该连线的数值。在打开的探针监视窗口里就能够观察到有关连线上的值，如图 4-18 所示。

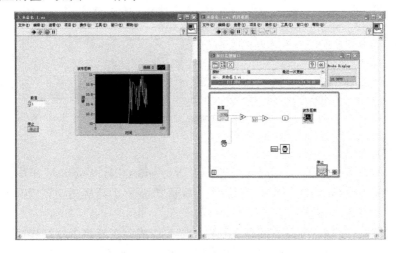

图 4-18　探针工具检测到的实时数值

4.3.2 运行 VI

运行 VI，主要指的是运行图形化程序。因此，运行工作可以在前面板或者程序框图中进行。

单击"运行"或"连续运行"按钮(如 ⇨ ⇨ 所示，从左往右依次表示"运行""连续运行")或程序框图工具栏上的"单步执行"按钮。单击"运行"按钮，VI 只运行一次，并在完成其数据流后停止。单击"连续运行"按钮，VI 将连续运行直到手动停止 VI 的运行。单击"单步执行"按钮，VI 将以步进方式运行，如图 4-19 所示。

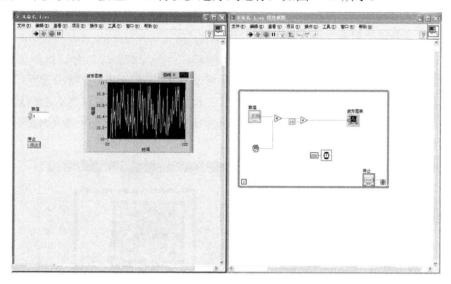

图 4-19 运行 VI

4.4 子 VI 的创建和调用

1. 创建子 VI

可将新创建的 VI 用于另一个 VI。一个 VI 被其他 VI 在程序框图中调用，则称该 VI 为子 VI。子 VI 可重复调用。要创建一个子 VI，需先为子 VI 设定图标和连线器，该 VI 即可作为子 VI 调用。

可以保存 VI 为单独的文件，也可将多个 VI 集合保存在 LLB 中。

2. 调用子 VI

子 VI 的控件从调用该 VI 的程序框图中接收数据，并将数据返回至调用方 VI 的程序框图。选择"函数"选板上的"选择 VI"命令，找到 VI，双击 VI 或将其拖曳到程序框图上，即可创建对该 VI 的子 VI 调用。

用操作或定位工具双击程序框图上的子 VI，即可编辑该子 VI。保存子 VI 时，子 VI 的改动将影响到所有调用该子 VI 的程序，而不只是当前程序。

LabVIEW 调用子 VI 时，该子 VI 仅运行而不显示前面板。如希望某个子 VI 在被调用时显示前面板，右击该 VI 并从弹出的快捷菜单中选择"设置子 VI 节点"命令。如希望每个子 VI 实例在被调用时都显示前面板，选择"文件"下拉菜单中的"VI 属性"命令，从"类别"下拉菜单中选择"窗口外观"选择，单击"自定义"按钮。

4.4.1 创建和编辑图标

创建图标的主要方法是使用"图标编辑器"对话框。也可从文件系统中拖放一个图片或通过 VI 类的 VI 图标方法创建图标。

1. 通过"图标编辑器"对话框创建图标

可使用"图标编辑器"对话框创建或编辑图标。"图标编辑器"对话框提供 ni.com 上图标库中的图标模板、符号，添加和格式化图标文本的选项，以及支持分层编辑图标。

如要编辑自定义控件的图标，双击前面板、程序框图或控件编辑器右上角的图标，弹出"图标编辑器"对话框。也可右击图标，从弹出的快捷菜单中选择"编辑图标"命令，弹出"图标编辑器"对话框，如图 4-20 所示。

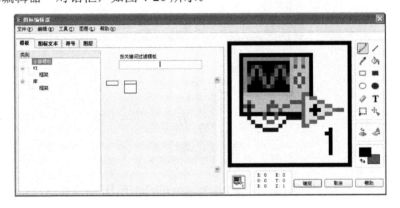

图 4-20   "图标编辑器"对话框

LabVIEW 自身提供很多符号可供用户选择使用或者修改后使用，如图 4-21 所示。

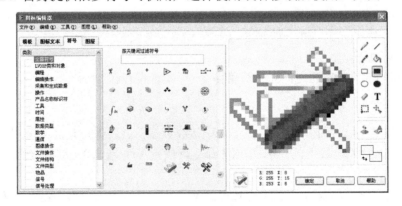

图 4-21   LabVIEW 提供的符号

如要编辑项目库、状态图、类或 XControl 的图标，单击相应属性对话框的一般设置页上的"编辑"按钮，可弹出"图标编辑器"对话框。

2. 通过拖放图片创建图标

还可以从文件系统的任何位置拖动一个图形放置在前面板或程序框图的右上角。可拖放的文件类型有.png、.bmp 或.jpg。

LabVIEW 会将拖放的图片转换为 32×32 像素的图标。远大于 32×32 像素的图片，尤其是精细色阶的图片，转换效果可能不理想。

4.4.2 定义连线器

要将 VI 作为子 VI 使用，必须为 VI 创建连线器。

连线器用于显示 VI 中所有输入控件和显示控件接线端，类似于文本编程语言中调用函数时使用的参数列表。连线器标明了可与该 VI 连接的输入端和输出端，以便将该 VI 作为子 VI 调用。连线器在其输入端接收数据，然后通过前面板的输入控件传输至程序框图的代码中，并从前面板的显示控件中接收运算结果传输至其输出端。

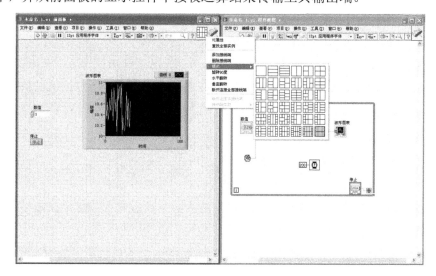

图 4-22　连线器

按照下列步骤，为 VI 选择连线器模式。

(1) 默认连线器模式为 $4 \times 2 \times 2 \times 4$。右击连线器，从弹出的快捷菜单中选择模式，可选择其他连线器模式，如图 4-22 所示。

(2) 选择一种连线器模式后，可通过添加、删除或旋转等操作对模式进行自定义，使其适应 VI 的输入/输出。

①如需向模式添加一个接线端，可将光标移动到需要添加接线端的位置右击，从弹出的快捷菜单中选择"添加接线端"命令。

②如需删除模式的现有接线端，可右击该接线端，从弹出的快捷菜单中选择"删除接线端"命令。

③如需改动连线器模式的空间排列，可右击连线器，从弹出的快捷菜单中选择"水平翻转""垂直翻转"或"旋转90度"命令。

(3) 为连线器的每个接线端指定一个前面板输入控件或显示控件。

(4) 如一个 VI 在程序框图上调用另一个 VI 作为子 VI，当子 VI 的连线器发生变化时，必须在调用方 VI 的程序框图上右击子 VI，从弹出的快捷菜单中选择 "重新连接至子 VI"命令，对子 VI 重新连接。否则，该 VI 包含的子 VI 将处于断开状态而无法运行。

建议不要使用超过 16 个接线端。超过 16 个接线端的连线器较难连线。如要传递很多数据，请使用簇。

4.4.3 子 VI 的调用

按照下列步骤，在程序框图上放置一个子 VI。

(1) 选择"窗口"下拉菜单中的"显示程序框图"命令，显示新建 VI 或现有 VI 的程序框图。

(2) 如有需要，选择"查看"下拉菜单中的"函数选板"命令，显示函数选板。

(3) 单击函数选板上的"选择 VI"图标或文本。

(4) 找到要作为子 VI 的 VI，双击该 VI 以将其放在程序框图上。

(5) 将该子 VI 的接线端与程序框图上的其他节点相连。

双击子 VI 节点，显示其前面板。

也可将一个打开的 VI 放置在另一打开的 VI 的程序框图上。用定位工具单击需作为子 VI 使用的 VI 的前面板或程序框图右上角，将该 VI 图标拖放到其他 VI 的程序框图中。

4.4.4 将子 VI 添加至用户库

使用 Express 用户库选板添加 VI 至"函数"选板。默认情况下 Express 用户库不包含任何对象。

添加 VI 至程序框图中的函数选板和前面板中的"控件"选板的最简便方法，是将其保存在 labview\user.lib 目录下。

重启 LabVIEW 时，用户库和用户"控件"选板将包含各自目录下的所有子选板、LLB 或 labviewr.lib 下的选板文件(.mnu)及 labview\user.lib 下的各文件图标。

在特定目录下添加或删除文件后，LabVIEW 在下次重启时将自动更新选板。

按照下列步骤，向用户选板添加新 VI。

(1) 将 VI 和控件保存在 labview\user.lib 目录中(编者复制的位置在 C:\Program Files\National Instruments\LabVIEW 2011\user.lib)，从而分别添加到"控件"选板(前面板)和"函数"选板(程序框图)。

(2) 重新启动 LabVIEW。LabVIEW 更新选板，labview\user.lib 目录下的控件和 VI 在选板上出现，如图 4-23 所示。

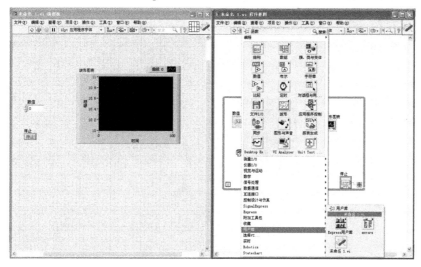

图 4-23 向用户选板添加新 VI

4.4.5 查看 VI 的层次结构

VI 层次结构窗口以图形化的方式显示所有打开的 LabVIEW 项目和终端，以及内存中所有 VI 的调用结构。VI 层次结构窗口工具栏包括以下部分。

(1) 项目和终端。

(2) 静态和动态子 VI 调用。

(3) 自定义类型。

(4) 全局变量。

(5) 共享变量。

(6) LabVIEW 类。

(7) XControl。

(8) 状态图。

(9) 项目库(.lvlib)。

(10) Express VI。

(11) 静态 VI 引用。

(12) (MathScriptRT 模块)MathScript 节点引用的.m 文件。

选择"查看"下拉菜单中的"VI 层次结构"命令，打开"VI 层次结构"窗口。该窗口用于查看内存中该 VI 的子 VI 和其他节点，以及搜索 VI 层次结构，如图 4-24 所示。

"VI 层次结构"窗口显示顶层图标，代表 LabVIEW 主应用程序实例，其下显示的是所有未包括在该项目或项目应用程序实例中的对象。如在 LabVIEW 中添加项目，"VI 层次结构"窗口中将显示表示该项目的顶层 VI 图标。所有添加的对象均位于项目之下，如图 4-25 所示。

将光标移至"VI 层次结构"窗口的对象上，下方将显示该对象的名称。可使用定位工具，将对象从"VI 层次结构"窗口拖曳至另一个 VI 的前面板或程序框图，在其他 VI 中使用这些对象。也可选择和复制一个或多个节点至剪贴板，然后粘贴至前面板或程序框图。

在"VI 层次结构"窗口中双击某个 VI 可显示该 VI 的前面板。

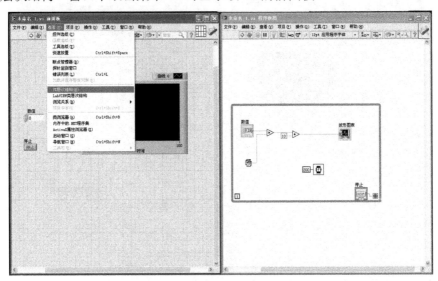

图 4-24　VI 层次结构菜单命令

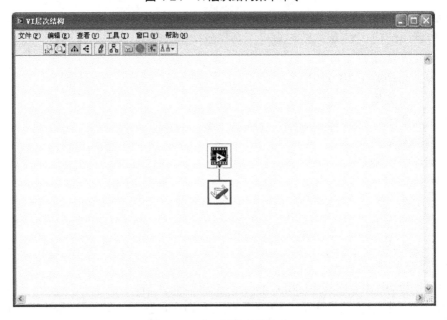

图 4-25　"VI 层次结构"窗口

在"VI 层次结构"窗口中可动态查看内存的使用情况。若层次结构中项的排列有所改变，则 LabVIEW 不会保存项的新位置。关闭并重新打开"VI 层次结构"窗口时，将重新生成位置。

若一个 VI 含有子 VI，则该 VI 的底边上有黑色箭头。单击该箭头按钮可显示或隐藏子 VI。至少一个子 VI 为隐藏状态时，将出现一个红色箭头按钮。若所有子 VI 都已显示，则箭头为黑色。若 VI 包含递归调用，则"VI 层次结构"窗口在递归 VI 之间绘制虚线以显示其关系。

4.5 Express VI

1. Express VI 的应用

Express VI 是可在对话框中交互式配置其设置的 VI。Express VI 在程序框图上以可扩展节点的形式出现，其图标底色为蓝色。

将 Express VI 放在程序框图上时，会弹出一个"配置"对话框。在该对话框中设置选项，可配置 Express VI。双击 Express VI 或右击 Express VI 并从弹出的快捷菜单中选择"属性"命令，可重新弹出"配置"对话框。在程序框图上，也可通过将值连接至 Express VI 的接线端配置 Express VI。

Express VI 中可在"配置"对话框中配置的参数称为可配置参数。Express VI 中可在程序框图上配置的参数称为可扩展参数或可扩展接线端。参数既可以是可配置的，也可以是可扩展的，也就是说有两种配置参数的方法。Express VI 可配置参数的配置决定了在程序框图上出现的可扩展接线端。

Express VI 用于配置常见测量任务。用户也可自行创建或编辑 Express VI，简化应用程序的创建过程。选择"工具"菜单下的"高级"级联菜单，选择"创建或编辑 Express VI"命令，可在"创建或编辑 Express VI"对话框中基于现有 VI、其他 Express VI 或空白 VI 创建一个新 Express VI。

2. 使用 Express VI 的优点

Express VI 的最大优点是可交互式配置。Express VI 向用户提供了创建自定义应用程序的 VI 及 VI 库。即使没有大量编程技巧，也可搭建自定义的应用程序。

如用户不完全理解操作设置，Express VI 的可配置性提供了一种确定设置的交互式方法。例如，如信号需一个数字滤波器，但是面对一个有几十个滤波器 VI 的库，用户并不知道如何选择合适的滤波器，参数将如何影响具体信号。滤波器 Express VI 可帮助交互式地选择一种滤波器、配置滤波器参数并通过不同方式查看滤波器响应。可在 Express VI 的"配置"对话框中直接预览不同滤波器及不同参数对信号的影响。运行滤波器 Express VI 后，Express VI 将把新信号作为默认数据在"配置"对话框中显示。

Express VI 的另一个优点是功能的独立性。在程序框图上放置 Express VI 时，该程序框图上即嵌入了 Express VI 的一个实例。在"配置"对话框中选择的设置仅影响 Express VI 的实例。如将一个 VI 放置在同一个程序框图上的五个不同位置，结果产生了该 VI 的 5 个完全相同的副本。所有 5 个副本的源代码、默认值和前面板都相同。但是，如将一个 Express VI 放置在程序框图上的 5 个不同位置，将得到 5 个独立的 Express VI，名称各不相同，均可独立配置。Express VI 的每个实例都包括不同数量和类型的可扩展接线端。即时帮助窗口也会根据各个实例的不同设置更新。

3. 使用 Express VI 的说明与建议

Express VI 在运行时不可交互式配置。如需运行时配置，可创建一个用户界面类似于配置对话框的应用程序。

Express VI 的最大优点是易用性。如需严格控制内存，且执行速度要求较高时，请使用一般的 VI。

4.5.1 前面板 Express VI 控件

前面板 Express VI 控件用于创建常规输入、显示画面，如表 4-1 和图 4-26 所示。

表 4-1 前面板 Express VI 控件及说明

子 选 板	说 明
数值输入控件 Express VI	用于将数据通过数值输入控件、滑动杆、旋钮、转盘等与仪器通信及向用户提示输入信息
按钮与开关 Express VI	用于将布尔状态通过翘板开关、滑动开关、开关按钮、确定按钮等与仪器通信及向用户提示输入信息
文本输入控件 Express VI	用于将字符通过字符串输入控件、文本下拉列表、菜单下拉列表等与仪器通信及向用户提示输入信息
Express 用户控件	用于将用户自定义的控件用于程序设计。
数值显示控件 Express VI	用于将字符通过数值显示控件、进度条、刻度条、仪表、液罐、温度计等与仪器通信及向用户显示信息
指示灯 Express VI	用于向用户提供方形指示灯、圆形指示灯信息
文本显示控件 Express VI	用于将字符通过字符串显示控件、Express 表格等与仪器通信及向用户显示信息
图形显示控件 Express VI	用于将字符通过波形图表、波形图、Express XY 图等与仪器通信及向用户显示图形化信息

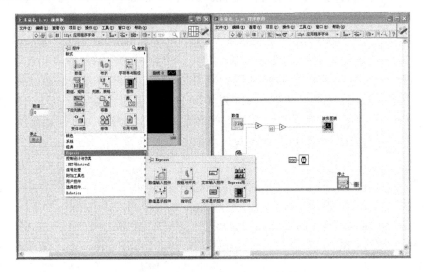

图 4-26 前面板 Express VI 控件

4.5.2 程序框图 Express VI 和函数

程序框图 Express VI 和函数用于创建常规测量任务，如表 4-2 和图 4-27 所示。

表 4-2 程序框图 Express VI 和函数及说明

子 选 板	说 明
输出 Express VI	用于将数据保存到文件、生成报表、输出实际信号、与仪器通信及向用户提示信息
输入 Express VI	用于收集数据、采集信号或仿真信号
算术与比较 Express VI	用于执行算术运算，以及对布尔、字符串及数值进行比较
信号操作 Express VI	用于对信号进行操作，以及执行数据类型转换
信号分析 Express VI	用于进行波形测量、波形生成和信号处理
执行过程控制 Express VI 和函数	可用在 VI 中添加定时结构，控制 VI 的执行过程

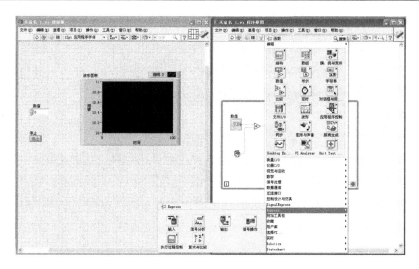

图 4-27 程序框图 Express VI 和函数

4.5.3 动态数据类型

大多数 Express VI 接受并/或返回动态数据类型。动态数据类型显示为深蓝色接线端。动态数据类型接受并可发送下列类型的数据，其中，标量数据类型是浮点数或布尔值：

(1) 一维波形数组。

(2) 一维标量。

(3) 一维标量数组-最新值。

(4) 一维标量-单通道。

(5) 二维标量数组-列为通道。

(6) 二维标量-行为通道。

(7) 单一标量。

(8) 单一波形。

应将动态数据类型连接到最能表述该数据的显示控件上，如图形、图表或数字显示控件。但是，由于动态数据在其连接的显示控件中显示时需经过一个自动转换，Express VI 所在程序框图的速度将减慢。

动态数据类型用于 Express VI，而 LabVIEW 中其他自带 VI 和函数(非 Express VI)大多不接收该数据类型。如要使用内置 VI 或函数分析或处理动态数据类型中的数据，必须转换动态数据类型。

4.6　建立项目、创建子 VI 并进行调用的例子

4.6.1　在项目中建立 VI

建议大家在建立 VI 时，首先建立项目，然后再建立新 VI，以便于以后对 VI 进行管理(生成可执行文件、打包发布安装包等)。

我们通过下面的例子详细介绍如何建立项目及如何在项目里新建 VI 等。

启动 LabVIEW 以后，进入环境选择窗口，选择 LabVIEW 环境，如图 4-1 所示。

在如图 4-28 所示的"启动"窗口中，选择左边"新建"区域中的"项目"选项。

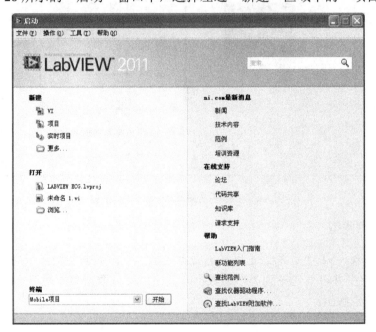

图 4-28　LabVIEW 启动窗口

此时将打开一个项目浏览器，如图 4-29 所示。标题栏上面显示了目前系统默认的项目名称是"未命名项目 1"，其后还有一个"*"号，这是用来提醒用户还有未保存的文件的。

在图 4-29 中，选择"文件"下拉菜单中的"保存全部(本项目)"命令，在弹出的"命名项目(未命名项目 1)"对话框中选择好要保存的路径(这里选择"桌面")，输入项目的名称(这里输入"我的项目")，如图 4-30 所示。单击"确定"按钮后，即完成保存工作。

图 4-29 打开的项目浏览器

图 4-30 选择要保存的路径并输入"项目的名称"

下面，在项目浏览器窗口中右击"文件"选项卡下的"我的电脑"选项，在弹出的快捷菜单中选择"新建→VI"命令，如图 4-31 所示。

图 4-31 在项目里新建 VI

完成操作后，将同时打开一个前面板和程序框图，如图 4-32 所示。

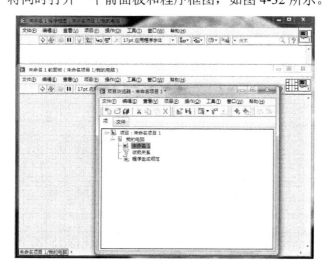

图 4-32 打开前面板和程序框图

保存该 VI，并命名为"我的 VI"。这样就建立了一个新的项目、一个新的 VI，并将它们保存在桌面，如图 4-33 所示。

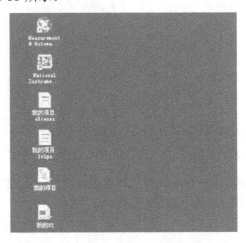

图 4-33　保存在桌面的新项目、新 VI

4.6.2　将选定的程序框图中的部分内容创建为子 VI

通过下面的例子详细介绍如何将项目中、程序框图中选定的部分内容创建为子 VI。请先建立如图 4-34 所示的前面板和程序框图。

图 4-34　准备创建子 VI 之前的前面板、程序框图

在图 4-34 所示的程序框图中，通过在适当的位置上，按住鼠标左键向右下角拖动鼠标，选中要创建子 VI 的那一部分程序，如图 4-35 所示。拖动鼠标到适当位置后释放，如图 4-36 所示。

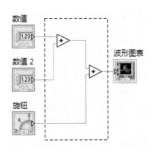

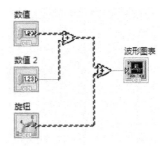

图 4-35　拖动鼠标选择要创建子 VI 的部分程序　　　图 4-36　选中要创建子 VI 的部分程序

选择"编辑"下拉菜单中的"创建子 VI"命令，如图 4-37 所示。

完成操作后的效果如图 4-38 所示。

图 4-37 选择"编辑"菜单中的"创建子 VI"命令

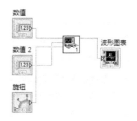

图 4-38 成功创建子 VI

选择"文件"下拉菜单中的"保存全部(本项目)"命令，将所有文件都进行保存。我们将子 VI 命名为"我的 VI(子 VI)"后保存到桌面，如图 4-39 所示。

下面进行子 VI 图标的编辑工作。

双击子 VI 图标，打开子 VI 的前面板和程序框图。双击子 VI 的前面板窗口右上角的图标，如图 4-40 所示，打开"图标编辑器"窗口，如图 4-41 所示。

图 4-39 将子 VI 命名为"我的 VI(子 VI)"后保存

图 4-40 双击前面板窗口右上角的图标

在"图标编辑器"窗口里，选择两个"加号"拖放到编辑区域，如图 4-42 所示。

单击图 4-42 里的"确定"按钮，关闭"图标编辑器"窗口。完成图标的编辑工作，具体效果如图 4-43 所示。

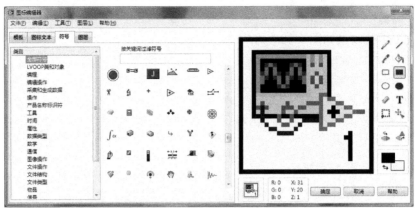

图 4-41　打开"图标编辑器"窗口

图 4-42　选择两个"加号"拖放到编辑区域

图 4-43　完成图标的编辑工作后的效果

　　下面进行子 VI 的定义连线器的工作。

　　右击子 VI 的前面板窗口右上角的连接器，在弹出的快捷菜单中选择"模式"命令，从其展开的连接器类型当中选择第二行、第二列的模式，如图 4-44 所示。

　　系统已经自动为连线器的每个接线端指定了一个前面板输入控件或显示控件。完成后的效果如图 4-45 所示。

图 4-44　选择第二行、第二列的模式

图 4-45　自动为连线器接线端指定前面板控件后的效果

4.6.3　调用子 VI

通过下面的例子详细介绍如何调用子 VI。

在一个打开的程序框图窗口中右击，在弹出的快捷菜单中选择"选择 VI"命令，如图 4-46 所示。

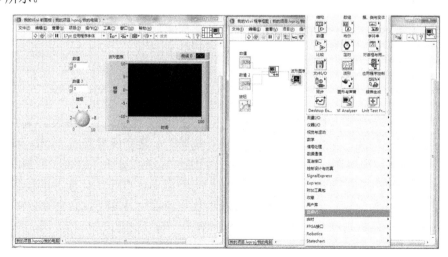

图 4-46　选择"选择 VI"命令

在打开的"选择需打开的 VI"对话框中选择原来保存在桌面的名称为"我的 VI(子 VI)"的子 VI，如图 4-47 所示。

图 4-47 选择名称为"我的 VI(子 VI)"的子 VI

将子 VI 放置在程序框图合适的位置上，如图 4-48 所示。

将子 VI 接线完成即可运行程序，如图 4-49 所示。

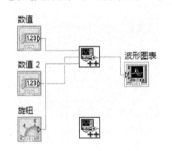 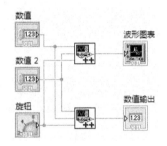

图 4-48 将子 VI 放置在合适的位置   图 4-49 完成子 VI 的连接

本章小结

本章首先介绍创建新 VI 的基础知识，然后重点介绍：编辑 VI 前面板、程序框图的方法；运行和调试 VI 的基本方法；对于经常使用的程序，建立图形化的子 VI，在子 VI 的设计过程中，创建和编辑图标、定义连线器；用于创建常规测量任务的程序框图 Express VI 和函数。这些基础知识的掌握将为今后 LabVIEW 的图形化程序设计打下良好基础。读者如果能通过学习本书中讲述的 LabVIEW 的图形化程序设计基本方法，并在以后的应用中不断地实践，就一定能总结出一套设计 LabVIEW 的图形化程序的技巧，随心所欲地设计出各种具有优美界面、功能强大的 LabVIEW 的图形化程序。

阅读材料

LabVIEW Office 报告生成工具包

在自动化测试领域，生成的 Office 报表(Word)几乎是每个专业的自动化测试程序的标配。不具备自动报表生成的自动化测试程序通常被视作"入门级"程序，就像汽车里面的"奔奔"或者"QQ"。先前，生成专业的 Office 报表几乎被少数几个 Visual Basic(VB)或 Microsoft Visual C(VC)高手"垄断"，因为除了要熟悉 VB 或 VC 外，还要熟悉 Windows 下的 ActiveX 机制及 Word 导出的属性和方法。

NI Office 报告生成工具包的出现打破了上述的技术壁垒，使得任何一个非计算机专业毕业且并不精通 Windows ActiveX 机制的工程师都能做出一样能与 VB、VC 高手媲美的专业的 Office 报表。介绍这个工具包，并不是想要"剥夺"大家学习 ActiveX 的机会，成为某些偏执程序员所宣称的"LabVIEW 依赖者"。相反，希望这个工具包能帮助大家把宝贵的时间从烦琐的技术细节中解脱出来，投入到核心价值的创造中去。另外，NI Office 报告生成工具包并不是以 DLL 的形式给出，而是以源代码的形式给出。只要你愿意，你可以在完整的商业源代码的基础上随时研究 Office 报告生成的所有细节。

LabVIEW Office 报告生成工具包升级到 1.1.2 版本后就变得非常可爱了，因为它提供了一个基于交互式配置的Express VI——MS Office Report。现在就从这个Express VI 开始，一起进入 LabVIEW Office 报告生成的世界。

总的来说，要用好 LabVIEW office 报告生成工具包需要做好两件事："Where"和"What"，即告诉 LabVIEW Office 报告生成工具包在 Office 文档的哪个位置，放上什么内容即可。

Word 中用 Bookmark 来为一个位置命名。MS Office report.vi 可以找到 Word 模板中有 Bookmark 的位置。

做一个简单的 Word 模板，第一行键入"美国国家仪器测试报告"，第二行键入"操作员姓名"。这时，光标停留在"操作员姓名"，为这个位置添加一个 Bookmark 再为 Word 创建"测试时间"，"测试值"的 Bookmark，制作好 Word 模板后，请保存为 Word97-2003 template 格式。

当 Word 模板做好后，可以使用 MS Office Report.vi 向模板插入内容。在 MS Office Report.vi 的配置窗口中，可以看到创建的 Bookmark。

同样，可以为 MS Office Report.vi 输入参数。

运行程序，就能够看到生成的报告。

通过上面的讲解，可以知道，LabVIEW Office 报告生成工具包的精髓就是"Where"和"What"，Word 中通过 Bookmark 来定位。准备好内容，并告诉 MS Office Report.vi 位置在哪里，MS Office Report.vi 就会把内容精准地插到指定的位置中去了。

习　题

一、简答题

1．简述调试 VI 的 3 种方法各自的特点。

2．简述创建并调用子 VI 的操作过程。

3．程序框图 Express VI 和函数有哪些？各有什么用途？

二、操作题

1．在前面板上创建 3 个控件，先后使其以上边缘、下边缘、中心点为轴进行水平对齐；再以其左边缘、右边缘或中心点为轴进行垂直对齐；再使其垂直中心相隔距离一致。

2．创建一个子 VI，计算 5 个数的平均值、最大值和最小值并输出结果，将子 VI 保存为 AVEMAXMIN.vi。再新建一个项目，在项目中新建一个 VI 作为主程序，调用 AVEMAXMIN.vi 子 VI。

3．使用"输入 Express VI"中的"仿真信号"控件，生成一个信号类型为"正弦"，频率为"40Hz"，幅值为"5"，带有噪声幅值为"0.5"的均匀白噪声信号，设置采样率为"10000Hz"，并用"波形图"显示出来(提醒：为了连续显示，请使用 While 循环)。

第 **5** 章

数据类型与数据运算

 学习目标

- ➢ 掌握 LabVIEW 的数据类型及特点。
- ➢ 掌握 LabVIEW 的数据运算及用法。

 本章知识结构

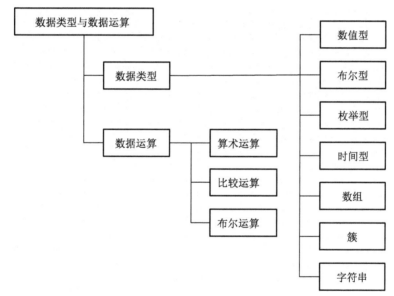

导入案例

案例一：

在日常生活中，我们常见到警示灯和开关，如图 5-1 和图 5-2 所示，警示灯不是开就是关，只有两种状态，同样开关不是开就是关，也只有两种状态。只有两种状态的例子很多，在生活中随处可见。

图 5-1　警示灯

图 5-2　开关

案例二：

在我们学习数字电路时，比较放大器是一种常见的电路，如图 5-3 所示，通过输入两端的电压比较，输出不同的电压。图 5-3(a)是实际电路，图 5-3(b)是电路输出波形。

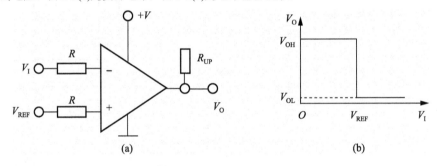

图 5-3　比较放大器电路

图 5-1 和图 5-2 是我们日常生活中常见的，它的两种状态就与 LabVIEW 中的布尔型数据相似，布尔型数据的值就是两种。实际上还有很多事物远远不止两种状态，这种情况下，我们需要表示这些事物的状态时，就必须对这些事物进行分类，然后进行后续计算的处理。如何对数据对象进行分类是本章重点需要阐述的。图 5-3 是比较电路，这种比较电路能够实现对输入信号的判断，然后输出信号，在 LabVIEW 的数据运算中，同样也有相似的比较运算功能，而且在 LabVIEW 中还有算术运算功能。本章将对 LabVIEW 中常见的数据运算进行介绍。

本章将介绍 LabVIEW 几种集合成员的数据类型和数据运算，数据类型包括数值型、布尔型、枚举型、时间型、数组、簇、字符串，数据运算包括算术运算、比较运算、布尔运算。

5.1　数据类型

5.1.1　数值型

数值型用于表示各种不同类型的数字。右击前面板输入控件、显示控件或常量，在弹出的快捷菜单中选择"表示法"命令即可改变数字的表示类型，如图 5-4 所示。通过操作工具单击选中常量，可直接输入值设置该常量。

图 5-4　数值表示法

数值控件可用来输入和显示数值数据，并且数值控件的大小可以用鼠标直接拖动。在输入数值过程中，必须按下 Enter 键，或在数字显示框外单击，或单击"确定输入"按钮时，输入才完成。

数值数据类型的子类型包括浮点型、有符号整型、无符号整型和复数型。浮点型用于表示分数，包括单精度(SGL)、双精度(DBL)、扩展精度(EXT)。整型用于表示整数，包括字节(I8)、字(I16)、长整型(I32)、64 位整型(I64)。复数由内存中两个相连的数值表示实部和虚部，包括单精度复数、双精度复数、扩展精度复数。

5.1.2　布尔型

布尔控件包括布尔输入控件和布尔显示控件，主要用于输入和显示布尔值(TRUE/FALSE)，通常用来创建按钮、开关和指示灯。除自带标签外，布尔控件还具有布尔文本标签。

布尔控件有 6 种机械动作，如图 5-5 所示，自定义布尔对象，可创建运行方式与现实仪器类似的前面板。需要注意：为布尔控件的机械动作分配键盘快捷键时，键盘可以切换值。例如，为布尔控件分配一个键盘快捷键，并将键盘快捷键设置为一个释放机械动作，读取时，键盘虽然已释放，但是布尔控件是未释放状态。

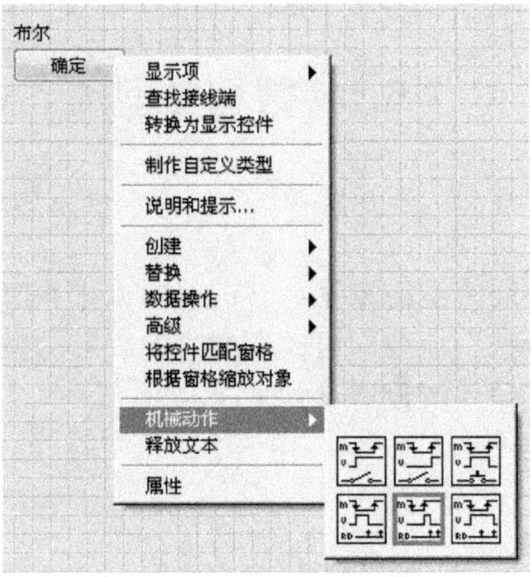

图 5-5　布尔机械动作

选中布尔控件右击，在弹出的快捷菜单中选择“属性”命令，在弹出的“属性”对话框中的“操作”选项卡中可以改变布尔对象的机械动作。机械动作共有 6 种方式，以下是这 6 种机械动作的动作方式。

(1) 单击时转换。每次单击控件时，控件值改变。

(2) 释放时转换。仅当在控件的图片边界内单击后再释放鼠标左键时，控件值改变。

(3) 保持转换直到释放。单击控件时改变控件值，保留该控件值直到鼠标左键释放，此时控件将返回至其默认值。

(4) 单击时触发。单击控件时改变控件值，保留该控件值直到 VI 读取该控件。此时，即使按住鼠标左键控件也将返回至其默认值。

(5) 释放时触发。仅当在控件的图片边界内单击后再释放鼠标左键时，控件值改变。

(6) 保持触发直到释放。单击控件时改变控件值，保留该控件值直到 VI 读取该值一次或用户释放鼠标左键，保留的时间取决于二者发生的先后。

5.1.3　枚举型

枚举型控件，也称枚举控件，该类型控件向用户提供一个可供选择的项列表，用户可任意选中列表中的控件。用户不能在枚举控件中输入未定义数值，也不能给每个项分配特定数值。

枚举控件的数值表示法有 8 位、16 位和 32 位无符号整型。右击枚举控件，在弹出的快捷菜单中选择“表示法”命令可更改控件的数值表示法，如图 5-6 所示。可以使用“枚举属性”对话框的“编辑项”选项卡为枚举型控件添加项。

枚举控件用于向用户提供一个可供选择的项列表，枚举类型控件与下拉列表控件的区别如下。

(1) 枚举控件的数据类型包括控件中所有数值及其相关字符串的信息，下拉列表控件仅仅是数值型控件。

(2) 枚举控件的数值表示法有 8 位、16 位和 32 位无符号整型，下拉列表控件可有其他表示法。

(3) 用户不能在枚举控件中输入未定义数值，也不能给每个项分配特定数值。如需要使用上述功能，应使用下拉列表控件。

(4) 只有在编辑状态才能编辑枚举型控件，可在运行时通过属性节点编辑下拉列表控件。

图 5-6 枚举型表示法

5.1.4 时间型

时间标识控件用于向程序框图发送或从程序框图获取时间和日期值，用户可配置时间标识控件的时间和日期，如图 5-7 所示。

时间标识控件能精确地存储精度为 18 位整数、19 位小数的以秒为单位的时间值。时间标识连线数据类型将值存储为 UTC 值，时间标识控件显示当地时间。虽然可用数值控件显示时间标记值，但该数值控件保存相对量，时间标识控件保存的是绝对量。

图 5-7 时间标识控件

需要在时间标识控件中设置时间和日期时，单击"时间/日期浏览"按钮，弹出"设置时间和日期"对话框。也可右击该控件，从弹出的快捷菜单中选择"数据操作→设置时间和日期"命令，弹出"设置时间和日期"对话框。

5.1.5 数组

如图 5-8 所示，数组有数值、布尔、路径、字符串、波形和簇等数据类型，数组由元素和维度组成，元素是组成数组的数据，维度是数组的长度、高度或深度，数组可以是一维或多维的。用户可从数组中导出数据至 Microsoft Excel。LabVIEW 中的数组索引从零开始，无论数组有几个维度，第一个元素的索引均为零。

创建一个数组控件时，首先在前面板上放置一个数组外框，然后将一个数据对象或元素拖曳到该数组外框中。数据对象或元素可以是数值、布尔、字符串、路径、引用句柄、簇控件，如图 5-9 所示。

图 5-8　数组

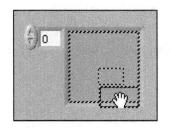

图 5-9　数组对象

图 5-10　数组前面板显示

数组外框会自动调整大小以容纳新对象。如果需要改变多维数组的维度，可以通过右键快捷菜单或者改变索引框的大小来实现。如需在前面板上显示某个特定的元素，可在索引框中输入索引数字找到该数字。例如，一个二维数组包含行和列，如图 5-10 所示，左边的两个文本框中上面的索引为行索引，下面的索引为列索引。行和列显示框右边的文本框中就是指定位置的值。图 5-10 中前面板显示第 6 行，第 13 列的值为 66。

数组的滚动条也可用来找到某一个特定元素。右击数组，从弹出的快捷菜单中选择"显示项→垂直滚动条或显示项→水平滚动条"命令，可显示数组滚动条。

5.1.6　簇

簇是将不同类型的数据元素归为一组。例如，LabVIEW 的错误簇就是一种簇，其中包含布尔值、数值及字符串。簇类似于文本编程语言中的记录或结构体，将几个数据元素捆绑成簇可减少子 VI 所需的连线板接线端的数目。程序框图上的绝大多数簇的连线样式和数据类型接线端为粉红色。错误簇的连线样式和数据类型终端显示为深黄色。由数值控件组成的簇，其连线样式和数据类型接线端为褐色，褐色的数值簇可连接到数值函数。

与数组一样，簇包含的可以是输入控件或显示控件，但不能同时含有输入控件和显示控件。簇和数组元素都是有序的，必须使用解除捆绑函数一次取消捆绑所有元素。

簇与数组不同，簇的大小是固定的。簇元素有自己的逻辑顺序，与它们在簇外框中的位置无关。放入簇中的第一个对象是元素 0，第二个为元素 1，依此类推。如果删除某个元素，顺序会自动调整。右击簇边框，在弹出的快捷菜单中选择"重新排序簇中控件"命令可查看和修改簇顺序。

若两个簇需要连线，则这两个簇必须有相同数目的元素，由簇顺序确定的相应元素的数据类型也必须兼容。例如，如果一个簇中的双精度浮点数值在顺序上对应于另一个簇中的字符串，那么程序框图的连线将显示为断开且 VI 无法运行。如果数值的表示不同，LabVIEW 会将它们强制转换成同一种表示法。

创建一个簇输入控件或簇显示控件时，先在前面板上添加一个簇外框，如图 5-11 所示，再将一个数据对象或元素拖曳到簇外框中，

图 5-11　簇显示控件

数据对象或元素可以是数值、布尔、字符串、路径、引用句柄、簇输入控件或簇显示控件。

5.1.7　字符串

字符串输入控件和显示控件可作为文本框和标签，如图 5-12 所示。

图 5-12　字符串控件

默认状态下，经改动的文本在编辑操作结束之前不会被传至程序框图。运行时，单击面板的其他位置，单击工具栏上的"确定输入"按钮，或按数字键区的 Enter 键，都可中断编辑状态。在主键区按 Enter 键将输入回车符。右击字符串控件，从弹出的快捷菜单中选择"显示项→显示格式"命令，可在字符串控件内显示当前格式的符号。

5.2　数据运算

5.2.1　算术运算

Express 数值函数可对数值创建和执行算术和复杂数学运算，或在各种数据类型之间对数值进行转换。初等与特殊函数选板上的 VI 和函数用于执行三角函数和对数函数，如图 5-13 所示。

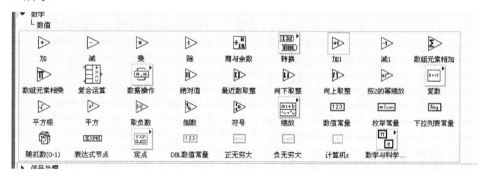

图 5-13　算术运算子模板

▷ ▷ ▷ ▷ ▦ 分别计算输入的和、差、积、商、商和余数。

▦ 表示数据类型的转换。

▷ ▷ 表示输入值减 1、加 1。

▷▷ 返回数值数组中所有元素的和、积。

▦ 表示对一个或多个数值、数组、簇或布尔输入执行算术运算。右击函数，在弹出的快捷菜单中选择运算(加、乘、与、或、异或)，可选择转换模式。

▦ 用于改变 LabVIEW 使用的数据类型。

▷ ▷ ▷ ▷ ▷ 分别为返回绝对值、最近数取整、向下取整、向上取整、按 2 的幂缩放。

▦ 用于根据两个直角坐标或极坐标的值创建复数或将复数分为直角坐标或极坐标的两个分量。

▷ ▷ ▷ ▷ ▷返回输入值的平方根、平方、负数、倒数、符号。

表示将电压读数转换为温度或其他应变单位。

123 ⟨Enum⟩ Ring 表示数值常量、枚举常量、下拉列表常量。

产生 0～1 的双精度浮点数。产生的数字大于等于 0，小于 1，呈均匀分布。

EXPR表达式节点用于计算含有单个变量的表达式。

对定点数字的溢出状态进行操作。

123通过该常量可在程序框图上传递双精度浮点数。

+∞ −∞表示正无穷大、负无穷大。

表示浮点数对于指定精度的舍入误差。该值用于比较两个浮点数是否相同。

用于创建 LabVIEW 应用程序。

5.2.2 比较运算

比较函数用于对布尔值、字符串、数值、数组和簇的比较。比较函数处理布尔、字符串、数值、数组和簇类型数据的方式各不相同。比较函数还可用于比较字符。可改变某些比较函数的比较模式，如图 5-14 所示。

图 5-14 比较运算

▷ ▷ ▷ ▷ ▷ ▷比较输入是否相等、不相等、大于、小于、大于等于、小于等于。

▷ ▷ ▷ ▷ ▷ ▷比较输入是否相等 0、不相等 0、大于 0、小于 0、大于等于 0、小于等于 0。

▷使用时的连接为 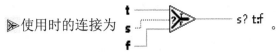 。

依据 s 的值，返回连线至 t 输入或 f 输入的值。s 为 TRUE 时，函数返回连线至 t 的值。s 为 FALSE 时，函数返回连线至 f 的值。

使用时的连接为

比较 x 和 y 的大小，在顶部的输出端中返回较大值 max(x,y)，在底部的输出端中返回较小值 min(x,y)。

使用时的连接为 上限—x—下限 已强制转换(x) 范围内？。

依据上限和下限，确定 x 是否在指定的范围内。

表示若数字/路径/引用句柄为非法数字、非法路径或非法引用句柄，则返回 TRUE；否则，函数返回 FALSE。

判断输入的是否为空数组、空字符串/路径。

判断输入的是否为十进制数、十六进制数、八进制数。

表示输入可以是标量字符串或数值、字符串或数值簇、字符串或数值数组等，输出是与输入具有相同数据类型结构的布尔值。

比较指定的输入项，确定输入值之间的等于、大于或小于关系。

表示返回输入的类编号。如果输入为字符串，该函数使用字符串中的第一个字符。如果输入为数值，函数使其解析为该数的 ASCII 值。

比较指定的输入项，确定输入值之间的等于、大于或小于关系。

表示若指定定点值包含溢出状态，且指定定点值是溢出运算的结果，则该值为 TRUE；否则，函数返回 FALSE。

5.2.3　布尔运算

布尔函数用于对单个布尔值或布尔数组进行逻辑操作，如图 5-15 所示。

图 5-15　布尔运算

分别表示输入的逻辑与、逻辑或、逻辑异或、逻辑非、逻辑与非、逻辑或非、逻辑同或。

使用时的链接为 $\begin{smallmatrix}x\\y\end{smallmatrix}$ 。

使 x 取反，然后计算 y 和取反后的 x 的逻辑或。x 为 TRUE 且 y 为 FALSE，则函数返回 FALSE；否则返回 TRUE。

分别表示数组元素与、数组元素或。

使用布尔数值作为数字的二进制表示，使布尔数值转换为整数或定点数。

使用布尔数组作为数字的二进制表示，使布尔数组转换为整数或定点数。如果数字有符号，LabVIEW 可使数组作为数字二进制表示的补。

使布尔值 FALSE 或 TRUE 分别转换为 16 位整数 0 或 1。

通过该常量为程序框图提供 TRUE、FALSE 值。

本章小结

本章介绍 LabVIEW 几种集合成员的数据类型和数据运算，数据类型包括数值型、布尔型、枚举型、时间型、数组、簇、字符串，数据运算包括算术运算、比较运算、布尔运算。这些属于 LabVIEW 当中比较基础的内容，这些知识不涉及深奥的理论知识，易于理解，但需要在后续章节学习应用过程中不断巩固，加深理解。

阅读材料

C 语言的数据类型和数据运算

对照 C 语言中的数据类型和数据运算，我们可以加深 LabVIEW 中数据类型和数据运算的理解，虽然分类或提法不太一样，但是本质上相似，C 语言所提到的数据类型和数据运算在 LabVIEW 中基本都能找到，因此，阅读我们熟悉的 C 语言数据类型和数据运算，可帮助我们理解。

C 语言提供有丰富的数据类型：

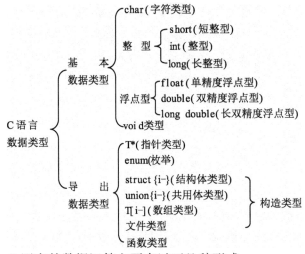

C 语言的数据运算主要有以下几种形式：

(1) 算术运算，包括 +(加法)、-(减法/取负)、*(乘法)、/(除法)、%(求余数)。

(2) 赋值运算，赋值运算符为"="，它的作用是将一个表达式的值赋给一个变量。

(3) 关系运算，包括＜ (小于)、＜＝ (小于或于)、＞ (大于)、＞＝ (大于或等于)、＝＝ (等于)、!＝ (不等于)。

(4) 逻辑运算，包括&&(逻辑与)、¦¦(逻辑或)、!(逻辑非)。

(5) 自增自减运算，包括++(自增)、--(自减)。

具体内容请参考相关书籍。

习　题

一、简答题

1．数组和簇的区别是什么？

2．枚举型控件与下拉列表控件的区别是什么？

二、操作题

1．比较两个输入的大小。

2．给定两个十六进制数，实现同或运算。

3．实现两个数组的复合运算。

第**6**章

程序结构

学习目标

- ➢ 了解 LabVIEW 的程序结构。
- ➢ 熟练使用 LabVIEW 的循环结构、顺序结构、事件结构、条件结构、公式结构。
- ➢ 使用 LabVIEW 的禁用结构和定时结构。
- ➢ 使用 LabVIEW 的属性节点。

本章知识结构

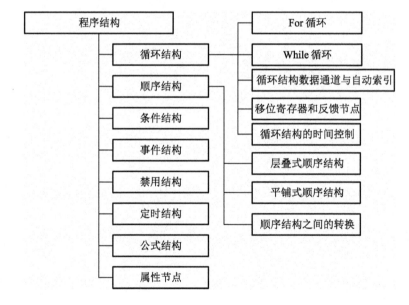

导入案例

NI 改变着全球工程师和科学家进行系统设计、原型与部署的方式，以适应测试、控制和嵌入式设计应用。NI 开放的图形化编程软件和模块化硬件，帮助 25000 多家公司的客户简化开发、提高效率，并极大地缩短了上市时间。从测试新一代游戏系统，到创建突破性的医疗设备，NI 技术越来越多地用于不断开发造福大众的创造性技术。

案例一：

使用 LabVIEW 来原型化及验证视障人士辅助 LED 眼镜。这个原型产品使用了 NI LabVIEW 软件、NI 视觉开发模块和 NI USB-8451 接口模块开发和验证，它充满创造性、技术性，可以为有严重视觉障碍的人提供视觉支持。

通常来说，人们认为失明就是完全丧失看事物的能力。其实，这是一种误解，世界健康组织(World Health Organization, WHO)将失明定义为严重的视力丧失，即使在配戴眼镜或者隐形眼镜的情况下，还是不能分辨 3m 处举起的手指个数的情况。所以就算是诊断为目盲的人，仍然可能拥有一定程度的视力，其中大部分人仍可以不同程度地分辨对比度的变化。

牛津大学临床神经科学系的科学团队正在进行新技术试验，使用个人的视觉能力来判断对比度的变化。该技术从头部佩戴的摄像机视频源获得并处理图像数据，检测附近的物体，如人、标志杆或感兴趣的障碍物。被检测物体被简化为一组 LED 显示的图像返回给头部佩戴的头盔显示器。使用很少量的 LED，我们就可以指出邻近障碍物的位置和分类。最终，该技术将被设计成一副电子眼镜，这种眼镜将让更多视障人士可以生活更独立，帮助他们找出附近的物体、观察他们的周围环境。批量生产后，该眼镜成本将与一台现代化的智能手机相当，其性能与一只经过充分训练的导盲犬相当，却便宜得多。

为了验证上述设计，使用 LabVIEW 和 NI 视觉开发模块来开发仿真软件。该模块可支持多种不同的相机类型，提供了现成的图像处理函数、图像采集驱动、显示功能和图像记录功能。仿真系统的开发步骤如下。

(1) 失明仿真。

(2) 开发实时图像优化，如边缘检测和对比度优化等。

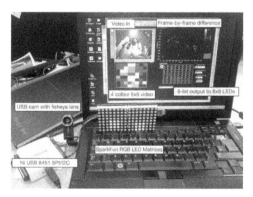

图 6-1 用 LabVIEW 开发的仿真系统

(3) 开发实时的对象检测算法，探索不同的方法来对图像进行简化，输出适合具有严重视觉障碍人观察的明亮图像。

(4) 开发一套快速的脸部检测算法来连接到简化的图像输出。

(5) 开发实时且不受方向限制的文字识别算法。

使用 USB-8451 接口模块来采集回转器数据(I2C)并同时控制 LED 显示(SPI)，这最小化了对硬件设备的需求，简化了系统的开发，节省了开发成本。USB-8451 作为 NI 的典型硬件产品，在安装驱动的时候也安装了大量有用的范例程序，进一步加速了系统的开发。图 6-1 所示为用 LabVIEW 开发的仿真系统。

6.1 循环结构

在程序设计中，如果需要重复执行一段代码，就需要使用循环结构。循环结构是编程语言中必不可少的运行结构之一，LabVIEW 也不例外。下面介绍在 LabVIEW 中常使用的两种循环结构：For 循环和 While 循环。一般来讲，如果已知循环次数，使用 For 循环比较简单，For 循环重复做同一个操作 N 次；如果循环次数未知，就需要使用 While 循环，While 循环重复做同一个操作不定次数。而且，While 循环提供了一个布尔的条件判断端，可以通过布尔运算实现对复杂条件的判断。

6.1.1 For 循环

For 循环可以控制某段程序在循环体内重复执行的次数。结构选板中的 For 循环类似于文本语言中的 For 循环，for(int i=0;i<100;i++)，其中接线端 "N" 类似于 "i<100" 中的 "10"，计数器 "i" 与文本语言中的没有什么具体区别，而 "i++" 则是 For 循环自动实现的，如图 6-2 所示。

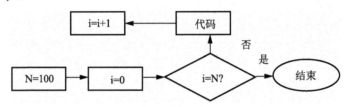

图 6-2　For 循环流程图

打开 "程序框图→函数→编程→结构" 找到 For 循环结构，将其拖拽到程序框图中，并适当调节它的大小就完成了一个 For 循环的创建，如图 6-3 和图 6-4 所示。

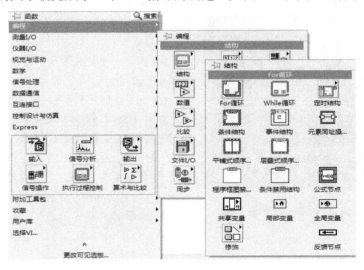

图 6-3　结构选板

For 循环的主体结构是一个可伸缩的方形架构框，用来放置需要循环的程序代码。方框内包含两个可见元素：N(总数接线端，决定 For 循环执行的循环次数)和 i(计数接线端，显示 For 循环已经循环过的次数)。

图 6-4　结构选板中的 For 循环

6.1.2　While 循环

While 循环与文本编程语言中的 Do 循环类似，将执行子程序框图直到满足特定条件，如图 6-5 所示。

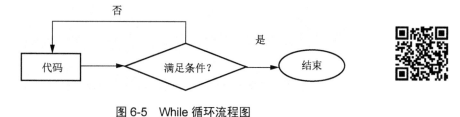

图 6-5　While 循环流程图

打开"程序框图→函数→编程→结构"找到 While 循环结构，将其拖拽到程序框图中，并适当调节它的大小就完成了一个 While 循环的创建，如图 6-6 所示。

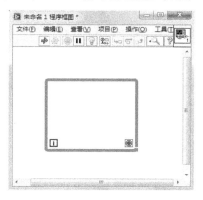

图 6-6　结构选板中的 While 循环

While 循环框内包括两个可见元素：i(计数接线端，显示 While 循环已经循环过的次数)

和◎(循环条件控制端，根据循环条件端的设置，确定循环停止的逻辑关系)。

6.1.3 循环结构数据通道与自动索引

1. 循环结构数据通道

循环结构数据通道是循环结构内数据与结构外数据交换(输入/输出)的必经之路，位于循环结构框上，显示为小方格。图 6.6 所示为 For 循环和 While 循环的数据通道。连接输入控件和加法函数控件的输入端口，或者连接加法函数控件的输出端和显示控件，系统自动生成数据通道。通道的数据类型和输入的数据类型相同。在执行循环程序过程中，循环结构内的数据是独立的，即输入循环结构中的数据是在进入循环结构之前完成的，进入循环结构以后不再输入数据；而循环结构输出数据是在循环执行完毕以后进行的，循环执行过程中不输出数据。

图 6-7 显示的是一个循环次数 N 为常量 10、输入和输出均为数值常量的 For 循环，单击 图标运行该程序，输入控件的初始值为 0，输出控件显示的是最后一次循环的输出结果，即 i=9 时的输出结果 0+9=9。在前面板上可以手动改变输入控件的值，比如将输入控件的值调为 1，重新运行该程序，输出结果也是最后一次循环 i=9 时的结果 1+9=10。

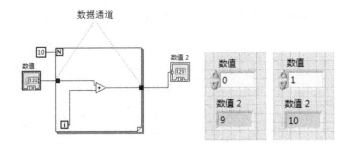

图 6-7　For 循环的数据通道和前面板显示结果

图 6-8 所示为一个 While 循环程序，程序运行后单击"停止"按钮停止程序，否则程序将一直运行。"数值 2"显示控件显示程序停止时已经循环的次数 i，"数值 3"显示控件显示"数值"输入控件的值和循环次数 i 的和。程序的执行速度非常快，稍微执行一会儿，循环已经执行了 233006+1 次，前面板上的循环结果如图 6-8(b)所示。

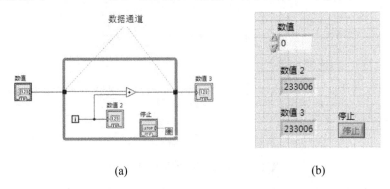

(a)　　　　　　　　　　　　　　　　(b)

图 6-8　While 循环数据通道和前面板显示结果

注意：在图 6-7 所示的 For 循环，循环框右端连接的是一个数值常量显示控件，当直接连接加法器的输出端和显示控件的输入端时，显示连线出错(连接两个不同类型的数据端：循环框输出的是一维数组，而显示控件只能接收数值常量)。这时，在循环结构外框上的输出数据传输通道上面右击，选中"禁用索引"即可，如图 6-9 所示。

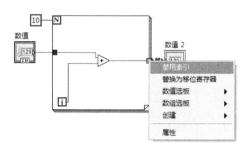

图 6-9　For 循环默认启用自动循环功能

2. 自动索引

当循环结构外部和数组相连接时，在数据通道上可以选择自动索引功能。LabVIEW 中 For 循环的自动索引功能是默认启用的，而 While 循环的自动索引功能是默认关闭的。

在图 6-7 的程序中，For 循环结构中每次循环都产生一个相加的结果，若保留每次循环的结果，并将所有结果组成数组输出，则需要启用自动索引功能。

一方面自动索引可以在循环结构的边界自动完成一个数组元素的索引或累计。删除图 6-9 右端的数值显示控件，在 For 循环结构外框上的输出数据传输通道上面右击，在弹出的快捷菜单中选择"创建→显示控件"命令，LabVIEW 默认生成数组显示控件，如图 6-10 所示。此时，运行该程序，前面板上的显示结果如图 6-11 所示(程序运行后，前面板上的数组只显示一列，用鼠标指针手动调整数组的长度以使其足以显示 10 列数值)。

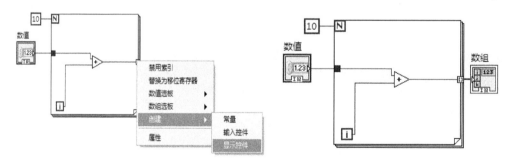

图 6-10　For 循环的数组显示

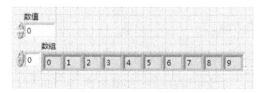

图 6-11　前面板上的数组显示结果

另一方面自动索引可以自动计算数组的长度，并根据数组的长度确定循环次数。删除图 6-10 所示程序的数值输入控件，用数组输入控件代替。刚添加的数组输入控件为空数组，默认为一维，不包含任何元素。在前面板上用鼠标拖曳的方式设置数组为一行三列，选择与输出数据类型一致的简单数据控件置于数组元素框架内，形成有具体数据类型的数组。如图 6-12 和图 6-13 所示，虽然程序的循环次数 N 仍然设置为 10，但是该程序实际只循环 3 次，它的循环次数是由输入数组的长度确定的。

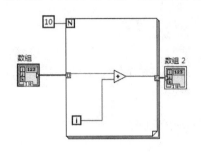

图 6-12　输入输出均为数组的 For 循环

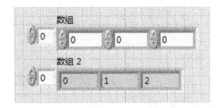

图 6-13　前面板显示结果

图 6-14 所示为图 6-8 所示的 While 循环启用自动索引功能以后的程序，此时，输出控件为数组。它在前面板上的显示结果如图 6-15 所示，程序运行速度很快，停止时已经运行131384+1 次，则显示数组有 131384+1 列，图 6-15 中只显示了输出数组中的 20 列数据。

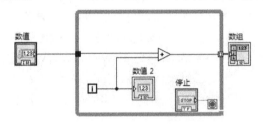

图 6-14　While 循环数组显示

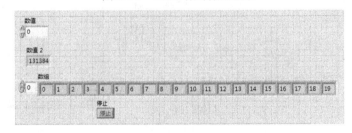

图 6-15　前面板上的显示结果

6.1.4　移位寄存器和反馈节点

1. 移位寄存器

使用循环结构编程时，可以使用移位寄存器来访问上一次循环的值，即将第 i 次循环执行的结果作为第 i+1 次循环的输入。移位寄存器以接线端成对出现，分别位于循环两侧的边框上。在循环框左侧或右侧边框右击，在弹出的快捷菜单中选择"添加移位寄存器"命令，即可添加移位寄存器，如图 6-16 所示。图 6-17 分别为 For 循环结构和 While 循环结构添加移位寄存器后的结果。移位寄存器可以传递任何数据类型，并且与其连接的第一个对象的数据类型自动保持一致。移位寄存器的颜色和输入数据类型的系统颜色相同，在数据为空(没有输入)时是黑色。

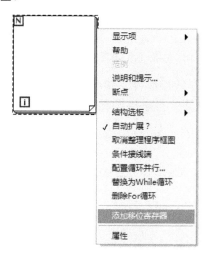

图 6-16 为循环添加移位寄存器

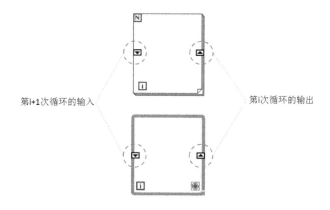

图 6-17 For 循环(上)和 While 循环(下)添加移位寄存器以后的结果

【例 6-1】利用循环结构的移位寄存器计算 10！=1×2×3×···×10 的结果。

利用 For 循环计算 10！的循环程序和前面板上的显示结果如图 6-18 所示。一般在使用移位寄存器之前都会进行初始化。如果没有初始化，该程序运行的第一次移位寄存器会使用数据类型的默认值(本例程序中默认初始值为 0)；关闭 VI 前，如果再次运行，移位寄存器会使用上一次储存的值。将移位寄存器左侧端子的初始值设置为 1，循环次数 N 设置为 10，循环次数 i 从 0 开始，需要将 i 加 1。第一次循环的结果为 1×1=1，该结果通过移位寄存器成为第二次循环时乘法器的输入值，依此类推，到第 10 次循环时，即得到 10！的结果。输出结果是最后一次循环的结果，因此禁用自动索引功能。

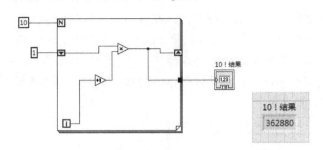

图 6-18　利用 For 循环的移位寄存器计算 10!

利用 While 循环计算 10! 的循环程序和前面板上的显示结果如图 6-19 所示。寄存器左侧端子初始值设置为 1，循环停止条件设置为 i≥9 为真时停止。

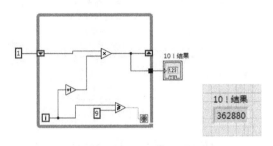

图 6-19　利用 While 循环的移位寄存器计算 10!

在循环中如果需要访问此前的多次循环的数据，就需要使用层叠移位寄存器。将鼠标指针放置移位寄存器左侧端子或右侧端子上，在弹出的快捷菜单上选择"添加元素"命令，即可为左侧端子添加元素，如图 6-20 所示。移位寄存器左侧端子的元素分别对应前几次循环寄存器的输入。如图 6-20 所示，元素 1 对应的是前一次循环寄存器的输入 8，元素 2 对应的是前两次循环寄存器的输入 7，元素 3 对应的是前三次循环寄存器的输入 6。

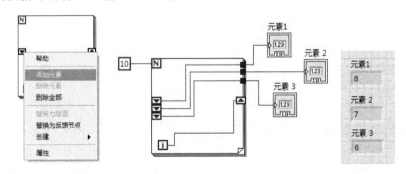

图 6-20　层叠移位寄存器的添加元素方法及结果显示

2. 反馈节点

反馈节点与移位寄存器在本质上是相同的，它只是改变了数据线的连线方式，把原本在循环结构两侧的连线端移到循环框中间来了。

反馈节点位于"函数"选板的"编程→结构→反馈节点"，如图 6-21 所示。

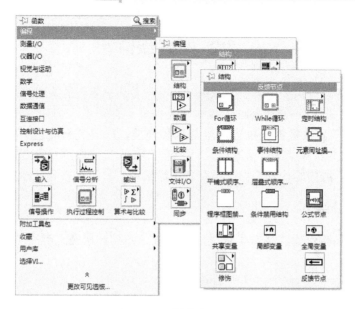

图 6-21　反馈节点的位置

可以通过移位寄存器的右键快捷菜单，把一个移位寄存器改造成反馈节点。如图 6-18 所示程序，右击移位寄存器，在弹出的快捷键上选择"替换为反馈节点"命令，则循环框上的移位寄存器消失，取而代之的是循环框内的反馈节点，如图 6-22 所示，程序执行结果和使用移位寄存器一致。

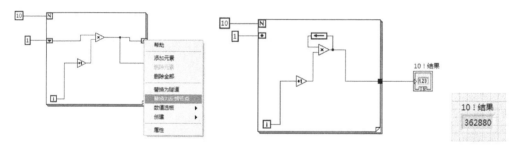

图 6-22　用反馈节点代替移位寄存器的方法及结果显示

6.1.5　循环结构的时间控制

无论是 For 循环还是 While 循环，都以最高的循环速度运行程序，这将占用大量的 CPU 资源，甚至会使得其他程序运行受阻。解决这个问题的简单办法就是在循环中插入延时节点。图 6-23 所示为插了延时器的 While 循环。

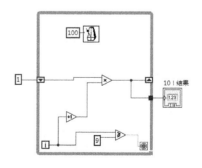

图 6-23　添加了延时器的 While 循环

6.2　顺序结构

图形化语言的运行机制是基于数据流的，节点必须在所有的数据输入都有效时才会执行(也称为数据相关性)。但是有时候数据相关性并不存在，人们期待程序是一步一步地按顺序执行，而不是按数据流执行。应对这种需要，LabVIEW 提供了几种顺序结构。LabVIEW 编程的主要特点是数据流形式，这便于 VI 大量的按照并行方式运行，优化了程序的计算性能。而顺序结构却趋向于中断数据流编程，禁止程序并行操作。

6.2.1　层叠式顺序结构

层叠式顺序结构位于"函数"选板的"编程→结构→层叠式顺序结构"，如图 6-24 所示。

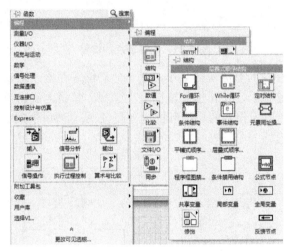

图 6-24　层叠式顺序结构的位置

新建的层叠顺序框只有一帧，可以通过右键快捷菜单添加或删除帧。"在后面添加帧"是在当前帧之后添加一帧；"在前面添加帧"是在当前帧之前添加一帧；"复制帧"是复制当前帧为后一帧；"删除本帧"是删除当前帧，新建时只有一帧，此选项为灰色，不能操作。当层叠式顺序结构大于等于 2 帧时，所有帧的程序框叠在一起，在上边框中间有帧标签，如图 6-25 所示。

层叠式顺序结构之间的数据不能通过数据线直接传递，要借助局部变量在同一个顺序结构的各帧之间传递数据。选择右键快捷菜单中的"添加顺序局部变量"命令添加局部变量，在顺序结构边框上出现一个小方块(所有帧程序框的同一位置都有)，表示添加了一个局部变量。小方块可以沿边框四周移动，颜色随传输数据类型的变化而变化。在右键快捷菜单中选择"数值常量"控件，将它与局部变量相连，数值常量表示为长整型，系统颜色为蓝色，此时局部变量方框也变为蓝色，并出现一个指向顺序结构外部的箭头，如图 6-26 所示。

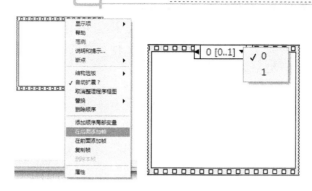

图 6-25　层叠式顺序结构的右键快捷菜单和帧标签

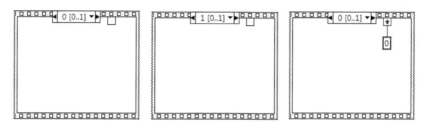

图 6-26　添加局部变量后的帧

【例 6-2】顺序结构的一个典型应用就是计算程序运行时间，下面将通过这个例子来说明顺序结构的用法。

(1) 新建一个 VI，在前面板上放置一个数值输入控件"给定数据"和两个数值显示控件"执行次数"和"所需时间"。

(2) 在程序框图上放置一个层叠式顺序结构，右击结构边框，在弹出的快捷菜单中选择两次"在后面添加帧"命令，创建帧 1 和帧 2。

(3) 选取第 0 帧，记录程序运行初始时间。右击顺序结构的边框，在弹出的快捷菜单中选择"添加顺序变量"命令。在右键快捷菜单中选择"函数→编程→定时→时间计数器"命令，放置一个时间计数器到顺序结构内。计数器返回值单位为 ms，用于计算程序运行占用的时间。用连线工具将它与顺序局部变量相连，数值可用做后续帧使用，如图 6-27 所示。

(4) 选取第 1 帧，实现等于给定值的匹配运算。在顺序结构框内放置 While 循环，循环条件设置为条件真(T)时继续，程序如图 6-28 所示。

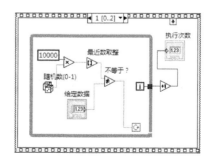

图 6-27　添加了计数器的帧 0　　　图 6-28　帧 1 内的数值匹配程序

(5) 选取第 2 帧，同样放置一个时间计数器用于返回当前时间，将它减去顺序局部变量传递过来的第 0 帧初始时间后就可以得到程序运行花费的时间，如图 6-29 所示。

(6) 程序运行结果如图 6-30 所示。

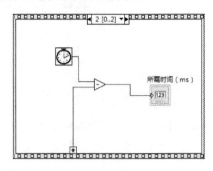

图 6-29　帧 2 内的程序　　　　　图 6-30　程序运行时间

6.2.2　平铺式顺序结构

平铺式顺序结构和层叠式顺序结构功能相同，不同的是结构中所有帧都是按顺序展开排列而不是叠在一起。平铺式顺序结构在函数选板上的位置是位于层叠式顺序结构的左边，如图 6-31 所示。新建的平铺式顺序结构也只有一帧，通过右键快捷菜单选择"在后面添加帧"命令可在当前帧后添加帧，"在前面添加帧"可在当前帧前添加帧。添加的帧平行排列，通过拖动四周的方向箭头可改变其大小。

平铺式顺序结构和层叠式顺序结构的另一个不同点是数据传递方式。由于平铺式顺序结构的所有帧都显示在程序框图窗口中，平铺式顺序结构的帧之间数据可以通过数据线传递，并不需要局部变量，所以在平铺式顺序结构中系统没有设置局部变量。数据线在穿过帧程序时，在框边也有一个小方块，表示数据通道，如图 6-32 所示。

图 6-31　平铺式顺序结构的添加

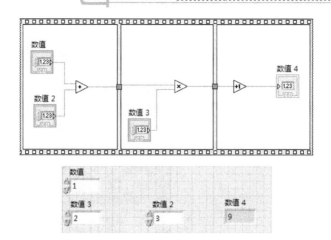

图 6-32 平铺式顺序结构的程序框图和前面板显示结果

6.2.3 顺序结构之间的转换

如图 6-33 所示为平铺式顺序结构程序,在顺序结构边框上右击,选择"替换为层叠式顺序"命令,可将平铺式顺序结构和层叠式顺序结构进行互换。

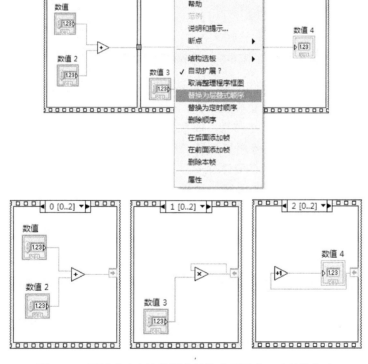

图 6-33 平铺式顺序结构程序替换为层叠式顺序结构程序

6.3 条件结构

条件结构类似于文本编程语言中的 switch 语句或 if else 结构或 case 结构,位于"函数"选板的"编程→结构→条件结构",如图 6-34 所示。

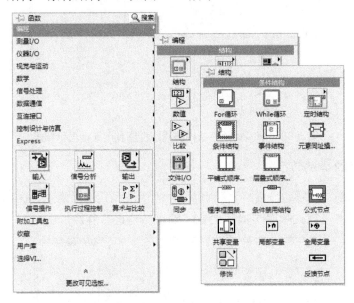

图 6-34 条件结构的位置

条件结构包含多个子程序框图,每一个子框图包含一段程序代码,由此对应一个程序分支。多个子框图就像一摞卡片重叠在一起,任何时候只有一个是可见的,执行哪一个取决于选择端子外部接口相连的某个整数、布尔数、字符串或者枚举值,用户也可以直接输入所有可能出现的值。条件结构每次只能显示一个子程序框图,并且每次只执行一个条件分支。条件结构框由条件选择器标签、选择器接线端和分支子程序框图组成,如图 6-35 所示。

条件结构选择端口的输入值是由与它相连的输入控件对象决定的,数据类型可以是布尔量、整型、字符串型或枚举型。条件结构顶部中间是各分支的选择标识,它自动调整为输入的数据类型,可

图 6-35 条件结构框

以在工具模板上使用标签工具直接键入单个数值或某个数据范围。数值之间用逗号来分开,例如,"0,2,4,5,6,7,8,9,10"表示选择条件为≤0,2,4,5,6,7,8,9,10。

设置默认分支的方法是,选择一个分支结构,在右键快捷菜单中选择"本分支设置为默认分支"命令,它的作用是当选择端口的值与选择器标识值没有一个匹配时,就执行默认分支,如图 6-36 所示。

图 6-36　默认分支的设置

　　向条件结构的一个分支提供数据时，这个数据对于所有的分支都是有效的，也就是其他分支都可以使用这个输入数据。条件结构的输出通道有些不同，当在一个分支中创建输出通道后，所有分支的同一位置都会出现一个白色小方框，它要求每个分支都必须为这个通道予以连接，通道变为实心后程序才可以运行。也可以在通道的快捷菜单中选定"未连接时使用默认"为没有连接的分支定义一个默认输出，这时输出通道变为灰色。

　　【例 6-3】检查一个数是不是正数，如果是就计算该数的平方根值，如果不是则发出警告。

　　(1) 新建一个 VI，在前面板上放置一个数值输入控件和一个数字显示控件。在程序框图上放置一个条件结构。

　　(2) 在条件为"真"时，程序代码如图 6-37 所示。此时，输出数据通道是空心的。

　　(3) 在条件为"假"时，程序代码如图 6-38 所示。选择"函数→编程→图形与声音→蜂鸣声"命令放置在条件结构框内。在输出通道上连接常数-999，表示当数值输入为负数时输出-999，同时蜂鸣器发出警告。此时输出数据通道变成了实心的。

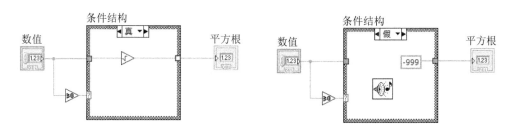

图 6-37　条件为真时的程序代码　　　　　图 6-38　条件为假时的程序代码

　　(4) 程序输出结果如图 6-39 所示。

图 6-39　程序执行结果

6.4　事件结构

　　事件驱动的编程允许用户通过前面板的操作，或是其他的异步事件来驱动 LabVIEW 程序的运行。事件是一种异步的信号，告知 PC 有事情发生。用户界面、外部 I/O 或是程序的一部分代码都有可能导致事件的发生。(用户界面事件：鼠标单击、键盘操作等；外部 I/O 事件：程序间的通信等；其他程序事件：程序间的通信等。LabVIEW 支持用户界面事件和程序事件而不支持外部 I/O 事件)。

　　事件结构包含一个或多个子程序框图，或事件分支，每当结构执行时，仅有一个子程序框图或分支在执行。事件结构的执行过程是，一直等待直至某一事件分支的事件发生，然后执行相应事件分支从而处理该事件。事件结构位于"函数"选板的"编程→结构→事件结构"，如图 6-40 所示。

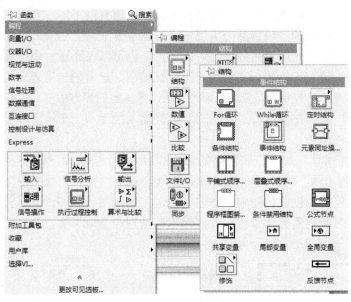

图 6-40　事件结构的位置

6.4.1　事件结构的组成

　　事件结构由事件分支标签、事件数据节点、时间接线端和程序框组成，如图 6-41 所示。为事件结构边框左上角的"超时"接线端连接一个值，以指定事件结构等待某个事件发生的时间(以 ms 为单位)。默认为-1，即永不超时。

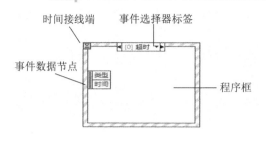

图 6-41 事件结构的组成

6.4.2 事件结构的使用

LabVIEW 中可以创建各种各样的事件,按注册的方式,可分为静态注册事件和动态注册事件。对前面板用户界面事件的响应是一种静态注册事件。当 VI 运行时,LabVIEW 自动注册这些事件,事件结构一直等待事件的发生。静态注册事件只与本 VI 相关联,它无法实现对其他 VI 的前面板用户界面事件进行响应。

用户界面事件分为消息事件和过滤事件两种。消息事件指一个用户的行为已经发生,使用消息事件来反馈一个已经发生的事件,并且 LabVIEW 已经对它进行了处理。例如,"鼠标按下"就是一个消息事件。过滤事件是在用户行为发生之后,LabVIEW 处理该事件之前先告知用户,由用户来决定程序接下来如何处理事件,有可能处理的方式与默认的处理不同。使用过滤事件以后,用户可以随时按需要修改程序对事件的处理,甚至可以完全放弃该事件,而对程序不产生影响。

【例 6-4】下面来实现一个 VI,它可以对前面板的不同按键做出相应的反应。例如,单击"前进"按钮,VI 的前面板会显示"前进";单击"后退"按钮,VI 的前面板会显示"后退",同时实现程序运行时,前面板一直保持打开状态。

(1) 在前面板上右击,在弹出的快捷菜单中选择"控件→经典→经典布尔"命令,在前面板上先放置 4 个布尔输入控件:"前进""后退""左转"和"右转"和 1 个布尔停止按钮。右击每个控件,在弹出的快捷菜单中选择"机械操作→保持转换直到释放"命令,如图 6-42 所示。布尔文本的大小位置等可在右键快捷菜单的属性框中设置。

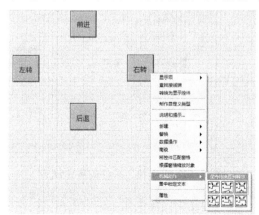

图 6-42 前面板的 4 个布尔控件的设置

(2) 在程序框图中放置一个 While 循环，然后在循环中放置事件结构。事件结构有一个默认的超时分支，用户可以根据需要保留或删除该分支(本例删除该分支)。在事件分支的边框右击，在弹出的快捷菜单中选择"添加事件分支"命令，弹出"编辑事件"对话框，为布尔控件注册相应的事件。在"编辑事件"对话框中，左侧是事件源，用来选择发起事件的来源，如"前进"控件；右侧是事件，用来选择事件的类型，如鼠标释放、键按下等，根据不同的需求选择事件的类型。在"事件"区域中，可区分消息事件(绿色箭头)和过滤事件(红色箭头，文本后带?)。单击"确定"按钮，即添加了一个事件分支，如图 6-43 所示。

图 6-43　编辑事件对话框

(3) 在当前分支中添加代码来完成在这个事件分支中要处理的内容。选择"编程→字符串→字符串常量"命令放置在分支 0 中，输入"前进"，再在事件处理框外放置一个字符串显示控件"按键记录"，如图 6-44 所示。

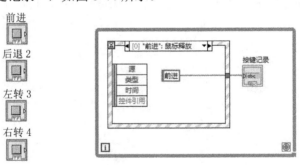

图 6-44　"前进"控件的事件分支

(4) 为控件"后退 2""左转 3""右转 4"分别添加事件分支和相应的程序代码，如图 6-45 所示。

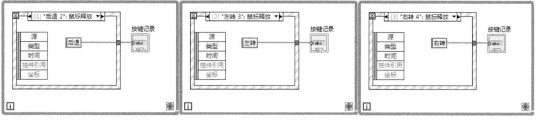

图 6-45　"后退""左转"和"右转"控件的事件分支

(5) 为"停止"控件添加事件分支和程序代码。我们需要通过单击"停止"控件停止整个 VI 的运行,选择"编程→布尔→真常量"命令,将其赋给 While 循环条件接线端。将一个空字符串常量控件连接到按键记录,如图 6-46 所示。

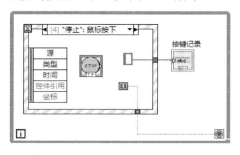

图 6-46　"停止"控制的事件分支

(6) 为防止程序运行时前面板被关闭,需要选择的是过滤事件。在"编辑事件"对话框中选择"<本 VI>→前面板关闭?"选项,可以看到过滤事件的数据节点和消息事件的事件数据节点不同,过滤事件的数据节点在事件结构框的右边。将一个"True"常量连接到"放弃?"接线端,表示放弃该事件的处理,从而实现程序运行时,前面板一直保持打开的状态,如图 6-47 和图 6-48 所示。

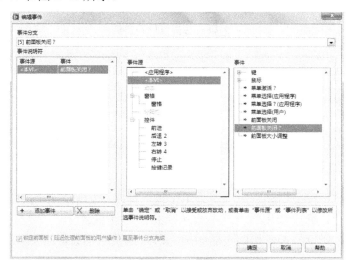

图 6-47　前面板关闭过滤事件(一)

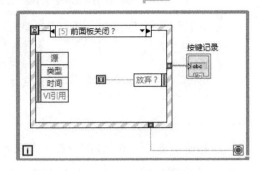

图 6-48　前面板关闭过滤事件(二)

(7) 程序显示结果如图 6-49 所示。运行程序，单击任意一个按钮，如"前进"，则按键记录框中显示"前进"。

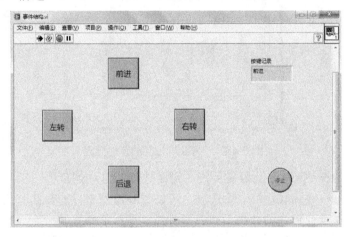

图 6-49　程序运行结果

6.5　禁用结构

禁用结构包括程序框图禁用结构和条件禁用结构两种。程序框图禁用结构主要用于调试方面，条件禁用结构有点类似于 C 语言中的#ifdef 宏定义，并能用于解决程序的跨平台等问题。两者都不能像条件结构那样在程序运行过程中动态选择分支，所以在结构边框左端找不到条件分支选择器。

6.5.1　程序框图禁用结构

在调试程序时常常会用到程序框图禁用结构。程序框图禁用结构中只有"启用"的一页会在运行时执行，而"禁用"页是不会执行的；并且在运行时，"禁用"页里面的 VI 不会被调入内存。所以，被禁用的页面如果有语法错误也不会影响整个程序的运行。

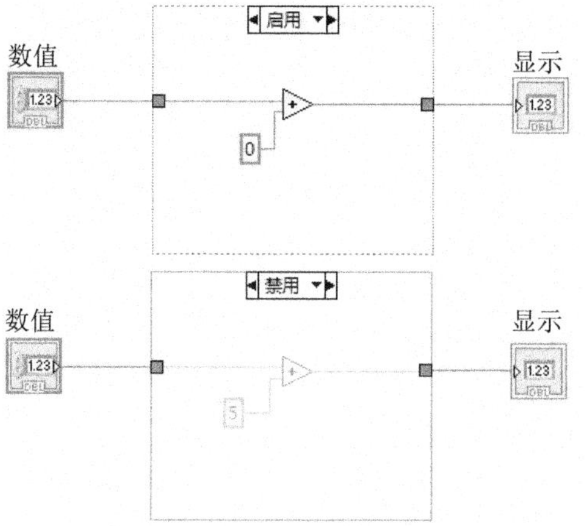

图 6-50　程序框禁用结构

图 6-50 中的示例，如果我们在运行程序的时候暂时不希望将 5 加入程序中，但又觉得有可能以后会用到，那么就可以使用程序框图禁用结构把不需要的程序禁用掉。需要注意的是，程序框图禁用结构可以有多个被禁用的框架，但必须有且只能有一个被使用的框架。

6.5.2　条件禁用结构

条件禁用结构则根据用户设定的符号的值来决定执行哪一页上的程序，其他方面与程序框图禁用结构相同。这种判断不是像条件结构一样通过分支选择器来获得的，而是系统自动获得的。

按照下列步骤，选择适当的符号和值配置禁用结构的条件。

(1) 在程序框图上放置一个条件禁用结构。

(2) 右击结构边框，在弹出的快捷菜单中选择"编辑本子程序框图的条件"命令，弹出"配置条件"对话框，如图 6-51 所示。单击"配置条件"对话框中的加号按钮，可添加其他条件。例如，如果希望子程序框图可用于多个平台，如 Windows 和 Mac，可在一个条件中将 TARGET_TYPE 符号的值设置为 Windows，然后单击加号按钮，选择"或"运算符，在另一个条件中将 TARGET_TYPE 符号的值设置为 Mac。

图 6-51　配置条件

(3) 选择一个符号，再输入符号的值。表 6-1 列出的是默认符号和各个符号的有效值，值区分大小写，输入的值必须是表 6-1 所列的有效值。

表6-1 条件对话框所使用的有效值

符 号	有 效 值	说 明
CPU	PowerPC x86 null	指定执行子程序框图的处理器。只有在 LabVIEW 项目中的 VI 才能访问该符号
FPGA_EXECUTION_MODE	FPGA_TARGET DEV_COMPUTER_SIM_IO DEV_COMPUTER_REAL_IO THIRD_PARTY_SIMULATION	指定依据 VI 是否运行在 FPGA 终端、安装物理或仿真 I/O 的开发用计算机或第三方仿真器，执行不同的代码。只有在 LabVIEW 项目的 FPGA 终端中的 VI 才能访问该符号
FPGA_TARGET_FAMILY	VIRTEX2 VIRTEX5 VIRTEX6 SPARTAN3 SPARTAN6	在 FPGA VI 中根据 FPGA 的产品系列(Virtex-II, Virtex-5)执行不同的代码。VI 必须在 LabVIEW 项目的 FPGA 终端下，才能访问该符号
OS	Win Mac Linux null	指定执行子程序框图的操作系统。只有在 LabVIEW 项目中的 VI 才能访问该符号
RUN_TIME_ENGINE	True False	指定是否在通过 LabVIEW 运行引擎创建独立应用程序或共享库时，执行子程序框图
TARGET_BITNESS	32 64	指定执行子程序框图的平台的位数
TARGET_TYPE	Windows FPGA Embedded RT Mac Unix PocketPC	指定执行子程序框图的平台或终端

(4) 将对象放在条件禁用结构框内部，创建一个条件禁用结构可执行的子程序框图，如图6-52所示。

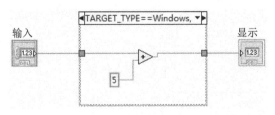

图6-52 条件禁用程序

6.6　定时结构

定时结构用于监控代码的定时属性。定时结构常用于实时应用程序和高级 Windows 应用。定时结构，顾名思义，与时间控制有关。定时结构可以选择使用哪个时间源(硬件)来定时。使用定时结构指定使用硬件设备上的而不是 PC 上的时钟来定时，可以使运行时序更精准。

6.6.1　定时循环结构和定时顺序结构

1．定时循环结构

依据指定的循环周期顺序执行一个或多个子程序框图或帧。在以下情况中可以使用定时循环结构。例如，开发支持多种定时功能的 VI、精确定时、循环执行时返回值、动态改变定时功能或者多种执行优先级。右击结构边框可添加、删除、插入或合并帧。

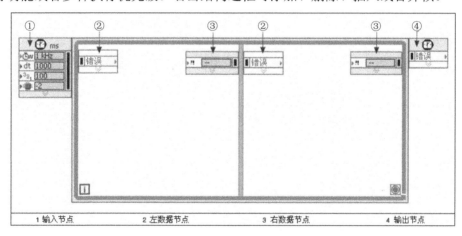

图 6-53　定时循环结构

定时循环的每一帧都包含输入节点、输出节点、左侧数据节点、右侧数据节点，如图 6-53 所示。默认状态下，定时循环不显示所有可用的输入端和输出端。如需显示所有可用接线端，应调整节点大小，或右击节点并通过快捷菜单显示节点接线端。右击定时循环的边框，在弹出的快捷菜单中选择"显示左侧数据节点"或"显示右侧数据节点"命令，可显示各节点。

双击输入节点或右击循环结构，在弹出的快捷菜单中选择"配置定时循环"命令以弹出"配置定时循环"对话框对定时循环进行配置。在"配置定时循环"对话框中输入的值显示在输入节点旁的输入接线端中。

表 6-2、表 6-3、表 6-4、表 6-5 为定时循环的接线端说明。

1) 输入节点(表 6-2)

表 6-2 输入节点功能

图标	名称	功能
	期限	指定定时循环必须完成一次循环的时间。如未指定期限，则期限等于周期。期限的值相对于循环的开始时间，单位由定时源指定
	错误	在结构中传递错误。错误接收到错误状态时，定时循环不执行
	众数	指定定时循环处理执行延迟的方式。共有 5 种模式：无改变；依据初始状态处理错过的周期；忽略初始状态，处理错过的周期；放弃错过的周期，维持初始状态；忽略初始状态，放弃错过的周期
	结构名称	指定定时循环的名称
t0	偏移量	指定定时循环开始执行前的等待时间。偏移量的值相对于定时循环的开始时间，单位由定时源指定
dt	周期	依据定时源的周期，单位与源名称指定的定时源一致
	优先级	指定定时循环的执行优先级。定时结构的优先级用于指定定时结构相对于程序框图上其他对象的执行开始时间。优先级的输入值必须为 1~65535 的正整数
	处理器	指定用于执行任务的处理器。默认值为-2，即 LabVIEW 自动分配处理器。如需手动分配处理器，可输入介于 0~255 的任意值，0 代表第一个处理器。如输入的数量超过可用处理器的数量，可导致运行时错误且定时结构停止执行
	源名称	指定用于控制结构的定时源的名称。定时源必须通过创建定时源 VI 在程序框图上创建，或在配置定时循环对话框中选择
	超时	指定定时循环开始执行前的最长等待时间。默认值-1 表示未给下一帧指定超时时间。超时的值相对于定时循环的开始时间或上一次循环的结束时间，单位由帧定时源指定

2) 左侧数据节点(表 6-3)

表 6-3 左侧数据节点功能

节点	功能
实际结束[f-1](单帧定时循环除外)	返回上一帧(f-1)的实际结束时间。实际结束的值相对于定时循环的开始时间，单位由定时源指定
实际结束[i-1](仅限第一帧)	返回上一次循环(i-1)的实际结束时间。实际结束的值相对于定时循环的开始时间，单位由定时源指定
实际开始[f-1](单帧定时循环除外)	返回当前帧(f)的实际开始时间。实际开始的值相对于定时循环的开始时间，单位由帧定时源指定
实际开始[i](仅限第一帧)	返回当前循环(i)的实际开始时间。实际开始的值相对于定时循环的开始时间，单位由定时源指定
期限	返回当前帧的期限
错误	在结构中传递错误
预期结束[f-1](单帧定时循环除外)	返回上一帧(f-1)的预期结束时间。预期结束的值相对于定时循环的开始时间，单位由定时源指定。预期结束(f-1)与下个循环的开始时间相同
预期结束[i-1](仅限第一帧)	返回上一次循环(i-1)的预期结束时间。预期结束的值相对于定时循环的开始时间，单位由定时源指定
预期开始[f]	返回当前帧(f)的预期开始时间。预期开始的值相对于定时循环的开始时间，单位由帧定时源指定

续表

预期开始[i](仅限第一帧)	返回当前循环(i)的预期开始时间。预期开始的值相对于定时循环的开始时间，单位由定时源指定
延迟完成？[f-1]	如定时循环中的上一帧未在指定期限之前完成，该接线端返回 TRUE
延迟完成？[i-1](仅限第一帧)	如定时循环中的上一次循环未在指定期限之前完成，该接线端返回 TRUE
帧持续时间(单帧定时循环除外)	返回上一帧的持续时间。帧持续时间是相对于帧开始时间的时间值，单位与帧定时源相同
全局结束时间	返回上一次循环结束时的时间标识，以 ns 为单位
全局开始时间	返回当前帧开始时的时间标识，以 ns 为单位
循环持续时间(仅限第一帧)	返回执行上一次循环所需时间的时间标识。循环持续时间的值相对于循环的开始时间，单位由定时源指定
模式(仅限第一帧)	返回当前循环的模式
偏移量(仅限第一帧)	返回当前循环开始的偏移量
周期(仅限第一帧)	返回当前帧的周期
优先级	返回当前帧的优先级
处理器	返回用于执行的处理器(只适用于单个处理器)。否则，返回-2，即 LabVIEW 自动分配处理器
开始(第一帧除外)	返回当前帧的开始
超时	返回当前帧的超时
唤醒原因	返回枚举类型值，其中包含当前循环开始执行的原因。可能值：0 表示正常，1 表示中止，2 表示非同步唤醒，3 表示定时源错误，4 表示定时循环错误，5 表示超时

3) 右侧数据节点(表 6-4)

表6-4　右侧数据节点功能

	期限	指定定时循环必须完成下一帧的时间。期限的值相对于下一帧的开始时间，单位由定时源指定。默认值为-1，表示无改变
	错误	通过定时循环的子程序框图中传递错误或警告信息。如错误接收到错误状态，定时循环可执行下一个未定时帧。如错误在最后一帧接收到错误状态，结构可结束当前循环，退出定时循环，并在输出节点返回错误状态
	模式(仅限最后一帧)	指定定时循环下一次循环的模式。共有五种模式：无改变；依据初始状态处理错过的周期；忽略初始状态，处理错过的周期；放弃错过的周期，维持初始状态；忽略初始状态，放弃错过的周期
	偏移量(仅限最后一帧)	指定下一次循环开始执行前的等待时间。偏移量的值相对于下一次循环的开始时间，单位由定时源指定。默认值为-1，表示无改变。如设置下一次循环的偏移量，则必须设置新的模式值
	周期(仅限最后一帧)	指定定时循环下一次循环的周期，单位由定时源指定。默认值为-1，表示无改变

	优先级	指定定时循环下一次循环的优先级。定时结构的优先级用于指定下一次循环相对于程序框图上其他对象的执行开始时间。优先级的输入值必须为1~65535 的正整数
	处理器	指定用于执行任务的处理器。默认值为-1，即 LabVIEW 分配的处理器与输入节点中指定的一致。输入-2 可使 LabVIEW 分配处理器。如需手动分配处理器，可输入介于 0~255 的任意值，0 代表当前的处理器。如输入的数量超过可用处理器的数量，可导致运行时错误且定时结构停止执行
	开始(第一帧除外)	指定下一帧开始执行前的等待时间。开始的值相对于当前帧的结束时间，单位由定时源指定
	超时	指定下一次循环开始执行前的最长等待时间。默认值-1 表示未给下一次循环指定超时时间。超时的值相对于上一次循环的结束时间，单位由帧定时源指定

4) 输入节点(表 6-5)

表 6-5　输入节点功能

实际结束[f-1](单帧定时循环除外)	返回上一帧(f-1)的实际结束时间。实际结束的值相对于定时循环的开始时间，单位由定时源指定
实际结束[i-1]	返回上一次循环(i-1)的实际结束时间。实际结束的值相对于定时循环的开始时间，单位由定时源指定
错误	接收并传递定时循环的错误，通过子程序框图返回错误
预期结束[f-1](单帧定时循环除外)	返回上一帧(f-1)的预期结束时间。如帧定时源在循环开始时未重置，预期的结束值是相对于定时结构的值。预期的结束值以定时源为单位。预期结束(f-1)与下个循环的开始时间相同
预期结束[i-1]	返回上一次循环(i-1)的预期结束时间。如帧定时源在循环开始时未重置，预期的结束值是相对于定时结构的值。预期的结束值以定时源为单位
延迟完成？[f-1](单帧定时循环除外)	如定时循环中的上一帧未在指定期限之前完成，该接线端返回 TRUE
延迟完成？[i-1]	如定时循环中的上一次循环未在指定期限之前完成，该接线端返回 TRUE
帧持续时间(单帧定时循环除外)	返回上一帧的持续时间。帧持续时间是相对于帧开始时间的时间值，单位与帧定时源相同
全局结束时间	返回上一次循环结束时的时间标识，以 ns 为单位
循环持续时间	返回执行上一次循环所需时间的时间标识。循环持续时间是相对于循环开始时间的时间值，单位与定时源相同
处理器	返回用于执行的处理器(只适用于单个处理器)。否则，返回-2，即 LabVIEW 自动分配处理器

2. 定时顺序结构

定时顺序结构由一个或多个子程序框图(帧)组成，在内部或外部定时源控制下按顺序执行。与定时循环不同，定时顺序结构的每个帧只执行一次，不重复执行。定时顺序结构适于开发只执行一次的精确定时、执行反馈、定时特征等动态改变或有多层执行优先级的

VI。右击定时顺序结构的边框可添加、删除、插入或合并帧。

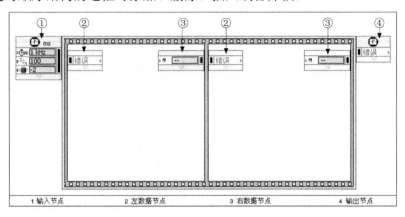

图 6-54　定时顺序结构

定时顺序结构的每一帧都包含输入节点、输出节点、左侧数据节点、右侧数据节点，如图 6-54 所示。默认状态下，定时顺序结构节点不显示所有可用的输入端和输出端。如需显示所有可用接线端，应调整节点大小或右击节点，通过快捷菜单显示节点接线端。右击定时顺序结构的边框，在弹出的快捷菜单中选择"显示左侧数据节点"或"显示右侧数据节点"命令，可显示各节点。

双击输入节点，显示配置定时顺序对话框，在该对话框中对定时顺序结构进行配置。在配置定时循环对话框中输入的值可作为选项出现在输入节点中。

表 6-6、表 6-7、表 6-8、表 6-9 为定时顺序结构的接线端说明。

1）输入节点(表 6-6)

表 6-8　输入节点功能

图标	名称	功能
期限图标	期限	指定完成第一帧所需的时间。期限的值相对于定时顺序结构的开始时间，单位由定时源指定
错误图标	错误	在结构中传递错误。错误接收到错误状态时，定时顺序结构不会执行
结构名称图标	结构名称	指定定时顺序结构的名称
t0 图标	偏移量	指定定时顺序结构开始执行前的等待时间。偏移量的值相对于定时顺序结构的开始时间，单位由定时源指定
优先级图标	优先级	指定定时顺序结构中的执行优先级。优先级用于指定定时顺序结构相对于程序框图上其他对象的执行开始时间。优先级的输入值必须为 1~65535 的正整数
处理器图标	处理器	指定用于执行任务的处理器。默认值为-2，即 LabVIEW 自动分配处理器。如需手动分配处理器，可输入介于 0~255 的任意值，0 代表第一个处理器。如输入的数量超过可用处理器的数量，可导致运行时错误且定时结构停止执行
源名称图标	源名称	指定用于控制结构的定时源的名称。定时源必须用创建定时源 VI 在程序框图上创建，或通过配置定时顺序对话框选择
超时图标	超时	指定定时顺序结构开始执行前的最长等待时间。默认值-1 表示未给下一帧指定超时时间。超时的值相对于定时顺序的开始时间，单位由定时源指定

2) 左侧数据节点(表 6-7)

表 6-7　左侧数据节点功能

实际结束[f-1](第一帧除外)	返回上一帧(f-1)的实际结束时间。实际结束的值相对于定时顺序结构的开始时间，单位由帧定时源指定
实际开始[i](仅限第一帧)	返回当前循环(i)的实际开始时间。实际开始的值相对于定时顺序结构的开始时间，单位由结构定时源指定
实际开始[f]	返回当前帧(f)的实际开始时间。实际开始的值相对于定时顺序结构的开始时间，单位由帧定时源指定
期限	返回当前帧的期限
错误	在结构中传递错误
预期结束[f-1](第一帧除外)	返回上一帧(f-1)的预期结束时间。预期结束的值相对于定时顺序结构的开始时间，单位由帧定时源指定
预期开始[i](仅限第一帧)	返回当前循环(i)的预期开始时间。预期开始的值相对于定时顺序结构的开始时间，单位由结构定时源指定
预期开始[f]	返回当前帧(f)的预期开始时间。预期开始的值相对于定时顺序结构的开始时间，单位由帧定时源指定
延迟完成? [f-1](第一帧除外)	如定时顺序结构中上一帧未在指定期限之前完成,该接线端返回 TRUE
帧持续时间(第一帧除外)	返回上一帧的持续时间。帧持续时间是相对于帧开始时间的时间值,单位与帧定时源相同
全局结束时间(第一帧除外)	返回上一帧结束时的时间标识，以 ns 为单位
全局开始时间	返回当前帧开始时的时间标识，以 ns 为单位
偏移量(仅限第一帧)	返回第一帧开始的偏移量值
优先级	返回当前帧的优先级
处理器	返回用于执行的处理器(只适用于单个处理器)。否则，返回-2，即 LabVIEW 自动分配处理器
开始(第一帧除外)	返回当前帧的开始时间
超时	返回当前帧的超时
唤醒原因	返回枚举类型值，其中包含当前循环开始执行的原因。可能值: 0 表示正常，1 表示中止，2 表示非同步唤醒，3 表示定时源错误，4 表示定时循环错误，5 表示超时

3) 右侧数据节点(表 6-8)

表 6-8　右侧数据节点功能

	期限 (最后一帧除外)	指定完成下一帧所需时间。期限的值相对于下一帧的开始时间，单位由定时源指定。默认值为-1，表示未指定期限值
	错误	在结构中传递错误。错误接收到错误状态时，定时顺序结构执行下一个未定时帧

续表

	优先级(最后一帧除外)	指定下一个帧中的执行优先级。定时顺序的优先级用于指定下一个帧相对于程序框图上其他对象的执行开始时间。优先级输入值必须是 1～65535 的正整数。默认值-1 表示该帧的优先级与上一帧相同
	处理器	指定用于执行任务的处理器。默认值为-1，即 LabVIEW 分配的处理器与输入节点中指定的一致。输入-2 可使 LabVIEW 分配处理器。如需手动分配处理器，可输入介于 0～255 的任意值，0 代表当前的处理器。如输入的数量超过可用处理器的数量，可导致运行时错误且定时结构停止执行
	开始(第一帧除外)	起始时间用于指定下一帧开始执行的时间。指定相对于当前帧的起始时间值，其单位与帧定时源的单位一致。默认值为-1，表示未指定
	超时(最后一帧除外)	指定下一帧开始执行前的最长等待时间。默认值-1 表示未给下一帧指定超时时间。超时的值相对于当前帧的结束时间，单位由定时源指定

4) 输出节点(表 6-9)

表 6-9　输出节点功能

实际结束[f-1]	返回最后一帧(f-1)的实际结束时间。实际结束的值相对于定时顺序结构的开始时间，单位由帧定时源指定
错误	通过定时顺序结构处接并传递错误，通过帧返回错误
预期结束[f-1]	返回最后一帧(f-1)的预期结束时间。如帧定时源在循环开始时未重置，预期的结束值是相对于定时结构的值。预期的结束值以定时源为单位
延迟完成？[f-1]	如最后一帧未在指定期限内完成，则返回 TRUE
帧持续时间	返回上一帧的持续时间。帧持续时间是相对于帧开始时间的时间值，单位与帧定时源相同
全局结束时间	返回上一帧结束时的时间标识，以 ns 为单位
循环持续时间	返回执行所有帧所需时间的时间标识。循环持续时间的值相对于定时顺序结构的开始时间，单位由定时源指定
处理器	返回用于执行的处理器(只适用于单个处理器)。否则，返回-2，即 LabVIEW 自动分配处理器

6.6.2　定时循环结构和定时顺序结构的使用

下面的例子显示了如何使用定时循环结构。

【例 6-5】图 6-55 所示 VI 程序中包含两个定时循环"循环 A"和"循环 B"，两者同时进行累加计算，但通过定时循环固定了两者不同的累加速度。

【例 6-6】图 6-56 所示 VI 包含两个定时顺序"顺序 1"和"顺序 2"，两者在不同时间进行计算。

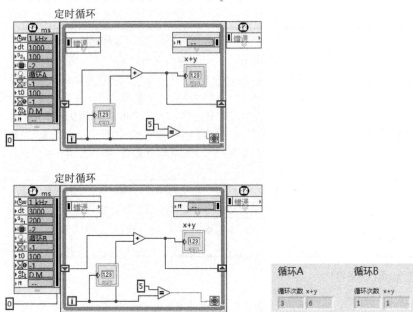

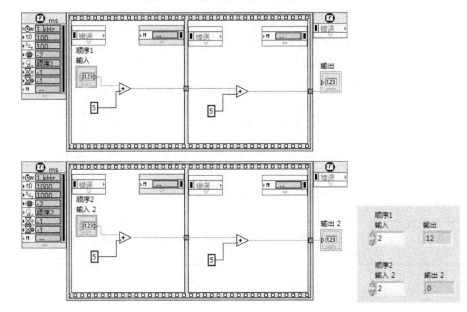

图 6-55　定时循环程序和运行结果

图 6-56　定时顺序程序和运行结果

6.7　公式结构

　　这里的公式结构指的是位于"函数→编程→结构→公式节点"的公式节点，如图 6-57
所示。

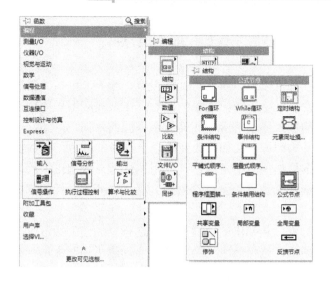

图 6-57　公式节点位置

创建一个公式节点到程序框图，在边框上右击，在弹出的快捷菜单中选择"添加输入""添加输出"命令，然后可在节点框中输入变量名称，如图 6-58 所示。

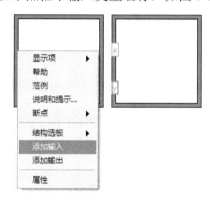

图 6-58　创建公式节点

公式节点中的函数和操作符与 C 语言中的基本相符，特殊函数可查表。

【例 6-7】联系使用表达式来执行不同条件时的数据传输。如果 x 为非负数，y 等于 x 的平方根；如果 x 为负数，y 等于-999。程序代码和结果显示如图 6-59 所示。

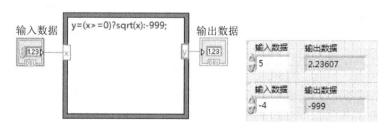

图 6-59　公式节点程序和显示结果

6.8 属性节点

控件的大部分属性都可以通过属性对话框设置，对于未包括的属性则需要通过属性节点来编程操作了。属性节点用于访问对象的属性。在某些应用程序中，可能需要通过编程使前面板对象对特定的输入作出响应，使其显示不同的外观。例如，当用户输入一个无效密码时，红色指示灯开始闪烁。又如，改变图表上线条的颜色，当数据点高于某一特定的值时，希望显示的线条是红色而不是绿色。使用属性节点可通过编程来完成这些修改。也可使用属性节点通过编程来调整前面板对象的大小、隐藏前面板的部分内容、向图形中添加光标等。

右击前面板上的对象，从弹出的快捷菜单中选择"创建"级联菜单中的"属性节点"命令可打开属性节点菜单，选择任意一个属性，即创建了该对象的一个属性节点。同时，LabVIEW 会在程序框图上创建一个与该前面板对象隐含链接的属性节点。如果对象自带标签，属性节点将有同样的标签。创建节点之后可以修改该标签。同一个对象可以创建多个属性节点。

属性节点创建后，节点最初有一个代表某个属性的接线端，您可以通过对其进行修改来更改对应的前面板对象的属性。属性节点上的这个接线端既可用于设置(写入)属性，也可用于获取(读取)该属性的当前状态(某些属性节点是只读/只写的除外)。

本章小结

本章详细介绍了 LabVIEW 的循环结构、顺序结构、条件结构、事件结构、禁用结构、定时结构和公式结构的位置及使用方法，并举例演示了每个结构的具体编程方法。

阅读材料

NI 数据采集

数据采集(DAQ)是使用计算机测量电压、电流、温度、压力或声音等电子、物理现象的过程。数据采集系统由传感器、DAQ 测量硬件和带有可编程软件的计算机组成，如图 6-60 所示。与传统的测量系统相比，基于 PC 的 DAQ 系统利用行业标准计算机的处理、生产、显示和连通能力，提供更强大、灵活且具有成本效益的测量解决方案。

传感器也被称为转换器，是能够将一种物理现象转换为可测量的电子信号。例如，室内温度、光源强弱，或施于物体的压力等物理现象都通过传感器进行测量。根据传感器类型的不同，其输出的可以是电压、电流、电阻，或是随着时间变化的其他电子属性。一些传感器可能需要额外的组件和电路来正确生成可以由 DAQ 设备准确和安全读取的信号。常用的传感器如表 6-10 所示。

图 6-60 DAQ 系统各个部分

表 6-10 常用传感器

传　感　器	现　　象
热电偶、RTD、热敏电阻	温度
照片传感器	光源
麦克风	声音
应变计、压电传感器	力和压力
电位器、LVDT、光学编码器	位移和位置
加速度计	加速度
pH 电极	pH

　　DAQ 板卡和设备：DAQ 硬件是计算机和外部信号之间的接口，其主要测量组件如表 6-11 所示。它的主要功能是将输入的模拟信号数字化，使计算机可以进行解析。DAQ 设备用于测量信号的 3 个主要组成部分为信号调理电路、模数转换器(ADC)与计算机总线。很多 DAQ 设备还拥有实现测量系统和过程自动化的其他功能。例如，数模转换器(DAC)输出模拟信号，数字 I/O 线输入和输出数字信号，计数器/定时器计量并生成数字脉冲。

表 6-11 DAQ 设备的主要测量组件

名　称	作　用
信号调理	直接测量传感器信号或外部信号可能过于嘈杂或危险。信号调理电路将信号处理成可以输入至 ADC 一种形式。电路包括放大、衰减、滤波和隔离。一些 DAQ 设备含有内置信号调理，用于测量特定的传感器类型
ADC	在经计算机等数字设备处理之前，传感器的模拟信号必须转换为数字信号。ADC 是提供瞬时模拟信号的数字显示的一种芯片。实际操作中，模拟信号随着时间不断发生改变，ADC 以预定的速率收集信号周期性的"采样"。这些采样通过计算机总线传输到计算机上，在总线上从软件采样重构原始信号
计算机总线	DAQ 设备通过插槽或端口连接至计算机。作为 DAQ 设备和计算机之间的通信接口，计算机总线用于传输指令和已测量数据。DAQ 设备可用于最常用的计算机总线，包括 USB、PCI、PCI Express 和以太网。最近，DAQ 设备已用于 802.11 无线网络进行无线通信。总线有多种类型，对于不同类型的应用，各类总线都能提供各自不同的优势

　　计算机和软件(表 6-12)：安装了可编程软件的计算机控制着 DAQ 设备的运作，并处

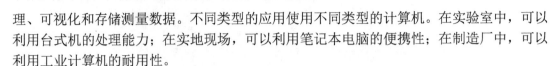

理、可视化和存储测量数据。不同类型的应用使用不同类型的计算机。在实验室中，可以利用台式机的处理能力；在实地现场，可以利用笔记本电脑的便携性；在制造厂中，可以利用工业计算机的耐用性。

表 6-12　DAQ 系统中不同的软件组件

名　　称	作　　用
驱动软件	应用软件凭借驱动软件，与 DAQ 设备进行交互。它通过提炼底层硬件指令和寄存器级编程，简化了与 DAQ 设备的通信。通常情况下，DAQ 驱动软件引出应用程序接口(API)，用于在编程环境下创建应用软件
应用软件	应用软件促进了计算机和用户之间的交互，进行测量数据的获取、分析和显示。它既可以是带有预定义功能的预设应用，也可以是创建带有自定义功能应用的编程环境。自定义应用程序通常用于实现 DAQ 设备的多项功能的自动化，执行信号处理算法，并显示自定义用户界面

习　　题

一、选择题

1. 下列情况下有可能导致事件的发生的是(　　)。
    A．用户单击鼠标　　　　　　　　B．外部 I/O
    C．调用 DLL　　　　　　　　　　D．用户关闭前面板
2. 下面事件是 LabVIEW 所支持的是(　　)。
    A．用户界面事件　　　　　　　　B．硬件定时
    C．硬件触发　　　　　　　　　　D．程序事件
3. 关于消息事件和过滤事件，说法正确的是(　　)。
    A．消息事件反馈了一个已经发生的事件
    B．过滤事件发生时，LabVIEW 已经对它进行了处理
    C．对于消息事件，用户可以决定程序接下来如何处理事件
    D．过滤事件在用户行为发生之后，LabVIEW 处理该事件之前先告知用户
4. 关于消息事件和过滤事件，下列说法错误的是(　　)。
    A．在事件编辑器中，绿色箭头表示消息事件，红色箭头+? 表示过滤事件
    B．事件结构分支中，消息事件没有事件过滤节点
    C．事件结构分支中，过滤事件含有事件过滤节点
    D．在事件编辑器中，消息事件和过滤事件一一对应，即只要有一个消息事件就有一个与它同名的过滤事件
5. 关于事件结构的输出隧道，下列说法正确的是(　　)。
    A．不需要对每一个事件结构分支的输出隧道都赋值
    B．当输出隧道没有赋值时，LabVIEW 将 0 赋给输出隧道

C. 当输出隧道没有赋值时，LabVIEW 将"空字符串"赋给输出隧道

D. 当输出隧道没有赋值时，LabVIEW 将隧道对应数据类型的默认值赋给输出隧道

二、编程题

在 6.4.2 节例题的基础上，为控件"前进""后退""左转""右转"分别添加事件结构，实现按下键盘上"↑、←、↓、→"键，"按键记录"控件显示相应的按键记录。添加事件分支，事件源选择"本 VI"，事件选择"键按下"。使用一个显示控件查看按下"↑、←、↓、→"键所分别对应的扫描码。添加条件结构，为"↑、←、↓、→"添加不同的条件分支(扫描码作为判据)，设置不同的字符串作为"按键记录"的输出，并删除上个步骤中创建的显示控件。

第 **7** 章

数据的图形显示与 HMI 设计

学习目标

- ➤ 了解 LabVIEW 的波形显示。
- ➤ 熟练使用 LabVIEW 绘制各种波形。
- ➤ 使用 LabVIEW 进行用户菜单设计。
- ➤ 使用 LabVIEW 进行错误处理。

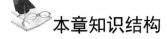

本章知识结构

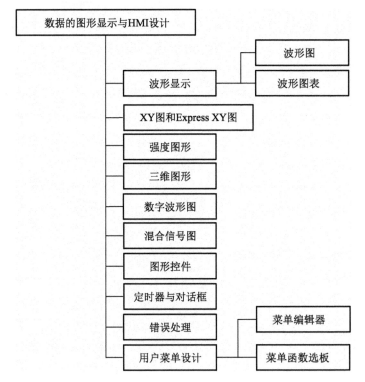

导入案例

由 LabVIEW 开发的虚拟仪器系统在生物医学工程中主要的用途有数据采集和分析以及系统控制。用 LabVIEW 开发的数据采集系统可采集多种生理信号，可应用于临床听力学、心血管病学、神经生理学和神经外科、手术监护中的研究和临床应用中；LabVIEW 的控制系统则可应用于细胞培养、仪器控制和生物过程控制中。

案例一：

生物医学记录仪(图 7-1)。利用来自 NI 硬件的模拟输入通道(如 NI ELVIS 或 NI DAQ 硬件)采集信号；将数据保存在 TDMS 文件中。

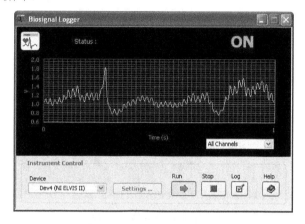

图 7-1　生物医学记录仪界面

案例二：

在线生物信号减噪数据记录仪(图 7-2)。使用自适应滤波器将如 EGC 等信号从带有噪声的生物信号中分离；将数据保存在 TDMS 文件中。

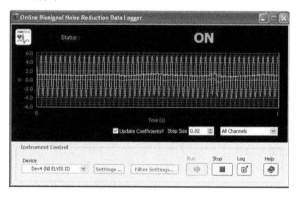

图 7-2　在线生物信号减噪数据记录仪界面

案例三：

EGC 特性提取仪(图 7-3)。从不同文件格式(如 TDMS、LVM、ABF、MIT-BIH 数据库及 MAT)导入 EGC 信号；整合鲁棒的提取算法检测 EGC 特性，如 QRS 复合、P 波形和 T 波形；支持用户自定义算法；

将 EGC 特性导出到 TDMS 文件中。

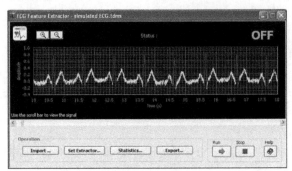

图 7-3 ECG 特性提取仪界面

案例四：

心率变异性(HRV)分析仪(图 7-4)。为 HRV 分析提供一系列分析方法，包括时域、频域、联合时频域及非线性分析；支持用户自定义的分析方法；生成分析报告文件。

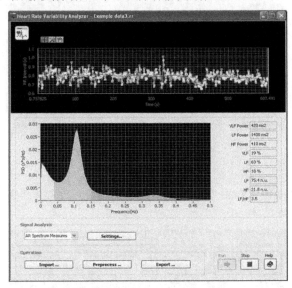

图 7-4 心率变异性分析仪界面

案例五：

模拟 ECG 生成器(图 7-5)。利用来自 NI 硬件的模拟输出通道(如 NI ELVIS 或 NI DAQ 硬件)从记录文件或合成模型中生成合成 ECG 信号。

案例六：

无创血压测量(NIBP)分析仪(图 7-6)。利用来自 NI 硬件(如 NI EVLIS 或 NI DAQ 硬件)的模拟输入通道控制 NIBP 设备，采集血压信号；使用示波计方法提供研究目的所需的 NIBP 分析功能。

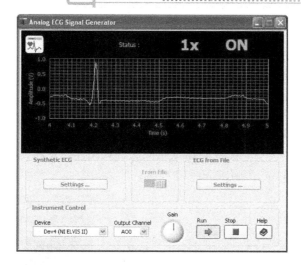

图 7-5 模拟 ECG 生成器界面

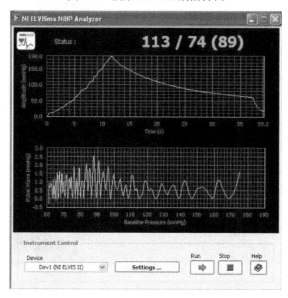

图 7-6 无创血压测量分析仪界面

7.1 波形显示

波形显示是虚拟仪器的重要组成部分，LabVIEW 为用户提供了丰富的图形显示功能。在 LabVIEW 中经常使用的数据绘图工具是波形图和波形图表。

波形图和波形图表的大部分组建及其功能是类似的，特别的是波形图具有光标指示器，利用它可以准确地读出波形曲线上的任何一点数据，便于分析某一时刻的特性值。

7.1.1 波形图

带有图形的 VI 通常先将数据放入数组中，然后再绘制到图形上。波形图支持多种数据类型，降低了数据在显示为图形前进行类型转换的工作量。

1. 波形图显示单条曲线

对于数值数组，每个数据被视为图形中的点，从 x=0 开始以 1 为增量递增 x 索引。波形图也接收包含初始值 Δx 及 y 数据数组的簇，如图 7-7 所示。在该例子中，使用 For 循环生成 y 数组，然后定义初始值 $x_0=10$ 和 $\Delta x=2$。

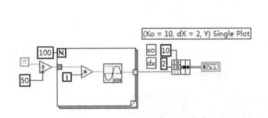
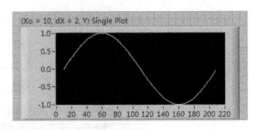

图 7-7　波形图显示单条曲线程序框图和结果显示

2. 波形图显示多条曲线

(1) 波形图接收二维数值数组，数组中的一行即一条曲线。波形图将数组中的数据视为图形上的点，从 x=0 开始以 1 为增量递增 x 索引，如图 7-8 中的 Multi Plot 1，在 DAQ 设备以二维数组的方式返回数据，数组中的一列即代表一路通道的数据。可以通过转置数组，使得采集到的数据显示在波形图中。

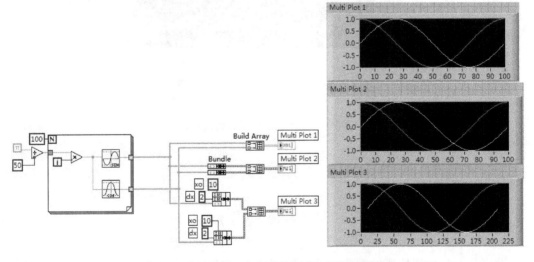

图 7-8　波形图显示多条曲线程序框图和结果显示

(2) 波形数组接收包含簇的曲线数组，每个簇包含一个包含 y 数据的一维数组，如图 7-8 中的 Multi Plot 2。如果每条曲线所包含的元素个数不同(如从几个通道采集数据且每个通道的采集时间不同),那么就应该使用曲线数组而不是二维数组,因为二维数组每行中的元素个数必须相同,而簇数组内部数组的元素个数可以不同。

(3) 波形数组还可以接收包含初始值 Δx 及 y 数据数组的簇,如图 7-8 中的 Multi Plot 3。这种数据类型为多曲线波形图所常用,可指定唯一的起始点和每条曲线的 x 标尺增量。

(4) 波形图还支持动态数据类型,该数据类型用于 Express VI。动态数据类型除了包括与信号相关的数据外,还包括提供信号信息的属性(如信号名称或数据采集的日期和时间等)。属性指定了信号在波形图中的显示方式。当动态数据类型包含多个通道时,波形图为每个通道数据显示一条曲线,并自动格式化标绘图图例和 x 标尺的时间标识。

7.1.2　波形图表

波形图表是显示一条或者多条曲线的特殊数值控件,一般用于显示以一个恒定速率采集到的数据。波形图表会保留来源于此前更新的历史数据,又称缓冲区。右击图表,从弹出的快捷菜单中选择图表历史长度可配置缓冲区大小。波形图表的默认图表历史长度为1024 个数据点。向图表传送数据的频率决定了图表重绘的频率。

图 7-9 显示了一个多曲线的波形图表。曲线 1 为曲线 0 的平均值。

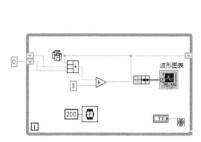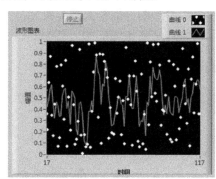

图 7-9　波形图表程序框图和结果显示

可以右击图表,在弹出的快捷菜单中选择"高级→刷新模式"命令,可配置图表的更新模式,有带状图表、示波器图表和扫描图 3 种,如图 7-10 所示。

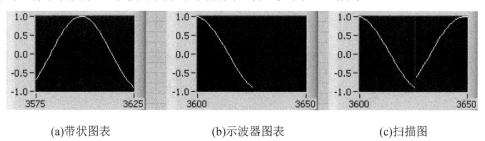

(a)带状图表　　　　　(b)示波器图表　　　　　(c)扫描图

图 7-10　图表的 3 种更新模式

带状图表:从左到右连续滚动地显示运行数据。类似于纸带表记录器。

示波器图表:当曲线到达绘图区域的右边界时,LabVIEW 将擦除整条曲线并从左边界开始绘制新曲线，类似于示波器。

扫描图：扫描图中有一条垂线将右边的旧数据和左边的新数据隔开。类似于心电图仪。如果使用波形图表显示多条曲线，可以使用捆绑将多条曲线合并，如图 7-11 所示。

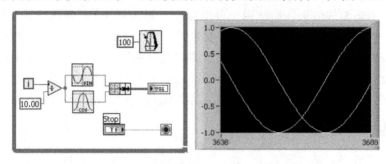

图 7-11　使用捆绑合并多条曲线的程序框图和结果显示

7.2　XY 图和 Express XY 图

波形图表和波形图只能描绘样点均匀分布的单值函数变化曲线，因为它们的 X 轴只表示时间先后，而且是单调均匀的。要想描绘 Y 与 X 的函数关系，就需要用 XY 图。

7.2.1　XY 图

XY 图形就是通常意义上的笛卡儿图形，描绘 XY 图首先需要两个数组 X 和 Y，分别对应于图形的 X 轴和 Y 轴，并且需要两个数组打包构成一个簇，X 轴在上，Y 轴在下。XY 图形位于"控件→新式→图形→XY 图"，如图 7-12 所示。

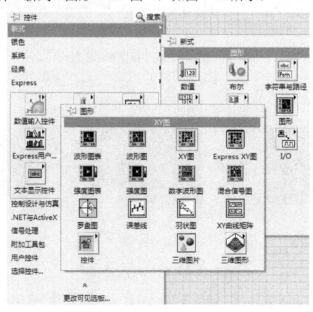

图 7-12　XY 图的位置

下面通过一个例子来说明 XY 图的一般用法。

【例 7-1】用 XY 图绘制同心圆。

(1) 新建一个 VI，在前面板上放置一个 XY 图，使曲线图例显示两条曲线标识。

(2) 在程序框图上放置一个 For 循环，给计数端子赋值为 360，添加正弦函数和余弦函数，它们位于"函数→数学→基本与特殊函数→三角函数→正弦，余弦"。

(3) 选择"捆绑"打包函数，将每次循环产生的一对正弦值和余弦值攒成一个簇，循环结束后将这 360 个簇组成一个簇函数。

(4) 因为 XY 图的显示机制决定了它的输入必须是簇，所以要再用一次"捆绑"打包函数将两个簇数组转换为簇，最后再用"创建数组"函数组成一个簇数组。程序框图和显示结果如图 7-13 所示。

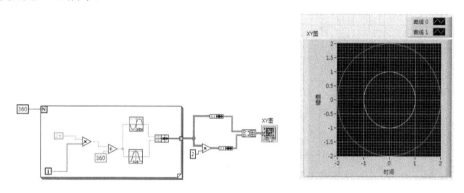

图 7-13 同心圆程序框图和结果显示

7.2.2 Express XY 图

LabVIEW 同时还为我们提供了另外一种 XY 图，就是 Express XY 图。它的使用比单纯的 XY 图简便，从图中我们也可以看到，它的输入端口是两个，输入既可以是单个的数值，也可以是数组。图 7-14 显示了用 Express XY 图绘制的圆。

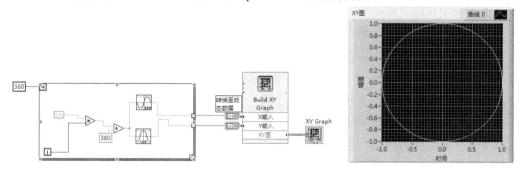

图 7-14 Express XY 图形程序框图和结果显示

7.3　强度图形

强度图形包括强度图和强度图表。强度图和强度图表通过在笛卡儿平面上放置颜色块的方式在二维图上显示三维数据，例如，强度图和图表可显示温度图和地形图(以量值代表高度)。强度图和图表接收三维数字数组，数组中的每一个数字代表一个特定的颜色。在二维数组中，元素的索引可设置颜色在图形中的位置。图 7-15 显示了强度图和图形操作的有关概念。

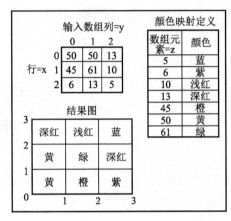

图 7-15　强度图形操作的有关概念

数据行在图形或图表上将以新列显示。若希望以"行"的方式显示该行，则可将一个二维数组数据类型连接到强度图形或图表，右击该图形或图表，从弹出的快捷菜单中选择转置数组。数组索引与颜色块的左下角顶点对应。颜色块有一个单位面积，即由数组索引所定义的两点间的面积。强度图或图表最多可显示 256 种不同颜色。

7.3.1　强度图

强度图位于前面板"控件"选板的"新式→图形→强度图"。强度图窗口及属性对话框与波形图相同。和波形图相比，强度图多了一个用颜色表示大小的 Z 轴。默认 Z 轴刻度的右键快捷键菜单如图 7-16 所示。快捷菜单中第一栏用来设置刻度和颜色：

刻度间隔：用来选择刻度间隔"均匀"或"任意"分布。

添加刻度：如果"刻度间隔"选择"任意"，可以在任意位置添加刻度；若"刻度间隔"选择"均匀"，则此项不可用，为灰色。

删除刻度：若"刻度间隔"选择"任意"，则可以删除已经存在的刻度；同样，若"刻度间隔"选择"均匀"，则此项不可用。

刻度颜色：表示该刻度大小的颜色，单击打开系统拾色器可选择颜色。在图形中选择的颜色就代表该刻度大小的数值。

插值颜色：选中表示颜色之间有插值，有过渡颜色；如果不选中，表示没有过渡颜色的变化。

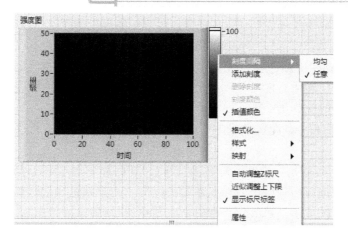

图 7-16　Z 轴设置

【例 7-2】输入二维数组，从强度图中分辨数组不同位置值的大小。

(1) 在程序框图上用两个 For 循环创建一个 4×5 的二维数组。

(2) 在前面板上添加一个强度图，将二维数组的输出连接到强度图的输入。程序框图和结果显示如图 7-17 所示。

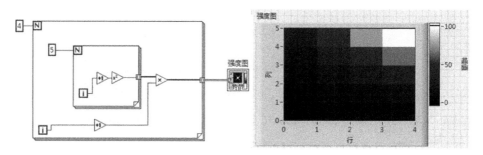

图 7-17　强度图程序框图和结果显示

7.3.2　强度图表

强度图表位于前面板"控件"选板中的"新式→图形→强度图表"，强度图表窗口及属性对话框与波形图表类似；强度图表中 Z 轴的功能和设置与强度图相同。

强度图表和强度图之间的差别与波形图中相似：强度图一次性接收所有需要显示的数据，并全部显示在图形窗口中，不能保存历史数据；强度图表可以逐点地显示数据点，反映数据的变化趋势，可以保存历史数据。

在强度图表上绘制一个数据块以后，笛卡儿平面的原点将移动到最后一个数据块的右边。图表处理新数据时，新数据出现在旧数据的右边；若图表显示已满，则旧数据将从图表的左边界移出，这一点类似于带状图表。

【例 7-3】创建二维数组同时输入强度图表和强度图，循环多次对比结果。

(1) 在程序框图窗口中，用 For 循环创建一个长度为 5 的一维数组，数组中元素在 0～5 随机产生。

(2) 在上一步创建的一维数组的基础上，用 For 循环创建 2×5 的二维数组，各行元素按循环次数倍数递增。

(3) 在前面板窗口中新建强度图和强度图表，将上一步创建的二维数组输入至强度图和强度图表，并将上述所有操作循环 5 次。为了区别强度图和强度图表，观察动态变化过程，设置循环等待时间为 1000ms。

(4) 在前面板窗口中，设置 Z 轴刻度最大值为 10 并观察结果。程序框图和显示结果如图 7-18 所示。

从图 7-18 中可以看出，强度图每次接收新数据以后，一次性刷新历史数据，在图中仅显示新接收到的数据；而强度图表接收新数据以后，在不超过历史数据缓冲区的情况下，将数据都保存在缓冲区中，可显示保存的所有数据。

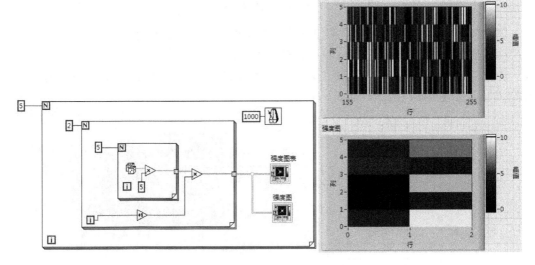

图 7-18   强度图表程序框图和结果显示

7.4   三维图形

在实际应用中，大量数据都需要在三维空间中可视化显示，如某个表面的温度分布、联合时频分析、飞机的运动等。三维图形可令三维数据可视化，修改三维图形属性可改变数据的显示方式。为此，LabVIEW 也提供了一些三维图形工具，包括三维曲面图、三维参数图和三维曲线图。

7.4.1   三维曲面图

三维曲面图用于在三维空间中绘制一个曲面。三维曲面图位于前面板控件选板"新式→图形→三维曲面图"。

三维曲面图依据 x、y 和 z 点绘制曲面。该 VI 有两个一维数组和一个二维数组，指定图上的各个点。它的各个端口的设置如图 7-19 所示。

【例 7-4】创建一个按倍数递增的正弦函数二维数组，显示三维曲面图。

(1) 在程序框图窗口利用 For 循环创建一个正弦曲线一维数组，共 100 个数据点，每个正弦周期内 40 个点，如图 7-20 所示。

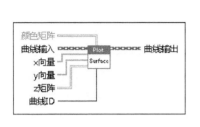 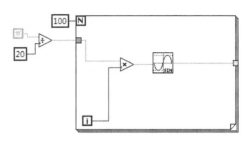

图 7-19　三维曲面图的各个端口　　　　　图 7-20　创建一维数组

(2) 在上一步创建的一维数组的基础上，利用 For 循环创建一个倍数递增的二维数组，如图 7-21 所示。

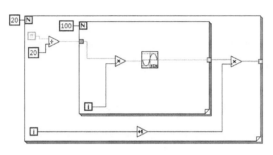

图 7-21　创建二维数组

(3) 在前面板新建三维曲面图，并将上一步创建的二维数组输入至三维曲面图"z 矩阵"端子，程序框图和前面板结果如图 7-22 所示。

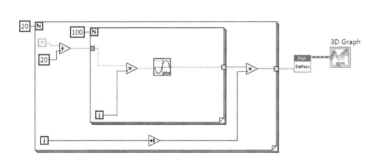 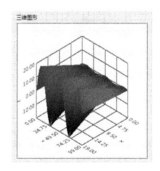

图 7-22　三维曲面图程序框图和结果显示

7.4.2　三维参数图

相比三维曲面图只是相当于 Z 方向的曲面图而言，三维参数图是三个方向的曲面图。三维参数图在前面板窗口与三维曲面图外观相同，窗口参数设置也与三维曲面图相似。

三维参数图与三维曲面图不同之处在于程序框图中的控件和子 VI，控件为 3D

Parametric Surface，子 VI 为 3D Parametric Surface.VI。三维参数图各端子的设置如图 7-23 所示。

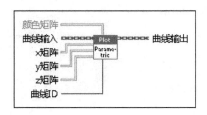

图 7-23　三维参数图的各个端口

7.4.3　三维曲线图

三维曲线图在三维空间显示曲线而不是曲面，在前面板窗口新建的三维曲线图外观与三维曲面图相同。三维曲线图在程序框图中包括控件 3D Curve 和 3D Curve.vi。

三维曲线图中三个一维数组长度相等，分别代表 X、Y、Z 三个方向上的向量，是不可缺少的输入参数，由［x(i)，y(i)，z(i)］构成第 i 点的空间坐标。

【例 7-5】在三维曲线图中绘制三维 Lissajious 曲线。

(1) 在程序框图窗口中，利用 For 循环创建一个正弦曲线一维数组，作为 X 方向上的向量。

(2) 利用 For 循环创建一个余弦曲线一维数组，作为 Y 方向上的向量。

(3) 利用上一步 For 循环中的 i 构成一个递增的一维数组，作为 Z 方向上的向量。

(4) 在前面板上新建三维曲线图，将代表 X、Y、Z 方向向量的数组分别输入三维曲线图中的"x 向量""y 向量"和"z 向量"端子，程序框图和前面板的结果如图 7-24 所示。

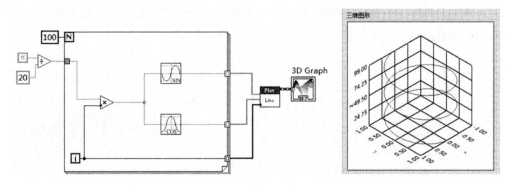

图 7-24　三维曲线图程序框图和结果显示

7.5　数字波形图

数字波形图用于显示数字数据，尤其适于在用到定时框图或逻辑分析器时使用。数字波形图位于前面板的"控件→新式→图形→数字波形图"。

数字波形图接收数字波形数据类型、数字数据类型和上述数据类型的数组作为输入。

默认状态下，数字波形图将数据在绘图区域内显示为数字线和总线。通过自定义数字波形图可显示数字总线、数字线，以及数字总线和数字线的组合。若连接的是一个数字数据的数组(每个数组元素代表一条总线)，则数组中的一个元素便是数字波形图中的一条线，并以数组元素绘制到数字波形图的顺序排列。

如须扩展或折叠位于图例的树形视图中的数字总线，单击数字总线左边的扩展/折叠符号。扩展或折叠图例的树形视图中的数字总线时，位于图形的绘图区域中的总线将同时扩展或折叠。如需扩展或折叠图例以标准视图显示时的数字总线，可右击数字波形图，在弹出的快捷菜单中选择"Y 标尺→扩展数字总线"命令。

下列前面板所示的数字波形图将数字数据绘制为一条总线。VI 将数字数组的数字转换为数字数据，并在二进制表示数字数据显示控件中显示这些数字的二进制表示。在该数字图形中，数字 0 以无顶部直线的形式表示所有数字位的值为 0。而数字 255 则以无底部直线的形式来表示所有二进制位的值为 1。

【例 7-6】数字数据用于显示数字信号的历史纪录。

通过"函数→编程→波形→数字波形→创建波形"函数创建数字波形。"数字数据"控件包含 8 个信号。信号包含 0～4 共 5 个采样。"数字波形图"中的信号由采样决定。右击信号名称(如信号 X)，在弹出的快捷菜单中取消勾选"扩展数字总线"命令，可在 1 条总线中包含所有的信号。图 7-25 显示了一个使用数字波形图的例子。

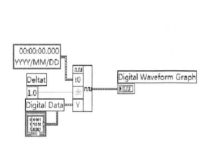
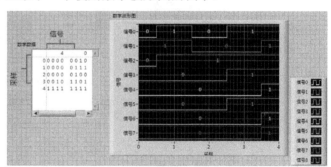

图 7-25　数字波形图程序框图和结果显示

7.6　混合信号图

当我们希望在 LabVIEW 中能够将模拟信号及数字信号同时显示在一起，以便观察它们之间的时间关系时，我们就可以使用混合信号图控件了。

绘制多个数据至混合信号图类似于绘制波形数据、XY 数据，以及数字数据至其他图形。可将波形图、XY 图或数字波形图接受的任何数据类型连接至混合信号图。

按照下列步骤，将多种数据类型绘制到混合信号图上。

(1) 直接将数据连接至图形之前，可使用捆绑函数，将数据类型合并至混合信号图中。

(2) 将数据连接至捆绑函数的元素。

(3) 将捆绑函数的输出簇连接至混合信号图。LabVIEW 自动创建绘图区域，以容纳模拟和数字数据的组合。

【例 7-7】图 7-26 显示了一个混合信号图应用的程序框图和波形显示结果。

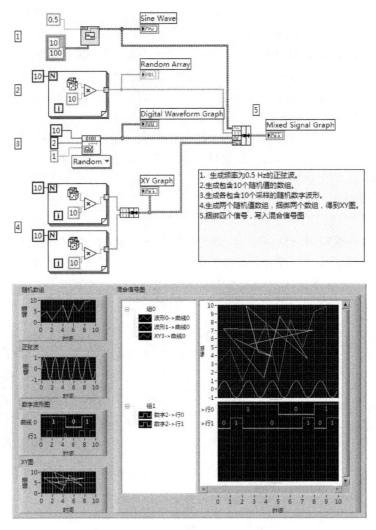

图 7-26　混合信号图程序框图和结果显示

7.7　图形控件

图形控件位于"控件→新式→图形→控件",如图 7-27 所示。图形控件提供了图片绘制 VI。

图片绘制 VI 用于以二维图片空间创建各种常见的图形,包括极坐标图、波形图、XY 图、Smith 图、雷达图和图形标尺。图片绘制 VI 通过底层绘图函数创建数据的一个图形化显示,并通过自定义绘图代码来添加功能。这种图形化显示虽然不像内置的 LabVIEW 控件那样具有交互性,但可用于视觉化地显示信息,是内置控件当前无法做到的。例如,使用绘制波形 VI 创建的图形在功能上与内置波形图稍有不同。图片绘制 VI 用于以图形方式表示数据。

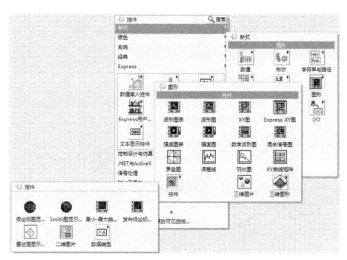

图 7-27　图形控件的位置

Smith 图的图标和各端口的设置如图 7-28 所示。

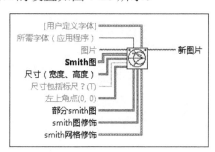

图 7-28　Smith 图标的各个端口

【例 7-8】图 7-29 所示为绘制 Smith 图的范例。

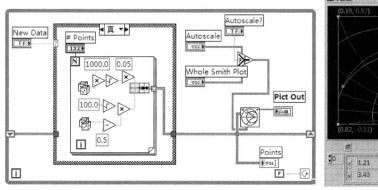
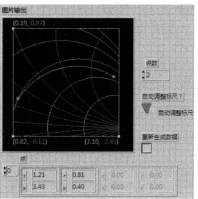

图 7-29　Smith 图绘制程序框图和结果显示

绘制 XY 图的图标和各端口的设置如图 7-30 所示。

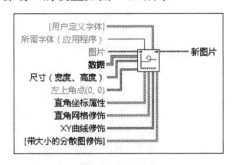

图 7-30　绘制 XY 图图标的各个端口

【例 7-9】图 7-31 所示为绘制 XY 图的范例。

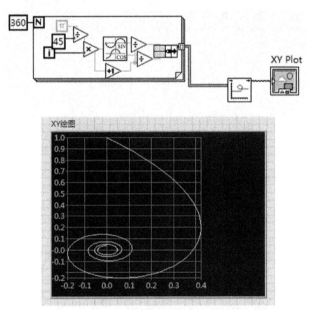

图 7-31　绘制 XY 图的程序框图和结果显示

极坐标图的图标和各端口的设置如图 7-32 所示。

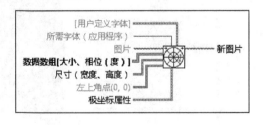

图 7-32　极坐标图的各个端口

【例 7-10】图 7-33 所示为绘制极坐标图的范例。

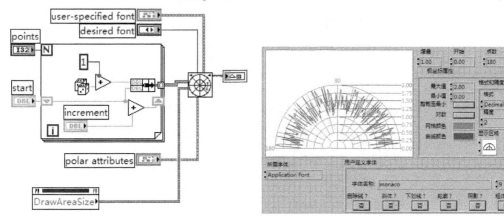

图 7-33 极坐标图的程序框图和结果显示

雷达图的图标和各端口设置如图 7-34 所示。

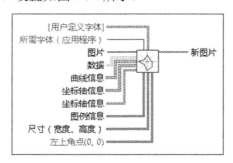

图 7-34 雷达图图标的各个端口

【例 7-11】图 7-35 所示为雷达图绘制的范例。

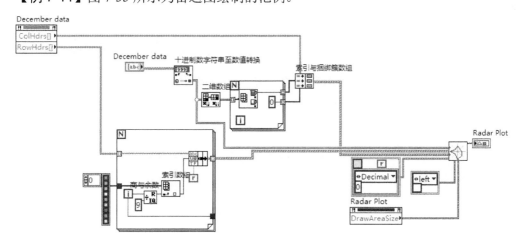

图 7-35 雷达图绘制程序框图和结果显示

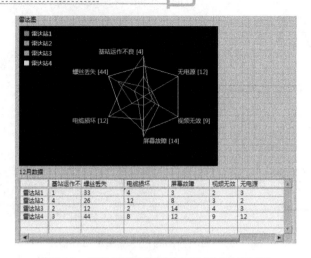

图 7-35　雷达图绘制程序框图和结果显示(续)

7.8　定时器与对话框

7.8.1　定时器

在 LabVIEW 中我们都不可避免地在循环结构或者顺序结构中使用到定时。为什么要使用定时呢？常用的定时都有哪些？它们有什么区别？下面详细介绍。

1. 使用定时的原因

一般来说在循环中，我们都会添加一个定时器，它们有两个主要作用：

(1) 控制代码执行的速率：简单来说，如果在循环中添加了定时，就可以控制循环以一定间隔重复执行；或者在串口通信中，在发送指令后等待指定的时间再读返回值。

(2) 降低 CPU 占用率：如果没有设置定时，CPU 的大部分资源会一直被该线程占用，而无法执行其他线程。

在图 7-36 和图 7-37 所示的例子中，分别是没有定时和定时为 100ms 时 CPU 的占用率情况。

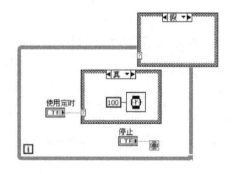

图 7-36　使用定时的程序框图

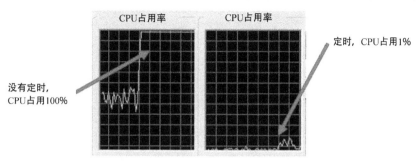

图 7-37　未使用定时和使用定时情况下的 CPU 占用率

2．定时 VI 用法

在 LabVIEW 中的常用定时有等待(ms)，和等待到下一个整数倍毫秒。

1) 等待(ms)

该 VI 的输入端为整型，单位是 ms，指定代码执行的时间间隔。举例来说，连入 VI 的输入为 10ms，如果循环中代码的运行时间是 3ms，那么每次循环的时间是 10ms；如果循环中代码的运行时间是 14ms(大于 10ms)，那么每次的循环的时间是 14ms。

2) 等待到下一个整数倍毫秒

该 VI 输入为整型，单位是 ms。该 VI 将定时和系统的时钟对应起来，使用该定时 VI 后，代码将在系统时钟为定时时间的整数倍执行。使用该定时 VI 的第一次运行时间间隔是不确定的。比如设定定时为 1000ms，对于第一次运行，无论当前时间是 50ms 还是 850ms，都将在下一次 1000ms 的整数倍时间第二次运行该代码，那么实际的间隔分别是 950ms 和 150ms。

3．定时的精度

对于上面提到的定时 VI，输入的单位都是 ms，但是实际运行的最小间隔在 2ms 以上。

7.8.2　对话框

程序运行过程中，经常会遇到这样的情况：程序中运行某些操作时，如删除文件、放弃当前的操作、对用户操作的响应等，需要用户确认或选择后，再进行下一步的操作。使用对话框来要求用户响应是一种简单直观的方式。LabVIEW 中有多种方式实现弹出对话框的功能。

1．使用 LabVIEW 对话框

LabVIEW 对话框可以实现简单的用户确认功能。对话框有三种：单按钮、双按钮和三按钮。右击程序框图，在弹出的快捷菜单中选择"函数→编程→对话框和用户界面"命令，选择对话框与用户界面，就可以看到这 3 个 VI，如图 7-38 所示。

单按钮对话框的图标和各端口的设置如图 7-39 和表 7-1 所示。

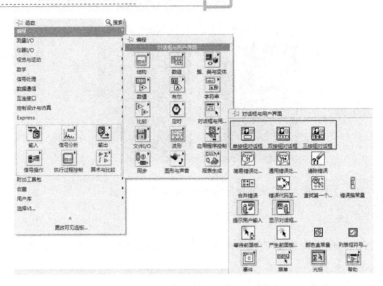

图 7-38　LabVIEW 对话框

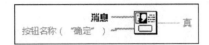

图 7-39　单按钮对话框图标的各个端口

表 7-1　单按钮对话框端口设置

图标	端口说明
abc	"消息"是对话框中显示的文本
abc	"按钮名称"是对话框按钮的名称，默认值为确定
TF	单击"真"是按钮时值为 TRUE

双按钮对话框的图标和各端口的设置如图 7-40 和表 7-2 所示。

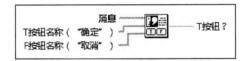

图 7-40　双按钮对话框图标的各个端口

表 7-2　双按钮对话框端口设置

图标	端口说明
abc	"消息"是对话框中显示的文本
abc	"T 按钮名称"是对话框按钮的名称，默认值为"确定"
abc	"F 按钮名称"是对话框按钮的名称，默认值为"取消"
TF	如单击"T 按钮名称"对话框按钮，"T 按钮？"可返回 TRUE；如单击"F 按钮名称"对话框按钮，"T 按钮？"可返回 FALSE

三按钮对话框的图标和各端口的设置如图 7-41 所示。

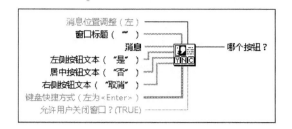

图 7-41　三按钮对话框图标的各个端口

在三按钮对话框里，如连线空字符串至按钮文本输入，该 VI 可隐藏该按钮，可使三按钮对话框转换为单按钮或双按钮对话框。例如，使用该 VI 可在没有帮助信息的情况下隐藏帮助按钮。若连线空字符串至对话框的每个按钮，则该 VI 可显示默认的确认按钮。

2. 使用 Express VI

使用对话框的 Express VI 与用户交互，不仅可以接收用户按键的输入，也可以接收其他数据类型的输入(字符串、数字和布尔)，同时可以设置弹出对话框的窗口标题。对话框的 Express VI 位于程序框图，右击，在弹出的快捷菜单中选择"函数→编程→对话框和用户界面"命令，可看到"提示用户输入.vi"和"显示对话框信息.vi"。

提示用户输入 ——显示标准对话框，提示用户输入用户名、密码等信息。将该 VI 拖拽到程序框图后，会弹出设置对话框，提示设置显示的信息、输入、显示的按钮和窗口标题等内容，如图 7-42 所示。

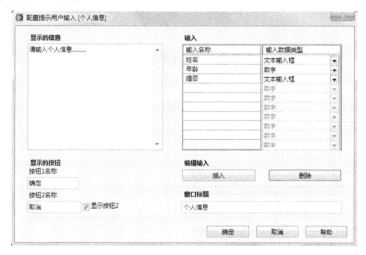

图 7-42　提示用户输入配置

经过如图 7-42 所示的配置后，运行程序，弹出如图 7-43 所示的对话框。同时，单击"确定"按钮后，用户的输入将传递到 VI 的程序框图中，以便程序对其处理。

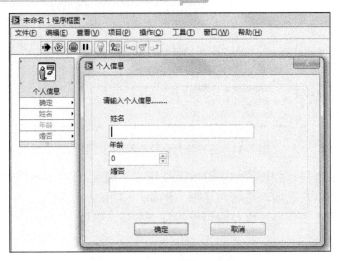

图 7-43 提示用户输入对话框

显示对话框信息 ![icon] ——创建含有警告或用户消息的标准对话框。该 VI 的功能和单按钮或双按钮对话框的功能类似。

3. 使用子 VI

使用子 VI 实现弹出对话框的功能，不仅可以接收用户按键和各种数据类型的输入，同时，按键和输入控件的个数、位置、形状都不受限制，甚至可以设置弹出窗口的背景、字体，从而实现弹出对话框完全的自定义。

7.9 错误处理

位于对话框与用户界面选板上的 LabVIEW 错误处理 VI 和函数，以及大多数 VI 和函数的错误输入和错误输出参数可管理错误。如 LabVIEW 遇到了错误，可在不同类型的对话框中显示错误信息。将错误处理和调试工具结合使用可发现并处理错误。

VI 和函数通过数值错误代码或错误簇返回错误。通常，函数以数值错误代码返回错误，而 VI 以错误簇，即错误输入和错误输出来返回错误。错误簇提供相同的标准错误输入和标准错误输出功能。

LabVIEW 中的错误处理遵循数据流模式。错误信息就像数据值一样流经 VI。错误信息从 VI 的起点一直连接到终点。错误处理 VI 与一个 VI 连接后可确定该 VI 的运行是否未出差错。错误输入和错误输出簇可在使用或创建的每一个 VI 中传递错误信息。错误簇为流经参数。

VI 运行时，LabVIEW 会在每个执行节点检测错误。若 LabVIEW 没有发现任何错误，则该节点将正常执行。若 LabVIEW 检测到错误，则该节点会将错误传递到下一个节点且不执行那一部分代码。后面的节点也照此处理，直到最后一个节点。执行流结束时，LabVIEW 报告错误。

1. 错误簇

错误输入和错误输出簇包括以下信息：

状态是一个布尔值，错误产生时报告 TRUE。

错误代码是一个 32 位有符号整数，通过数值表示错误。一个非零错误代码和 FALSE 状态相结合可表示警告但不是错误。

错误源是用于识别错误发生位置的字符串。

一些支持布尔数据的 VI、函数和结构也可识别错误簇。例如，可将错误簇连接至布尔函数，或选择、退出 LabVIEW、停止函数的布尔输入端，通过逻辑运算处理错误。

2. 用循环进行错误处理

可将错误簇连接到 While 循环或 For 循环的条件接线端以停止循环的运行。如将错误簇连接到条件接线端，只有错误簇状态参数的 TRUE 或 FALSE 值会传递到接线端。当错误发生时，循环即停止执行。对于具有条件接线端的 For 循环，还必须为总数接线端连接一个值或对一个输入数组进行自动索引以设置循环的最大次数。当发生一个错误或设置的循环次数完成后，For 循环即停止运行。

将一个错误簇连接到条件接线端上时，快捷菜单项真(T)时停止和真(T)时继续将变为错误时停止和错误时继续。

3. 用条件结构进行错误处理

将错误簇连接到条件结构的条件选择器接线端时，条件选择器标签将显示两个选项：错误和无错误。同时条件结构的边框的颜色将改变：错误时为红色，无错误时为绿色。发生错误时，条件结构将执行错误子程序框图。

4. 错误处理器

简易错误处理器的图标和端口设置如图 7-44 所示。

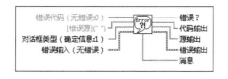

图 7-44　简易错误处理器图标的各个端口

通用错误处理器的图标和端口设置如图 7-45 所示。

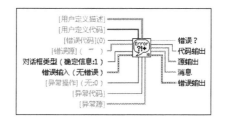

图 7-45　通用错误处理器图标的各个端口

7.10 用户菜单设计

我们知道，只要在 VI 属性的窗口外观设置中选择"显示菜单栏"，那么 VI 在运行过程中，一般会在前面板窗口中显示菜单栏，如图 7-46 所示。VI 运行时默认的菜单栏是 LabVIEW 的标准菜单栏，为了适应用户使用的需要，可以自定义个性化的运行时菜单，在程序中也可以对用户的菜单做出响应。

文件(F)　编辑(E)　查看(V)　项目(P)　操作(O)　工具(T)　窗口(W)　帮助(H)

图 7-46　菜单栏

7.10.1 菜单编辑器

选择 VI 前面板或程序框图中的"编辑"下拉菜单中的"运行时菜单"命令，弹出"菜单编辑器"对话框，如图 7-47 所示。该对话框用于创建并编辑运行时菜单文件(.rtm 文件)，并将其关联至该 VI。

图 7-47　菜单编辑器

在该对话框里，单击菜单项类型的下拉列表，可以看到 VI 运行时的菜单类型有 3 种。

(1) 默认——显示 LabVIEW 标准菜单。

(2) 最小化——显示 LabVIEW 标准菜单上除罕用项之外的菜单项。

(3) 自定义——允许创建和编辑菜单并将自定义菜单保存至.rtm 文件。

菜单中的菜单项也分为 3 种，可以在菜单项类型中设置：

(1) 用户项——允许用户输入新项，这些项在程序框图上以编程方式处理。用户项需要有一个名称(菜单项名称)，和一个唯一对应的、区分大小写的字符串标识符(菜单项标识符)。

(2) 分隔符——在菜单中插入分隔行。不能对该项设置任何属性。

(3) 应用程序项——LabVIEW 的默认菜单项。用户可以通过选择应用程序项并在层次结构中选择需添加的单个项或整个子菜单。注意：用户不可更改应用程序项的名称、标识符和其他属性。

因此，结合上述 3 种菜单项，可以自定义创建符合用户需求的菜单。

菜单项除了通过鼠标单击来执行外，有时也需要通过键盘的按键来提高用户的响应速度。"菜单编辑器"对话框中的快捷方式用来设置访问菜单项的组合键。创建新的快捷键时，将光标放在该区域，按下要使用的快捷键。

7.10.2　菜单函数选板

菜单函数选板位于"函数→编程→对话框与用户界面→菜单"，如图 7-48 所示。

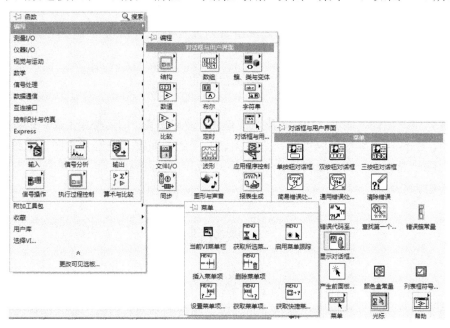

图 7-48　菜单函数选板的位置

菜单函数用于修改 LabVIEW 应用程序中的菜单。本选板最上一行的函数用于菜单的选取。

插入菜单项的图标和端口设置如图 7-49 所示。

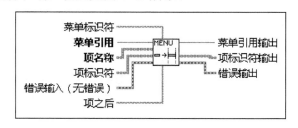

图 7-49　插入菜单项图标的各个端口

获取菜单项信息的图标和端口设置如图 7-50 所示。

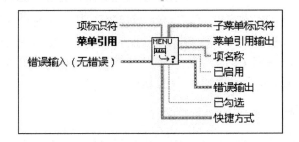

图 7-50　获取菜单项信息图标的各个端口

选板对象的使用范例和其他选板对象的端口设置可使用 LabVIEW 的帮助信息。

本章小结

本章介绍了如何使用 LabVIEW 显示波形图、波形图表，如何使用 LabVIEW 描绘和显示 XY 图、Express XY 图、强度图、强度图表、三维曲面图、三维参数图、三维曲线图、数字波形图和混合信号图，如何设计用户菜单，如何进行错误处理，并介绍了定时器和对话框的使用方法。

阅读材料

绿色工程

绿色工程是指通过测量和控制技术，创建更高效的技术与流程，以获得环保型产品和系统。NI 提供的测量、自动化和设计工具，能够采集并分析实际数据，然后调试或解决用户发现的任何问题。其最终目标是：通过更高效、更经济的技术，更好地为我们这个星球谋求福祉。

绿色工程应用几乎在各个产业都潜能巨大。尽管有许多分组方式，但是大部分的绿色应用均可归入以下 5 类：环境监控、能量存储系统、电能质量监测、太阳能和风能。

环境监控：随着人们对环境中气候变化影响的日益关注，全球各地都在竭力减少温室气体的排放量。进行环境测量与监控的需求因而显得日益迫切。

能量存储系统：能量存储系统(ESS)和可再生能源技术相互结合，是实现电力生成与输送的关键。ESS 也应具备可再生性。能量存储系统涵盖化工、电气、机械、热量等诸多类型。该部分内容的重点是电化学和电气 ESS(如电池、燃料电池、电容、超级电容或超级电容器)。NI 技术用于研究、设计、测试和部署各类 ESS(其范围从面向汽车类应用的燃料电池，到与 Exide Industries Limited 公司合作的大规模电池测试)。

电能质量监测：NI 的电能质量监控解决方案中，坚固的硬件适合波形测量，灵活的软件能够执行各类电力监控、电能质量或电能计量分析。

太阳能：太阳滋养着地球万物。在长达几个世纪的岁月里，人类一直通过太阳能供热为家园送去温暖，植物则一直仰赖阳光进行光合作用。如何将太阳能有效转换为太阳能电源或电力，成为近期的一项挑战。太阳能发电的两种常用技术分别是太阳能光伏发电(将太阳光直接转换为电能)和太阳能热发电(将太阳对对水加热时产生的蒸汽用于热能蒸汽机)。工程师和研究人员可以通过 NI 技术，设计、建模并部署太阳能热发电系统或光伏发电系统，实现太阳能发电。

风能：风力发电已俨然成为全球可再生能源中的一项重要内容。据美国风能协会(American Wind Energy Association，AWEA)所述：2007 年，美国的风电装机容量增加了45%。世界风能协会(World Wind Energy Association，WWEA)称：2000—2006 年，全球风力发电的规模扩大了 4 倍。风电产业的工程师正借助 NI 技术开展各项研究，内容从风力机叶片的设计和生产，到对风电场部署的涡轮进行在线机器状态监控。工程师和研究人员能够应用 NI LabVIEW 软件和硬件，监控风电机组的振动、设计更优良的控制算法、制造涡轮叶片。最终目标是获得更为高效而安全的风力发电类可再生能源。

习　　题

一、选择题

1．下图中的循环中没有设置定时的情况的是(　　)。

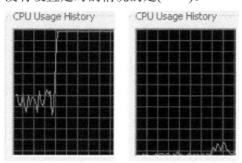

A．左图　　　　　B．右图

2．可以将定时和系统的时间对应起来的定时是(　　)。

A．等待(ms)　　　B．等待到下一个整数倍毫秒

3．以下定时精度中不可以通过定时 VI 来实现的是(　　)。

A．1ms　　　　　B．10ms　　　　　C．100ms　　　　　D．3ms

4．在循环程序中设置定时，间隔 100ms，如果代码的执行时间为 70ms，那么实际的定时间隔是(　　)。

A．100ms　　　　B．170ms　　　　C．30ms　　　　　D．70ms

5．在循环程序中设置定时，间隔为 100ms，如果代码的执行时间为 170ms，那么实际的定时间隔是(　　)。

A．270ms　　　　B．170ms　　　　C．100ms　　　　　D．70ms

6. DAQ 采集的二维数组可以不经过转置直接输入下面图形控件中的(　　)。

    A．波形图　　　　B．波形图表

二、连线题

下面刷新模式分别对应了哪种效果?

带状图表　　　　从左到右连续滚动地显示运行数据,类似于纸带表记录器。

示波器图表　　　扫描图中有一条垂线将右边的旧数据和左边的新数据隔开,类似于心电图仪。

扫描图　　　　　当曲线到达绘图区域的右边界时,LabVIEW 将擦除整条曲线并从左边界开始绘制新曲线。

第 **8** 章

信号处理和文件操作

学习目标

➢ 学会运用信号与波形生成 VI 的基本方法。
➢ 学会运用数字滤波 VI 的基本方法。
➢ 学会运用数据加窗 VI 的基本方法。
➢ 学会运用频谱分析 VI 的基本方法。
➢ 学会运用写入和读取文本文件的方法。
➢ 学会运用写入和读取二进制文件的方法。
➢ 学会运用写入和读取电子表格文件的方法。
➢ 学会运用写入和读取数据记录文件的方法。

本章知识结构

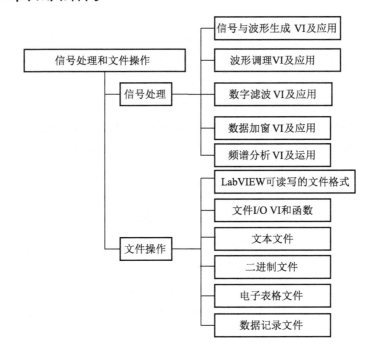

 导入案例

信号处理是当今最为重要的技术之一。

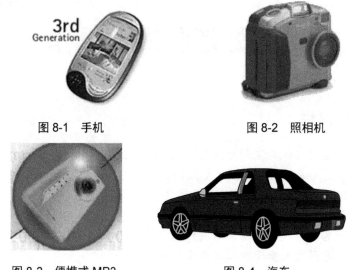

图 8-1　手机　　　　　　　　　　　图 8-2　照相机

图 8-3　便携式 MP3　　　　　　　　图 8-4　汽车

　　如图 8-1～图 8-4 所示，手机、照相机、MP3、汽车都是我们日常生活中常见的，在这些产品内部，涉及复杂的信号处理过程。手机需要处理无线电信号，如调制解调器、自适应均衡、数据加密、数据压缩等处理；照相机要对图像、视频信号进行压缩、存储等；MP3 需要进行语音编码、语音增强等处理。实现信号处理的方法有很多，通过各种各样的 DSP、ARM 等处理器编程可以实现，通过 PC 上专业软件也可以实现。LabVIEW 软件具有很强的信号处理能力，各种复杂的信号处理算法均可实现。在 LabVIEW 中，从信号生成、数字滤波、数据加窗到频谱分析，都有相应 VI 模块实现。

　　本章主要论述信号处理 VI，包括信号与波形生成、波形调理、数字滤波、数据加窗、频谱分析；LabVIEW 可读写的文件格式、相关的 VI 和函数，以及文本文件、二进制文件等的写入和读取等内容。限于篇幅，本章在每节仅用一个例子来描述该类 VI 的用法，着重在于体验有关 VI 的功能。

8.1　信号处理

8.1.1　信号与波形生成

1.　波形生成

波形生成 VI 用于生成各种类型的单频和混合单频信号、函数发生器信号及噪声信号，如图 8-5 所示。

图 8-5 波形生成模块

📧基本函数发生器 VI。依据信号类型，创建输出波形。

📧混合单频与噪声波形 VI。生成由正弦单频、噪声和直流偏移组成的波形。

📧公式波形 VI。通过公式字符串指定要使用的时间函数，创建输出波形。

📧正弦波形 VI。生成含有正弦波的波形。

📧方波波形 VI。生成含有方波的波形。

📧三角波形 VI。生成含有三角波的波形。

📧锯齿波形 VI。生成含有锯齿波的波形。

📧基本混合单频 VI。生成波形，它是整数个周期的单频正弦之和。

📧基本带幅值混合单频 VI。生成波形，它是整数个周期的单频正弦之和。

📧混合单频信号发生器 VI。生成波形，它是整数个周期的单频正弦之和。

📧均匀白噪声波形 VI。生成均匀分布的伪随机波形，值在[–a：a]之间。a 是幅值的绝对值。

📧高斯白噪声波形 VI。生成高斯分布伪随机序列的信号，统计分布为(0,s)。s 指定标准差的绝对值。

📧周期性随机噪声波形 VI。生成包含周期性随机噪声(PRN)的波形。

📧反幂律噪声波形 VI。生成连续噪声波形，功率谱密度在指定的频率范围内与频率成反比。

📧Gamma 噪声波形 VI。生成包含伪随机序列的信号，值是均值为 1 的泊松过程中发生阶数次事件的等待时间。

📧泊松噪声波形 VI。生成值的伪随机序列，值为在单位速率的泊松过程的均值指定的间隔中发生的离散事件的数量。

📧二项分布的噪声波形 VI。生成二项分布的伪随机模式，值为随机事件在重复试验中发生的次数，事件发生的概率和重复的次数已知。

📧Bernoulli 噪声波形 VI。生成由 1 和 0 组成的伪随机模式，取 1 的概率与取 0 的概率之和为 1。取 1 概率接线端指定取 1 的概率，如取 1 概率为 0.6，则信号输出为 1 的概率为 60%，为 0 的概率为 40%。

📧MLS 序列波形 VI。生成包含最大长度的 0、1 序列，该序列由阶数为多项式阶数的模 2 本原多项式生成。

📧仿真信号 Express VI。仿真正弦波、方波、三角波、锯齿波和噪声。

📧仿真任意信号 Express VI。仿真用户定义的信号，用于生成任意信号。

2. 信号生成

信号生成 VI 用于生成描述特定波形的一维数组。信号生成 VI 生成的是数字信号和波形，如图 8-6 所示。

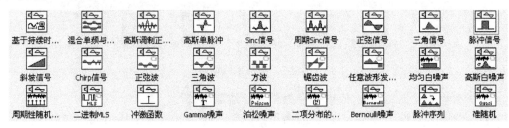

图 8-6　信号生成

基于持续时间的信号发生器 VI。基于信号类型指定的形状，生成信号。

混合单频与噪声 VI。生成由正弦单频、噪声和直流偏移量组成的数组。

高斯调制正弦波 VI。生成含有经高斯调制的正弦波的数组。

高斯单脉冲 VI。生成含有高斯单脉冲的数组。

Sinc 信号 VI。生成包含 Sinc 信号的数组。

周期 Sinc 信号 VI。生成包含周期 Sinc 信号的数组。

正弦信号 VI。生成包含正弦信号的数组。

三角信号 VI。生成含有三角信号的数组。

脉冲信号 VI。生成包含脉冲信号的数组。

斜坡信号 VI。生成包含斜坡信号的数组。

Chirp 信号 VI。生成包含 Chirp 信号的数组。

正弦波 VI。生成含有正弦波的数组。

三角波 VI。生成含有三角波的数组。

方波 VI。生成含有方波的数组。

锯齿波 VI。生成含有锯齿波的数组。

任意波形发生器 VI。生成含有任意波形的数组。

均匀白噪声 VI。生成均匀分布的伪随机波形，值在[–a：a]之间。a 是幅值的绝对值。

高斯白噪声 VI。生成高斯分布的伪随机信号，统计分布为(mu,sigma)=(0,s)，s 是标准差。

周期性随机噪声 VI。生成包含周期性随机噪声(PRN)的数组。

二进制 MLS VI。生成包含最大长度的 0、1 序列，该序列由阶数为多项式阶数的模 2 本原多项式生成。

冲激函数 VI。生成包含冲激信号的数组。

Gamma 噪声 VI。生成包含伪随机序列的信号，序列的值是均值为 1 的泊松过程中发生阶数次事件的等待时间。

泊松噪声 VI。生成值的伪随机序列，此类值是在单位速率的泊松过程的均值指定的间隔中发生的离散事件的数量。

二项分布的噪声 VI。生成二项分布的伪随机模式，值等于随机事件在重复试验中发生的次数，事件发生的概率和重复的次数已知。

Bernoulli 噪声 VI。生成取 1 及取 0 的伪随机模式。LabVIEW 计算 Bernoulli 噪声的方法与掷硬币的取 1 概率类似。

脉冲序列 VI。依据原型脉冲生成由合并一系列脉冲得到的数组，该 VI 依据指定的插值方法生成脉冲序列。

准随机 VI。生成准随机 Halton 或 Richtmeyer 序列，是差异性小的数字序列。

下面以"基本波形 VI"为例，了解信号与波形 VI 的基本用法。

基本波形 VI 如图 8-7 所示，其中：

"偏移量"指定信号的直流偏移量，默认值为 0.0。

"重置信号"若值为 TRUE，则相位可重置为相位控件的值，若是时间标识，则可重置为 0，默认值为 FALSE。

"信号类型"是要生成的波形的类型，生成的波形类型包括 Sine Wave(默认)、Triangle Wave、Square Wave、Sawtooth Wave。

"频率"是指波形频率，单位为 Hz，默认值为 10。

"幅值"是指波形的幅值，默认值为 1.0。

"相位"是指波形的初始相位，以度为单位，默认值为 0，如果重置信号为 FALSE，则 VI 忽略相位。

"错误输入(无错误)"表示节点运行前发生的错误，该输入将提供标准错误输入功能。

"采样信息"包含采样信息，是每秒采样率，默认值为 1000。

"方波占空比(%)"是方波在一个周期内高电平所占时间的百分比，仅当信号类型是方波时，VI 使用该参数，默认值为 50。

"信号输出"是指生成的波形。

"相位输出"是指波形的相位，单位为度。

"错误输出"表示错误信息，该输出将提供标准错误输出功能。

【例 8-1】在前面板上设置输入参数的值，信号类型为正弦波，频率 5.1Hz，幅值为 1，偏移量为 0，相位为 0，占空比为 50%，采样频率为 1kHz，相位输出为 180 度。然后运行 VI，在波形显示窗口可以看到生成的波形如图 8-8 所示。图 8-9 是基本波形 VI 的典型用法。

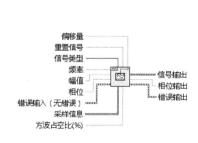

图 8-7　基本波形 VI

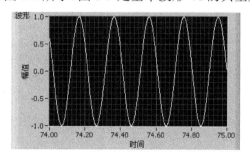

图 8-8　生成基本波形的运行结果

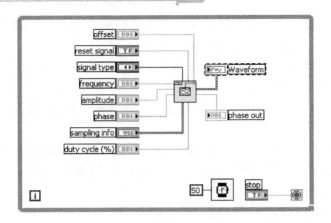

图 8-9　生成基本波形程序框图

8.1.2　波形调理

波形调理 VI 用于执行数字滤波和加窗，如图 8-10 所示。

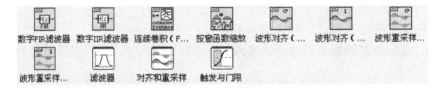

图 8-10　波形调理模块

数字 FIR 滤波器 VI。该 VI 可对单个波形或多个波形中的信号进行滤波。

数字 IIR 滤波器 VI。该 VI 可对单个波形或多个波形中的信号进行滤波。

连续卷积(FIR)VI。该 VI 使单个或多个波形与单个或多个具有状态的内核进行卷积，并使此后的调用以连续方式处理。

按窗函数缩放 VI。该 VI 在时域信号上和输出窗常量上使用缩放窗，用于后续分析。

波形对齐(连续)VI。该 VI 使波形元素对齐并返回对齐的波形，连线至波形输入端的数据类型可确定使用的多态实例。

波形对齐(单次)VI。该 VI 使两个波形的元素对齐并返回对齐的波形。

波形重采样(连续)VI。该 VI 依据用户定义的 $t0$(第一个输入采样的时间)和 dt(采样间隔时间)值，重新采样输入波形。

波形重采样(单次)VI。该 VI 依据用户定义的 $t0$(第一个输入采样的时间)和 dt(采样间隔时间)值，对输入波形或数据进行重新采样。

滤波器 Express VI。该 Express VI 通过滤波器和窗对信号进行处理，可以指定滤波器的类型，包括低通、高通、带通、带阻和平滑，该 Express VI 与数字 IIR 滤波器、数字 FIR 滤波器的处理类似。

对齐和重采样 Express VI。该 Express VI 通过改变开始时间、对齐信号或改变时间间隔对信号进行重新采样，返回对齐的信号。

触发与门限 Express VI。该 Express VI 通过触发提取信号中的片段。触发器状态可基于开启或停止触发器的阈值，也可以是静态的。

下面以波形重采样(连续)VI 为例，了解信号调理 VI 的基本用法。在数字信号处理领域中，常常遇到将采样率放大或降低 k 倍，这类问题就是重采样问题。重采样技术是从一种数字信号采样得到另一种数字信号，使用软件实现重采样技术可以较好地解决硬件设备带来的不足。如果用 FIR 数字滤波器来做重采样，滤波器仅需对时间序列每隔一个点计算一个输出点，这样可降低 FIR 计算量，采用 FIR 滤波器可满足实时性要求。在工程应用中，很多时候要求最高原始分析频率的非整数倍降重采样，利用样条插值可将一些指定点按照原始序列的趋势或规律重新连接，组成新的采样数据。

三次样条插值，给定区间 $[a,b]$ 一个划分 Δ：$a = x_0 \leqslant x_1 \leqslant \cdots \leqslant x_n = b$，三次样条函数 $S(x)$ 满足以下条件：

(1) $S(x)$ 在每个区间 $[x_{i-1}, x_i](i = 1, 2, 3, \cdots, n)$ 上，$S_i(x)$ 是一个三次多项式。

(2) $S(x)$ 在每个内接点 $x_i(i = 1, 2, 3, \cdots, n)$ 上具有直到二阶的连续导数，$S(x) \in c2[a,b]$。

(3) $S(x)$ 在所有节点满足：$S(x_i) = y_i(i = 1, 2, 3, \cdots, n)$。

为了确定样条插值函数，还需要增加 3 个边界条件：

(1) 第一种边界条件(给定端点的一阶导数值)：$S'(x_0) = y_0'$，$S'(x_n) = y'n$。

(2) 第二种边界条件(给定端点的二阶导数值)：$S''(x_0) = y_0''$，$S''(x_n) = y_n''$。

(3) 第三种边界条件(要求 $s(x)$ 为周期函数)：设 $S''(x_j) = M_j$，$S''(x_{j+1}) = M_{j+1}$，$h_j = x_{j+1} - x_j$。

按求解三次样条插值函数的三弯矩方程，得到：

$$\mu_j M_{j-1} + 2M_j + \lambda_j M_{j+1} = d_j \quad (j = 1, 2, \cdots, n-1)$$

其中，

$$\mu_j = h_{j-1}/(h_{j-1} + h_j)，\quad \lambda_j = 1 - \mu_j，\quad d_j = 6[(y_{j+1} - y_j)/h_j - (y_j - y_{j-1})/h_{j-1}]$$

波形重采样 VI 如图 8-11 所示。

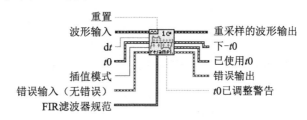

图 8-11　波形重采样

在图 8-11 中：

"重置"为相位输入控件的值，重置时间标识为 0，默认值为 FALSE。

"波形输入"是要对齐的波形。

"dt"是重采样的波形输出的用户定义的采样间隔。

"$t0$"是重采样的波形输出的用户定义的开始时间。

"插值模式"指定重采样使用的算法。

"错误输入(无错误)"表明节点运行前发生的错误，该输入将提供标准错误输入功能。

"FIR 滤波器规范"指定 VI 用于 FIR 滤波器的最小值，抗混叠衰减(dB)指定重采样后混叠的信号分量的最小衰减水平，默认值为 120，归一化带宽指定新的采样率中不衰减的比例，默认值为 0.4536。

"重采样的波形输出"包含重采样波形。

"下一 $t0$"若重置的值为 FALSE，则值为下一个重采样的波形输出的起始时间。

"已使用 $t0$"指返回重采样的波形输出的开始时间。

"错误输出"包含错误信息，该输出将提供标准错误输出功能。

"$t0$ 已调整警告"若已使用 $t0$ 不等于 $t0$，则返回 TRUE，否则，返回 FALSE。

【例 8-2】图 8-12 为输出波形，包括原波形和重采样波形，输出采样频率为 12.345kHz，$t0$ 为 120ms，被测试信号频率为 1kHz，采样数为 500，重采样 FIR 滤波器抗混叠衰减为 100dB，归一化带宽为 0.4，采用样条插值模式。图 8-13 是波形采样程序框图。

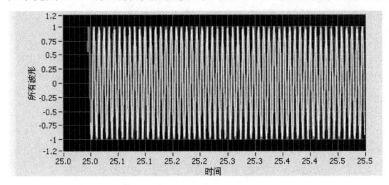

图 8-12　波形重采样前面板

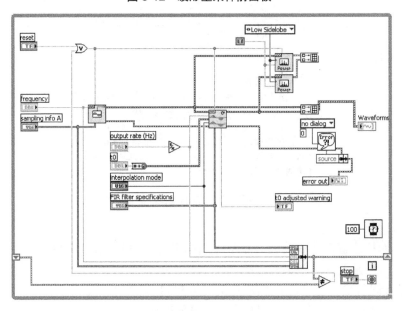

图 8-13　波形重采样程序框图

8.1.3　数字滤波

数字滤波模块如图 8-14 所示，包括 FIR 加窗滤波器、中值滤波器、Chebyshev 滤波器、高级 IIR 滤波器等数字滤波器。

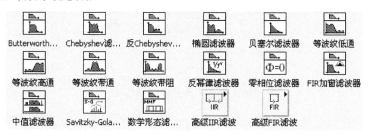

图 8-14　数字滤波模块

下面以 FIR 加窗滤波器 VI 为例讲解数字滤波模块的用法。

窗函数法设计 FIR 滤波一般是先给出所要求的理想的滤波器的频率响应 $H_d(e^{j\varpi})$，要求设计一个 FIR 滤波器频率响应 $H(e^{j\varpi}) = \sum_{n=0}^{N-1} h(n)e^{-jn\varpi}$ 来逼近 $H_d(e^{j\varpi})$。但是设计是在时域进行的，因而先由 $H_d(e^{j\varpi})$ 的傅里叶变换导出 $h_d(n)$，即

$$h_d(n) = \frac{1}{2\pi} \int_{-\pi}^{\pi} H_d(e^{j\varpi})e^{jn\varpi}\mathrm{d}\varpi$$

但一般情况下，$H_d(e^{j\varpi})$ 是逐段恒定的，在边界频率处有不连续点，因而 $h_d(n)$ 是无限时宽的，且是非因果序列，而我们要设计的是 FIR 滤波器，其 $h(n)$ 必然是有限长的，这时我们只有将 $h_d(n)$ 截取一段，用一个有限长度线性相位滤波器逼近无限长的 $h_d(n)$，并保证截取的一段对 $(N-1)/2$ 对称。设截取的一段用 $h(n)$ 表示，即 $h(n) = h_d(n)w(n)$，$w(n)$ 是一个矩形序列。

按照复卷积公式，在时域中的乘积关系可表示成在频域中的周期性卷积关系，可得所设计的 FIR 滤波器的频率响应为

$$H(e^{j\varpi}) = \frac{1}{2\pi} \int_{-\pi}^{\pi} H_d(e^{j\theta})W(e^{j(\varpi-\theta)})\mathrm{d}\theta$$

由此可见，实际的 FIR 数字滤波器的频率响应逼近理想滤波器频率响应的好坏完全取决于窗函数的频率特性。

如图 8-15 所示，FIR 加窗滤波器 VI 是通过采样频率 f_s、低截止频率 f_l、高截止频率 f_h 和抽头指定的一组 FIR 加窗滤波器系数，对输入数据序列 X 进行滤波的。

"窗参数"是指 Kaiser 窗的 beta 参数、高斯窗的标准差，或 Dolph-Chebyshev 窗的主瓣与旁瓣的比率，如窗是其他类型的窗，VI 将忽略该输入。

"滤波器类型"指定滤波器的通带，包括 Lowpass、Highpass、Bandpass、Bandstop 几种类型。

"X"是指滤波器的输入信号。

"采样频率：f_s"是指 X 的采样频率并且必须大于 0，单位为 Hz，默认值为 1.0Hz，如

果采样频率 $f_s \leqslant 0$，VI 将把滤波后的 X 设置为空数组并返回错误。

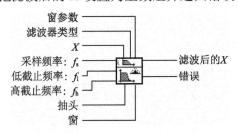

图 8-15　FIR 加窗滤波器 VI

"低截止频率：f_l"是指低截止频率(Hz)并且必须满足 Nyquist 准则，单位为 Hz，默认值为 0.125Hz。

"高截止频率：f_h"是指高截止频率，单位为 Hz，默认值为 0.45Hz。当"滤波器类型"为 0(Lowpass)或 1(Highpass)时，VI 忽略该参数；当滤波器类型为 2(Bandpass)或 3(Bandstop)时，高截止频率 f_h 必须大于低截止频率 f_l，并且满足 Nyquist 准则。

"抽头"指定 FIR 系数的总数并且必须大于 0，默认值为 25。

"窗"指定平滑窗的类型。

"滤波后的 X"是指该数组包含的滤波后的采样。

"错误"返回 VI 的任何错误或警告。将错误连接至错误代码至错误簇转换 VI，可将错误代码或警告转换为错误簇。

【例 8-3】FIR 加窗滤波器设计实例如图 8-16 和图 8-17 所示。FIR 加窗滤波器低截止频率 f_l 和高截止频率 f_h 必须符合下列条件：$0 < f_l < f_h < 0.5f_s$，f_s 为采样频率。

图 8-16 为运行后的幅度响应曲线和相位响应曲线。图 8-17 中，滤波器类型为 Bandpass，Hanning 窗，抽头 33，采样频率 f_s 为 1000Hz，低截止频率 f_l 为 150Hz，高截止频率 f_h 为 350Hz。

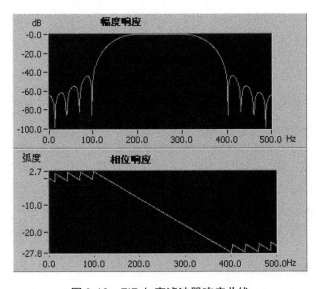

图 8-16　FIR 加窗滤波器响应曲线

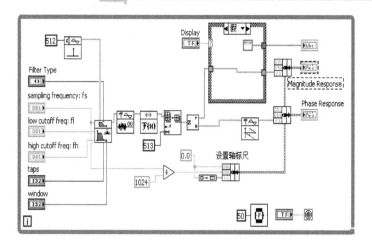

图 8-17　FIR 加窗滤波器设计程序框图

8.1.4　数据加窗

数据加窗模块如图 8-18 所示。

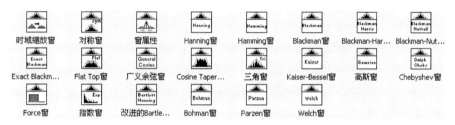

图 8-18　数据加窗模块

【例 8-4】以 Hamming 窗 VI 为例说明数据加窗模块的用法。

Hamming 窗函数的时域形式可以表示为

$$w(k) = 0.54 - 0.46\cos\left(\frac{2\pi k}{N-1}\right), k = 1,2,\cdots,N$$

它的频域特性为

$$W(\varpi) = 0.54W_{\text{R}}(\varpi) + 0.23\left[W_{\text{R}}\left(\varpi - \frac{2\pi}{N-1}\right) + W_{\text{R}}\left(\varpi + \frac{2\pi}{N-1}\right)\right]$$

其中，$W_{\text{R}}(\varpi)$ 为矩形窗函数的幅度频率特性函数。Hamming 窗函数的最大旁瓣值比主瓣值低 41dB，但它的主瓣宽度和 Hamming 窗函数一样大。

图 8-19 所示为 Hamming 窗 VI。

"X" 是实数向量对应 Hamming 窗(DBL)。X 是值为复数的输入序列对应 Hamming 窗(CDB)。

"加窗后的 X" 是指加窗后的输出信号。

"错误"返回 VI 的任何错误或警告。将错误连接至错误代码至错误簇转换 VI，可将错

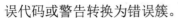

误代码或警告转换为错误簇。

假设 Y 代表输出序列加窗后的 X，该 Hamming 窗 VI 可依据下列等式得到 Y 的元素：

$$y_i = x_i[0.54 - 0.46\cos w]$$

其中，$w = 2\pi i/n$，$i = 0,1,2,\cdots,n-1$，n 是输入序列 X 中元素的个数。

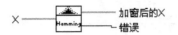

图 8-19　Hamming 窗 VI

频域图中将显示不同类型窗函数的效果。不使用窗函数时，正弦波 2 将覆盖正弦波 1 的低幅值部分。使用 Hanning 窗(窗 2)，可检测到较小的信号。

窗函数的运行结果和程序框图分别如图 8-20 和图 8-21 所示。

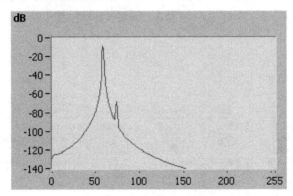

图 8-20　窗函数运行结果

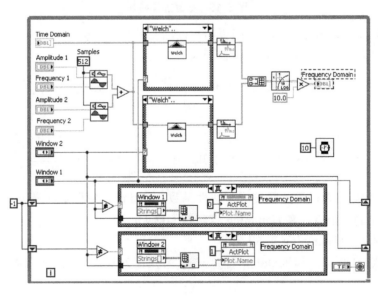

图 8-21　窗函数程序框图

8.1.5　频谱分析

频谱分析模块如图 8-22 所示。

图 8-22　频谱分析模块

下面以功率及频率估计 VI(图 8-23)为例说明频谱分析模块的用法。功率及频率估计 VI 用来计算时域信号在功率谱中的峰值频率附近的估计功率和估计频率。

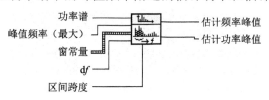

图 8-23　功率及频率估计 VI

"功率谱"是指时域信号的功率谱，功率谱是自功率谱 VI 的输出。

"峰值频率(最大)"是指峰值的频率，用于估计其附近的频率和功率，通常以 Hz 为单位，默认值为-1。如果没有连接该线，VI 自动搜索最大峰值。

"窗常量"指定窗的属性常量。窗常量通常为时域缩放窗 VI 的输出，默认值为矩形窗(无窗)的默认值。

"df"是指功率谱的频率间隔，默认值为 1.0。

"区间跨度"是指峰值频率和功率估计中位于峰值附近的频率线数，默认值为 7，表示在峰值频率线前的 3 条频率线、峰值频率线本身，以及峰值频率线后的 3 条频率线的功率都包含在估计中。

"估计频率峰值"是指输入功率谱中峰值的估计频率。估计频率峰值的计算方式为

$$估计频率 = \frac{\sum(功率谱(j) \cdot (j \cdot \mathrm{d}f))}{\sum(功率谱(j))}$$

其中，$j=i-$区间跨度$/2,\dots i+$区间跨度$/2$；i 是峰值索引，功率谱(j)是区间 j 中的功率，df 是频率区间宽度。

"估计功率峰值"是指输入功率谱中峰值的估计功率。估计功率峰值的计算方式为

$$估计功率 = \frac{\sum(功率谱(j))}{\mathrm{ENBW}}$$

其中，$j=i-$区间跨度$/2,\dots i+$区间跨度$/2$；i 是峰值索引，功率谱(j)是区间 j 中的功率，ENBW 是窗的等效噪声带宽。

【例 8-5】图 8-24 和图 8-25 是功率及频率估计 VI 设计实例。通过该功率及频率估计 VI，可较准确地估算位于频率谱上频率线之间的频率。输入信号频率为 12.7Hz，幅值为 1，

相位为 0，窗类型为 Hanning，窗参数为 NaN，区间跨度为 7。当频率峰值为 13 时，计算得到的频率峰值和功率峰值分别为 12.7072、0.4976；当频率峰值 21 时，计算得到的频率峰值和功率峰值分别为 21.4977、0.3506。运行结果见图 8-24 中的时域信号和功率谱曲线，功率谱曲线中白色为功率谱，"×"为理论无噪声峰值，"■"为峰值估计。

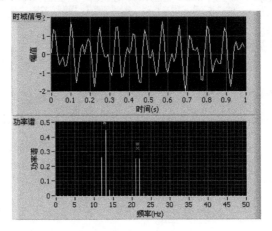

图 8-24 功率及频率估计前面板

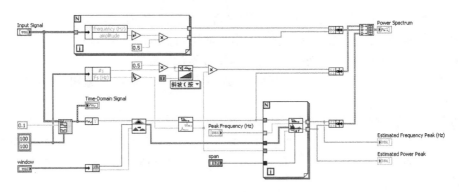

图 8-25 功率及频率估计程序框图

8.1.6 信号运算

图 8-26 是信号运算模块。

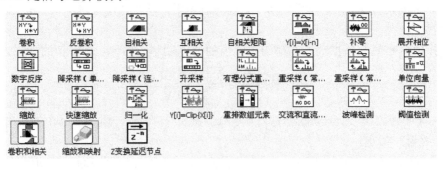

图 8-26 信号运算

下面以降采样(连续)VI 为例说明信号运算模块的用法。降采样(连续)VI 通过降采样因子和平均布尔控件，对输入序列 X 进行连续的降采样。

降采样(连续)VI 如图 8-27 所示，其中：

"重置"是用来控制降采样的初始化，默认值为 FALSE。如重置为 TRUE 或 VI 第一次运行，LabVIEW 将通过起始索引指定的采样 X 初始化降采样。

"X"是指第一个输入序列对应的降采样(连续，DBL)。

"降采样因子"是指 VI 用于对输入序列 X 进行降采样的因子。降采样因子必须大于 0，默认值为 1。

"平均"是用来指定 VI 处理 X 中数据点的方法，默认为 FALSE。若"平均"的值为FALSE，则 VI 可保持 X 中的每个降采样因子点。若"平均"的值为 TRUE，则降采样数组中的每个点是降采样因子输入点的均值。

"错误输入(无错误)"是指节点运行前发生的错误。

"起始索引"是确定 LabVIEW 第一次调用 VI 或重置的值为 TRUE 时，从 X 中的哪个采样开始降采样。默认值为 0，起始索引必须大于等于 0。

"降采样数组"返回 X 的降采样序列。

"错误输出"包含错误信息，该输出将提供标准错误输出功能。

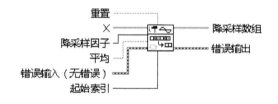

图 8-27　降采样(连续)VI

【例 8-6】以降采样(连续)VI 为例，如图 8-28 和图 8-29 所示，如果 Y 表示输出序列降采样数组，"平均"为 FALSE，该 VI 依据下列等式得到 Y 序列的元素：

$$y_i = x_i \cdot m + s, i = 0, 1, 2, \cdots, \left\lceil \frac{n-s}{m} \right\rceil - 1$$

如果"平均"为 TRUE，该 VI 依据下列等式得到 Y 序列的元素：

$$y_i = \frac{1}{m} \sum_{k=0}^{m-1} x_i \cdot m + s + k, i = 0, 1, 2, \cdots, \left\lfloor \frac{n-s}{m} \right\rfloor - 1$$

其中，n 是 X 中元素的个数，m 是降采样因子，s 是起始索引，$\left\lceil \dfrac{n-s}{m} \right\rceil$ 是大于等于 $\dfrac{n-s}{m}$ 的最小整数，$\left\lfloor \dfrac{n-s}{m} \right\rfloor$ 是小于等于 $\dfrac{n-s}{m}$ 的最大整数。

图 8-28 是使用降采样 VI 处理由较小数据块组成的大型数据序列得到的结果，降采样因子为 8，白色包络曲线是原始波形，内部直线为降采样后的样本。

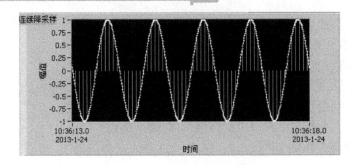

图 8-28　降采样 VI 运行结果

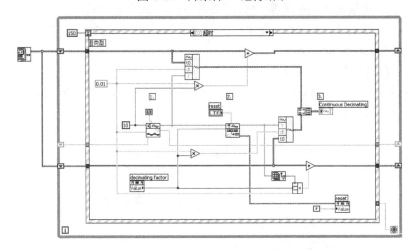

图 8-29　降采样 VI 程序框图

8.2　文件操作

完成数据采集以后，很多时候需要将采集到的大量数据保存在一种文件中，以便于将来进行分析、处理。根据采集和创建的数据及访问这些数据的应用程序来决定使用哪种格式的文件。熟悉常用的文件 I/O VI 和函数，将有助于程序开发人员灵活、有效地完成数据写入和读取任务。

8.2.1　LabVIEW 可读写的文件格式

常用的 LabVIEW 可读写的文件格式有文本文件、二进制文件和数据记录文件 3 种。

这 3 种文件格式的使用场合可以参考下面的标准：

(1) 文本文件：使用最常见并且便于存取和共享的文件格式。应用于在其他应用程序(如文字处理或 Microsoft Excel)中需要访问这些数据的场合。

(2) 二进制文件：二进制文件在磁盘空间利用和读取速度上要优于文本文件。应用于随机读写文件或读取速度及磁盘空间有限的场合。

(3) 数据记录文件：仅从 LabVIEW 访问数据，而且存储复杂数据结构。应用于在

LabVIEW 中处理复杂的数据记录或不同的数据类型的场合。

8.2.2　文件 I/O VI 和函数

文件 I/O VI 和函数用于打开和关闭文件、读写文件、在路径控件中创建指定的目录和文件，以及将字符串、数字、数组和簇写入文件等。

文件 I/O 选板上的 VI 和函数如图 8-30 所示，可执行常用及其他类型的 I/O 操作。使用这些 VI 和函数可读写各种数据类型的数据，如文本文件的字符或行、电子表格文本文件的数值、二进制文件数据等。文件 I/O 选板上的部分 VI 和函数及其说明如下：

(1) 创建路径：在现有路径后添加名称(或相对路径)，创建新路径。

(2) 打开/创建/替换文件：通过程序或使用文件对话框交互式打开现有文件，创建新文件或替换现有文件。

(3) 读取电子表格文件：在数值文本文件中从指定字符偏移量开始读取指定数量的行或列，并使数据转换为双精度的二维数组，数组元素可以是数字、字符串或整数。

(4) 读取二进制文件：从文件中读取二进制数据，在数据中返回。读取数据的方式由指定文件的格式确定。

(5) 读取文本文件：从字节流文件中读取指定数目的字符或行。

(6) 关闭文件：关闭引用句柄指定的打开文件，并返回至引用句柄相关文件的路径。

(7) 写入电子表格文件：使字符串、带符号整数或双精度数的二维或一维数组转换为文本字符串，写入字符串至新的字节流文件或添加字符串至现有文件。通过连线数据至二维数据或一维数据输入端可确定要使用的多态实例，也可手动选择实例。

(8) 写入二进制文件：写入二进制数据至新文件，添加数据至现有文件，或替换文件的内容。

(9) 写入文本文件：使字符串或字符串数组按行写入文件。

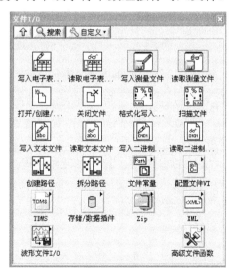

图 8-30　文件 I/O 选板上的 VI 和函数

高级文件函数选板如图 8-31 所示,用于完成文件、目录和路径的相关操作,包括可对各文件 I/O 操作进行单独控制的函数。这些函数可用于创建或打开文件、读写文件数据及关闭文件;也可用于创建目录,移动、复制或删除文件,列出目录内容,改变文件属性及路径操作等。

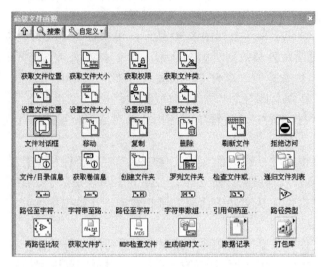

图 8-31　高级文件函数选板上的 VI 和函数

下面对几个常用的文件 I/O VI 和函数进行简单的说明。

1. 打开/创建/替换文件 I/O 函数

该函数如图 8-32 所示,经常与写入文件或读取文件函数配合使用。使用关闭文件函数可关闭文件的引用。

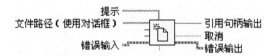

图 8-32　打开/创建/替换文件 I/O 函数

"提示"包括显示在文件对话框的文件、目录列表或文件夹上方的信息。

"文件路径(使用对话框)"是指文件的绝对路径。若没有连线文件路径(使用对话框),函数将显示用于选择文件的对话框。

"引用句柄输出"可打开文件的引用号。若文件无法打开,则值为非法引用句柄。

"取消",若取消文件对话框或未在建议对话框中选择替换,则值为 TRUE。

"错误输入(无错误)"表明节点运行前发生的错误。

"错误输出"包含错误信息。

2. 关闭文件 I/O 函数

该函数如图 8-33 所示,作用是关闭引用句柄指定的打开文件,并返回至引用句柄相关文件的路径。该函数中错误 I/O 的运行方式与常见方式不同,无论前面的操作是否产生错误，函数都会关闭文件。确保文件被正常关闭。

"引用句柄"：是指与要关闭的文件关联的文件引用句柄。

"路径"是指引用句柄的对应路径。

图 8-33　关闭文件 I/O 函数

3. 格式化写入文件 I/O 函数

该函数如图 8-34 所示，作用是使字符串、数值、路径或布尔数据格式化为文本并写入文件。若连线文件引用句柄至文件输入端，则写入操作从当前文件位置开始。

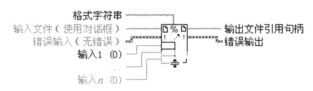

图 8-34　格式化写入文件 I/O 函数

"格式字符串"指定如何转换输入参数。默认状态可匹配输入参数的数据类型。

"输入文件"可以是引用句柄或绝对文件路径。默认状态可显示文件对话框并提示用户选择文件。

"输入 1…n"指定要转换的输入参数。输入可以是字符串路径、枚举型、时间标识或任意数值数据类型。函数不能用于数组和簇。

"输出文件引用句柄"是指 VI 读取的文件的引用句柄。

4. 扫描文件 I/O 函数

扫描文件 I/O 函数如图 8-35 所示。

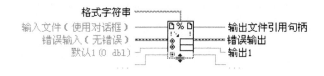

图 8-35　扫描文件 I/O 函数

"格式字符串"指定如何使输入字符串转换为输出参数。默认状态下，依据输出连线的数据类型的默认设置搜索字符串。

"输入文件"可以是引用句柄或绝对文件路径。默认状态可显示文件对话框并提示用户选择文件。

"默认 1…n"指定输出参数的类型和默认值。函数无法从格式字符串扫描到输入值时可使用默认值。

"输出文件引用句柄"是指 VI 读取的文件的引用句柄。

"输出 1…n"指定输出参数。输出可以是字符串、路径、枚举型、时间标识或任意数值数据类型。如扫描字符串不适合指定的数值数据类型,函数可返回适合该数据类型的最大值。函数不能用于数组和簇。

8.2.3 文本文件

如果磁盘空间、文件 I/O 操作速度和数字精度不是主要考虑因素,或无须进行随机读写,应当使用文本文件来存储数据,以便于其他用户和应用程序读取文件。文本文件几乎适用于任何计算机。许多基于文本的程序可读取基于文本的文件。

将数据存储在文本文件中,需要使用字符串函数将数据转换为文本字符串。如果数据本身不是文本格式(如图形或图表数据),由于数据的 ASCII 码表示通常要比数据本身大,因此文本文件要比二进制和数据记录文件占用更多内存。

1. 写入文本文件函数

函数如图 8-36 所示。

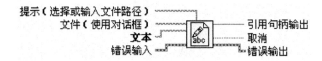

图 8-36　写入文本文件函数

"提示(选择或输入文件路径)"显示在文件对话框的文件、目录列表或文件夹上方的信息。

"文件(使用对话框)"可以是引用句柄或绝对文件路径。如连接该路径至文件输入端,函数先打开或创建文件,然后将内容写入文件并替换任何先前文件的内容。默认状态将显示文件对话框并提示用户选择文件。如指定空路径或相对路径,函数将返回错误。

"文本"是指函数写入文件的数据。文本可以是字符串和字符串数组。

"引用句柄输出"是指函数读取的文件的引用句柄。如文件被文件路径引用或通过文件对话框被选定,默认状态下将关闭文件。若文件是引用句柄或连线引用句柄输出至其他函数,则 LabVIEW 认为文件仍在使用,直至它被关闭。

"取消",若取消文件对话框则值为 TRUE;否则,即使函数返回错误,取消的值仍为 FALSE。

【例 8-7】写入文本文件的过程如图 8-37 所示。

(1) 在前面板窗口上添加一个字符串控件。

(2) 在字符串控件中输入要写入文本文件的字符串(本次写入的内容是:This is a test!)。

(3) 在程序框图上放置写入文本文件函数。

(4) 将一个绝对路径(C:\test.txt)连接到写入文本文件函数的文件(使用对话框)。

(5) 将字符串显示控件连接到写入文本文件函数的文本输出端。

(6) 运行 VI。该 VI 将前面板字符串控件中的文本写入文件(使用对话框)输入端所指定的文件。

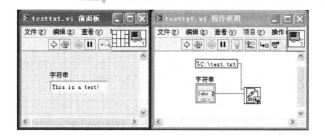

图 8-37　写入文本文件的前面板和程序框图

运行 VI 后，程序就将数据"This is a test!"写入在 C 盘根目录下的文本文件 test.txt 中，以后可读取该文件数据。文件所在位置如图 8-38 所示。

图 8-38　文件保存位置

打开如图 8-38 所示的文本文件 test.txt，结果如图 8-39 所示。

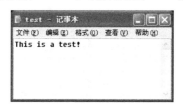

图 8-39　文本文件 test.txt 里的内容

2．读取文本文件函数

函数如图 8-40 所示。

图 8-40　读取文本文件函数

"对话框窗口(打开现有文件)"显示在文件对话框的文件、目录列表或文件夹上方的信息。

"文件(使用对话框)"可以是引用句柄或绝对文件路径。默认状态将显示文件对话框并提示用户选择文件。

"计数"是指函数读取的字符数或行数的最大值。如提前到达文件结尾，函数实际读取的字符数和行数小于最大值。若计数小于 0，则函数可读取整个文件。若勾选快捷菜单上的读取行，则只读取一行；若取消勾选该菜单项，则读取整个文件。

"引用句柄输出"是指函数读取的文件的引用句柄。若文件被文件路径引用或通过文件对话框被选定，则默认状态下将关闭文件。若文件是引用句柄或连线引用句柄输出至其他函数，则 LabVIEW 认为文件仍在使用，直至它被关闭。

"文本"是指从文件读取的文本。默认状态下，该字符串中包含从文件第一行读取的字符。若连线计数接线端，则参数为字符串数组，包含从文件读取的行。若右击函数并取消勾选快捷菜单的读取行，则参数为字符串，其中包含从文件读取的字符。

"取消"，若取消文件对话框则值为 TRUE；否则，即使函数返回错误，取消的值仍为FALSE。

【例 8-8】从文本文件中读取字符或字符串的过程如图 8-41 所示。

(1) 在前面板上添加一个字符串显示控件。

(2) 在程序框图上放置读取文本文件函数。

(3) 右击读取文本文件函数的文件输入端，在弹出的快捷菜单中选择"创建"和"常量"命令，将要读取文件的绝对路径(C:\test.txt)输入常量中。

(4) 将读取文本文件函数的文本输出端连接至字符串显示控件。

(5) 运行 VI。VI 读取由路径常量所指定文件的文本"This is a test!"并显示在前面板上的字符串显示控件中。

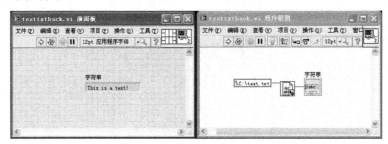

图 8-41　读取文本文件的前面板和程序框图

8.2.4　二进制文件

将数值数据保存在文本文件中，可能会影响数值精度。计算机将数值保存为二进制数据，而通常情况下数值以十进制的形式写入文本文件。因此将数据写入文本文件时，可能会丢失数据精度。但是在二进制文件中并不存在这种问题。

1．写入二进制文件函数

函数如图 8-42 所示。

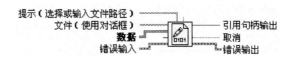

图 8-42　写入二进制文件函数

"提示(选择或输入文件路径)"显示在文件对话框的文件、目录列表或文件夹上方的信息。

"文件(使用对话框)"可以是引用句柄或绝对文件路径。如连接该路径至文件(使用对话框)输入端,函数先打开或创建文件,然后将内容写入文件并替换任何先前文件的内容。

"数据"包含要写入文件的数据,可以是任意的数据类型。

"引用句柄输出"是指函数读取的文件的引用句柄。如文件被文件路径引用或通过文件对话框被选定,默认状态下将关闭文件。若文件是引用句柄或连线引用句柄输出至其他函数,则 LabVIEW 认为文件仍在使用,直至它被关闭。

"取消",若取消文件对话框则值为 TRUE;否则,即使函数返回错误,取消的值仍为 FALSE。

【例 8-9】写入二进制文件的过程如图 8-44 所示。

(1) 选择"函数"选板中的"Express""输入",将"文件对话框"控件放在程序框图上,系统自动打开配置文件对话框,如图 8-43 所示。选择保存文件的模式后单击"确定"按钮。

(2) 打开新文件,并设置为可写。生成 2000 个代表正弦波的采样数据数组。

(3) 将数据写入文件。

(4) 关闭文件,检查错误。

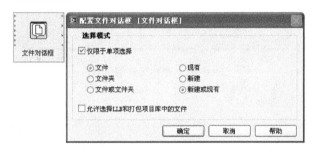

图 8-43　配置文件对话框

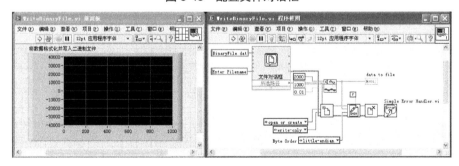

图 8-44　写入二进制文件的前面板和程序框图

运行程序以后,系统自动弹出保存文件的对话框,需要修改保存文件的名称(不修改的话,就使用默认的文件名保存文件),如图 8-45 所示。保存以后的文件位置如图 8-46 所示。

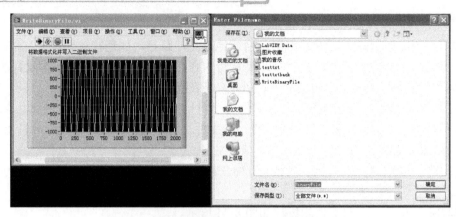

图 8-45 修改保存文件的名称

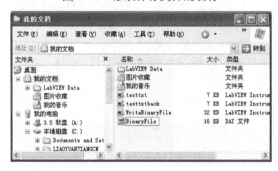

图 8-46 保存文件的位置

2. 读取二进制文件函数

函数如图 8-47 所示。

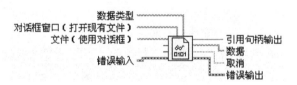

图 8-47 读取二进制文件函数

"数据类型"设置函数用于读取二进制文件的数据类型。函数把从当前文件位置开始的数据字符串作为数据类型的总个数实例。

"对话框窗口(打开现有文件)"显示在文件对话框的文件、目录列表或文件夹上方的信息。

"文件(使用对话框)"可以是引用句柄或绝对文件路径。如果是路径,函数将打开路径指定的文件。默认状态将显示文件对话框并提示用户选择文件。

"引用句柄输出"是指函数读取的文件的引用句柄。如文件被文件路径引用或通过文件对话框被选定,默认状态下将关闭文件。若文件是引用句柄或连线引用句柄输出至其他函数,则 LabVIEW 认为文件仍在使用,直至它被关闭。

"数据"包含从指定数据类型的文件中读取的数据。依据读取的数据类型和总数的设置,可由字符串、数组、数组簇或簇数组构成。

"取消",如取消文件对话框则值为 TRUE;否则,即使函数返回错误,取消的值仍为 FALSE。

【例 8-10】读取二进制文件的过程如图 8-48 所示。

(1) 选择要读取和打开的文件,如图 8-49 所示。

(2) 文件大小就是读取文件的字节数(字节)除以数据大小。

(3) 字节流类型节点与预期数据的类型一致。

(4) 关闭文件、图形数据,检查错误。读取并打开文件以后,在前面板上显示的图形和数据如图 8-50 所示。

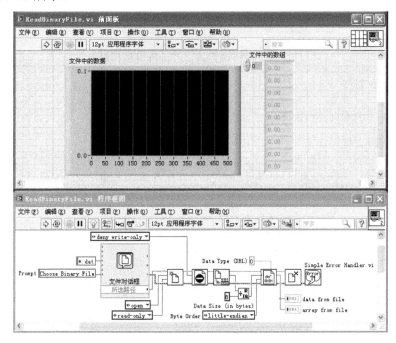

图 8-48 读取二进制文件的前面板和程序框图

图 8-49 选择要读取和打开的文件

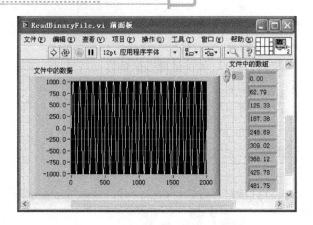

图 8-50　读取和打开文件之后的前面板

8.2.5　电子表格文件

1. 写入电子表格文件函数

函数如图 8-51 所示。

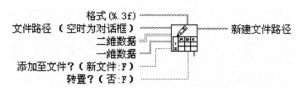

图 8-51　写入电子表格文件函数

"格式(%.3f)"指定如何使数字转化为字符。如格式为%.3f(默认)，VI 可创建包含数字的字符串，小数点后有 3 位数字。

"文件路径(空时为对话框)"表示文件的路径名。若文件路径为空(默认值)或为<非法路径>，则 VI 可显示用于选择文件的文件对话框。若在对话框内选择取消，则可发生错误。

"二维数据"，未连线一维数据或为空时包含 VI 写入文件的数据。

"一维数据"，其输入值非空时包含 VI 写入文件的数据。VI 在开始运算前可使一维数组转换为二维数组。

"添加至文件？(新文件：F)"，若值为 TRUE，VI 可把数据添加至已有文件。如添加至文件的值为 FALSE(默认)，VI 可替换已有文件中的数据。如不存在已有文件，VI 可创建新文件。

"转置？(否：F)"，若值为 TRUE，VI 可在使字符串转换为数据后对其进行转置，默认值为 FALSE。

"新建文件路径"返回文件的路径。

2. 读取电子表格文件函数

函数如图 8-52 所示。

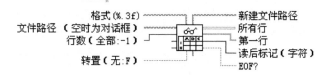

图 8-52　读取电子表格文件函数

"格式(%.3f)"指定如何使数字转化为字符。如格式为%.3f(默认)，VI 可创建包含数字的字符串，小数点后有 3 位数字。

"文件路径(空时为对话框)"表示文件的路径名。若文件路径为空(默认值)或为<非法路径>，则 VI 可显示用于选择文件的文件对话框。若在对话框内选择取消，则可发生错误。

"行数(全部：−1)"是指 VI 读取行数的最大值。对于该 VI，行是由字符组成的字符串并以回车、换行或回车加换行结尾，以文件结尾终止的字符串，或字符数量为每行输入字符最大数量的字符串。若行数小于 0，则 VI 可读取整个文件。默认值为−1。

"转置(无：F)"，若值为 TRUE，VI 可在使字符串转换为数据后对其进行转置，默认值为 FALSE。

"新建文件路径"返回文件的路径。

"所有行"是指从文件读取的数据。

"第一行"是指所有行数组中的第一行。可使用该输入使一行数据读入一维数组。

"读后标记(字符)"是指数据读取完毕时文件标记的位置。标记指向文件中最后读取的字符之后的字符(字节)。

"EOF？"，若需读取的内容超出文件结尾，则值为 TRUE。

8.2.6　数据记录文件

1. 写入数据记录文件函数

函数如图 8-53 所示。

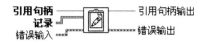

图 8-53　写入数据记录文件函数

"引用句柄"是指与要写入的文件关联的文件引用句柄。

"记录"包含要写入数据记录文件的数据记录。记录必须是匹配记录类型(打开或创建文件时指定)的数据类型，或者是该记录类型的数组。在前一种情况下，函数将记录作为单个记录写入数据记录文件。如需要，函数可将数值数据强制转换为该参数的记录类型表示法。在后一种情况下，函数将把数组中的每条记录分别写入按行排序的数据记录文件。

"引用句柄输出"返回引用句柄。

2. 读取数据记录文件函数

函数如图 8-54 所示。

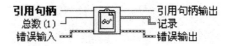

图 8-54 读取数据记录文件函数

"引用句柄"是指与要读取的文件关联的文件引用句柄。

"总数(1)"是指要读取的数据记录的数量。函数将在记录中返回总数数据元素，如到达文件结尾，则返回已经读取的全部完整的数据元素和文件结尾错误。默认状态下，函数将返回单个数据元素。若总数为-1，则函数将读取整个文件；若总数小于-1，则函数将返回错误。

"引用句柄输出"返回引用句柄。

"记录"包含从文件读取的数据记录。

本章小结

本章首先论述了信号处理 VI 的使用方法，包括信号与波形生成、波形调理、数字滤波、数据加窗及频谱分析几个部分。对于其算法原理并没有详细阐述，而重在其应用方法。随后介绍了 LabVIEW 可读写的文件格式及其使用场合、相关的 VI 和函数，以及文本文件、二进制文件等的写入和读取等内容，并对文本文件、二进制文件等的写入和读取过程进行了举例说明。

阅读材料

信号处理器 DSP 技术的发展

DSP(Digital Signal Processor)就是数字信号处理器，是一种特别适合于进行数字信号处理运算的微处理器，其主要应用是实时快速地实现各种数字信号处理、运算控制算法。DSP 作为一种功能强大的特种微处理器，主要应用在数据、语音、视像信号的高速数学运算和实时处理方面，可以说 DSP 将在未来通信领域中起到举足轻重的作用。

20 世纪 60 年代以来，随着计算机和信息技术的飞速发展，数字信号处理技术应运而生并得到迅速的发展。在近 20 年里，DSP 芯片在信号处理、通信、多媒体、工业控制等许多领域得到广泛的应用。目前，DSP 芯片的价格越来越低，性能价格比日益提高，具有巨大的应用潜力。它的应用领域主要有以下几方面。

(1) 信号处理，如数字滤波、快速傅里叶变换、相关运算、谱分析、卷积、模式匹配、加窗、波形产生等。

(2) 通信，如调制解调器、自适应均衡、数据加密、数据压缩、回波抵消、多路复用、传真、扩频通信、纠错编码、可视电话等。

(3) 语音处理，如语音编码、语音合成、语音识别、语音增强、说话人辨认、说话人确认、语音邮件、语音存储等。

(4) 图形/图像，如二维和三维图形处理、图像压缩与传输、图像增强、动画/数字地图、模式识别、机器人视觉等。

(5) 军事，如保密通信、雷达处理、声呐处理、导航、制导等。

(6) 仪器仪表，如频谱分析、函数发生器、数字示波器、逻辑分析仪、锁相环、地震信号处理、医疗仪器等。

(7) 消费类产品，如 MP3、CD 机、高保真音响、音乐合成、音调控制、玩具与游戏、数字电话/电视。

(8) 汽车电子，如自动行驶控制、防滑控制、发动机控制等。

(9) 自动控制，如运动控制系统、电动机驱动器、机器人控制、磁盘控制、磁/静电悬浮轴承、高速数据采集与处理系统等。

DSP 利用计算机或专用处理设备，以数字形式对信号进行采集、变换、滤波、估值、增强、压缩、识别等处理，以得到符合用户需要的信号形式。

在这之后，最成功的 DSP 芯片当数美国德州仪器公司(Texas Instruments，TI)的一系列产品。TI 公司在 1982 年成功推出其第一代 DSP 芯片 TMS32010 及其系列产品 TMS32011、TMS320C10/C14/C15/C16/C17 等，之后相继推出了第二代 DSP 芯片 TMS32020、TMS320C25/C26/C28，第三代 DSP 芯片 TMS320C30/C31/C32，第四代 DSP 芯片 TMS320C40/C44，第五代 DSP 芯片 TMS320C5X/C54X，第二代 DSP 芯片的改进型 TMS320C2XX，集多片 DSP 芯片于一体的高性能 DSP 芯片 TMS320C8X 及目前速度最快的第六代 DSP 芯片 TMS320C62X/C67X 等。TI 公司将常用的 DSP 芯片归纳为三大系列，即 TMS320C2000 系列、TMS320C5000 系列、TMS320C6000 系列。

如今，TI 公司的一系列 DSP 芯片已经成为当今世界上最有影响的 DSP 产品。TI 公司也成为世界上最大的 DSP 芯片供应商，其 DSP 市场在全世界所占份额将近 50%。中国 DSP 市场也增长迅速，在 DSP 应用方面中国一直保持着与国际上 DSP 技术同步的态势，以后必将得到广泛的应用。

习　　题

一、简答题

1．Hamming 窗函数的特点是什么？

2．为什么需要对信号进行调理操作？

3．简述降采样 VI 的原理及作用。

4．文本文件、二进制文件和数据记录文件这 3 种文件格式的使用场合有什么差别？

二、操作题

1．采用 Hamming 窗函数实现波形重采样。

2．实现两个信号的反卷积信号运算。

3．实现电子表格文件的写入和读取程序。

第**9**章

数据采集方法及应用

学习目标

> 了解数据采集的基本知识。
> 了解信号的分类。
> 掌握 MAX 的使用方法。
> 掌握数据采集的几种方式。

本章知识结构

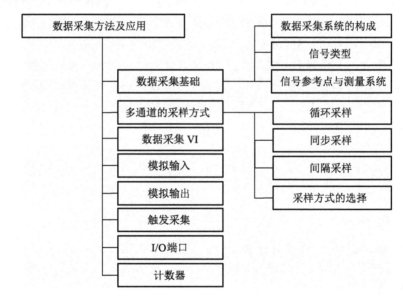

![导入案例]导入案例

案例：某油田监控系统方案设计与实施

应用背景：一些早期开采的油井，抽油机长年累月工作，生产效率日益下滑，在此情况下，迫切需要掌握抽油机的实际工作状态，对于一些效率很低的设备进行校正改良、挖潜；对于一些正常运行的设备，利用监控系统确保设备连续正常运行。国内某油田地处美丽富饶的平原，经过40多年的开发建设，油田已发展成为中国南方重要的油气勘探开发基地、工程技术服务基地和石油机械装备制造基地，盐卤化工、科研设计、辅助生产服务也具有一定的规模和实力。采油厂的抽油机布局分散，日常巡检周期长，可靠性差，耗费人力物力。可在各个作业区部署无线宽带，在抽油机上部署数据采集传感器，在作业区周边部署视频监控终端，利用该无线监控网络，实现对作业区内的抽油机、输油泵房的数据监控、视频监控，从而实现对整个采油厂作业区的信息化管理。

技术方案：解决这些需求最好的办法就是部署一套数据监控和视频监控系统。在此数据、视频监控系统中，有无线接入终端、无线回传基站、监控中心平台等。无线接入终端实现对数据采集信号、视频监控信号的接入，通过高带宽、高可靠性的无线回传基站将多路监控信号回传至监控中心，在监控中心点实现对整个作业区抽油机设备的监控管理。高带宽、高可靠性的无线网络回传。利用无线网桥的多跳功能实现点对多点网络拓扑结构，实现数据监控和视频监控的远距离无线传输。

难点分析：采用 GBCOM 无线接入终端和无线回传基站构建高带宽、高可靠性的远距离无线网络，在此无线网络覆盖范围内实现众多信号采集器、视频监控摄像头的数据传输、监控等。如图9-1~图9-3所示，在某抽油机的井场附近部署数据监控采集器、无线视频监控基站。

图9-1　某抽油机的井场附近部署数据监控采集器、无线视频监控基站

图9-2　某抽油机井口部署的数据监控传感器

图 9-3　某输油泵部署数据监控传感器

方案特点：采用 GBCOM 高带宽、高性能无线 Mesh 路由器实现远距离无线跳接。该无线网络稳定性好，可有效避免同频干扰，利用该无线高带宽的优势，可将数据监控信号和视频监控信号同步传输，在监控中心实现稳定的数据监控示功图和视频监控图像传输，并且提供点对多点网络拓扑，同时支持终端接入和中继功能。

实施效果：在油田某采油厂顺利实施，实现了作业区内众多抽油机的信息化管理，显著提高了采油机器的工作效率，达到了节能增效的目的，得到了客户的一致好评。

9.1　数据采集基础

数据采集(Data Acquisition，DAQ)是指从传感器和其他待测设备等模拟或数字被测单元中自动采集信息的过程。也就是模拟量(模拟信号)采集转换成数字量(数字信号)后，再由计算机进行存储、处理、显示或输出的过程。用于数据采集的成套设备称为数据采集系统(Data Acquisition System，DAS)，数据采集系统是结合基于计算机的测量软硬件产品来实现灵活的、用户自定义的测量系统。

测量的最终目的是获取被测对象(外部世界、现场)的各种信息，这种信息的一般表现形式为各种参量(物理量、化学量、生物量等)的大小及其随时间变化的特性，即被测信号$x(t)$。在测量一个实际的物理信号时，必须用传感器或转换器件把非电信号(如温度、压力等)转换为电信号 $e(t)$(如电压、电流、频率、阻抗等)。电信号 $e(t)$一般都是随时间连续变化的模拟信号。

9.1.1　数据采集系统的构成

计算机是数据采集系统的核心，它对整个系统进行控制，并对采集的数据进行加工和处理。数据采集系统包括硬件和软件两大部分，硬件部分又可分为模拟部分和数字部分，基于 PC 的数据采集系统包含以下基本要素：

(1) PC。

(2) 传感器。

(3) 信号调理设备。

（4）DAQ 设备。

（5）数据处理及驱动程序等软件。

图 9-4 是典型的基于 PC 的数据采集系统硬件基本组成示意图。

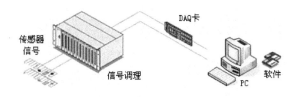

图 9-4　数据采集系统硬件基本构成

一个完整的数据采集系统包括传感器或变换器、信号调理设备、数据采集和分析硬件、计算机、驱动程序和应用软件等。

传感器的作用是把非电量的物理量转变成模拟电量。例如，使用热电偶能获得随温度变化的毫伏级别的电压信号，转速传感器能将转速转换成电脉冲。

从传感器得到的信号可能会很微弱，或者含有大量噪声，或者是非线性的等，这种信号在进入采集卡之前必须经过信号调理。信号调理的方法主要包括放大、衰减、隔离、多路复用、滤波、激励和数字信号调理等。

通过信号调理后的信号就可以与数据采集设备连接了。通常情况下数据采集设备是一个数据采集卡，其与计算机的连接可以有多种方式。NI 的数据采集设备支持的总线类型包括 PCI、PCI Express、PXI、PCMCIA、USB、CompactFlash、Ethernet 及相线等各种总线。一个典型的数据采集卡的功能包括模拟输入/输出、数字输入/输出、触发采集和定时 I/O 等。

软件使 PC 与数据采集硬件形成了一个完整的数据采集、分析和显示系统。软件分为驱动程序和上层应用程序，驱动程序可以直接对数据采集硬件的寄存器编程，管理数据采集硬件的操作并把它和处理器中断、DMA 和内存这样的计算机资源结合在一起。驱动程序隐藏了复杂的硬件底层编程细节，为用户提供容易理解的接口。一般来说，硬件厂商在卖出硬件的同时也会提供相应的硬件驱动程序。上层应用程序用来完成数据的分析、存储和显示等。以图形化编程著称的 LabVIEW 程序(也称 G 语言)就是 NI 公司推出的一个极佳的开发上层应用程序的开发平台。

9.1.2　信号类型

在现实生活中，经常要对客观存在的物体或物理过程进行观测，这些客观存在的事物包含着大量标志本身所处的时间、空间特征的数据和"情报"，这就是该事物的"信息"。人们为了特定的目的，从浩如烟海的信息中把所需要部分取出来，以达到了解事物某一本质问题的目的，所需了解的那部分信息以各种技术手段表达出来，供人们观测与分析，这种对信息的表达形式称之为"信号"。信号是某一特定信息的载体。根据信号运载信息方式的不同，可以将信号可以分为数字信号和模拟信号。

1. 数字信号

数字信号分为开关信号和脉冲信号。开关信号运载的信息与信号的即时状态信息有关。开关信号的一个实例就是 TTL 信号的输出。一个 TTL 信号如果在 2.0～5.0V，就定义为逻辑高电平；而如果在 0～0.8V，就定义为低电平。

脉冲信号由一系列的状态变化组成，包含在其中的信息由状态转化数目、转换速率、一个或多个转换间隔的时间来表示。安装在发动机主轴上的光学编码器的输出就是脉冲信号。有些装置需要数字输入，例如，一个步进式电动机就需要一系列的数字脉冲作为输入来控制位置和速度。

2. 模拟信号

模拟信号主要包括模拟直流信号、模拟时域信号、模拟频域信号。

1) 模拟直流信号

模拟直流信号是静态的或者随时间变化非常缓慢的模拟信号。常见的直流信号有温度、流速、压力、应变等。由于模拟直流信号是静态或缓慢变化的，因此测量时更应注重于测量电平的精确度而并非测量的时间或速率。采集系统在采集模拟直流信号时，需要有足够的精度从而能正确测量信号电压。

2) 模拟时域信号

模拟时域信号与其他信号不同，它所运载的信息不仅包含信号的电平，还包含电平随时间的变化。在测量一个时域信号(也称为波形)时，需要关注一些与波形形状相关的特性，如斜率、峰值、到达峰值的时刻和下降时刻等。

为了测量一个时域信号，必须有一个精确的时间序列，序列的时间间隔也应该合适，以保证信号的有用部分被采集到。并且在以一定的速率进行测量时，这个测量速率要能跟上波形的变化。用于测量时域的采集系统通常包括 A/D 转换器、采样时钟和触发器。A/D 转换器要具有高分辨率和高带宽，以保证采集数据的精度和高频率采样；精确的采样时钟用于以精确的时间间隔采样；而触发器使测量在恰当的时间开始。

3) 模拟频域信号

模拟频域信号与时域信号类似，该信号也随时间变化。然而，从频域信号中提取的信息是基于信号的频域内容，而不是波形的形状，也不是随时间变化的特性。

用于测量一个频域信号的系统必须有必要的分析功能，用于从信号中提取频域信息。为了实现这样的数字信号处理，可以使用应用软件或特殊的 DSP 硬件来实现。

上述几种信号并不是互相排斥的，一个特定的信号可能不只运载一种信息。我们可以用几种方式来定义和测量信号，用不同类型的系统来测量同一个信号，并从信号中提取需要的各种信息。

信号的获取方法和途径：作为采集系统，为了获取被测对象的信息，需要拾取原始参量信号，为此，首先要通过敏感元件、传感器将现场非电参量，如压力、温度、速度、位移等物理量转换成电量。

9.1.3 信号的参考点与测量系统

1. 信号参考点

接入数据采集设备的信号根据参考点的不同可以分为接地信号和浮动信号，如图 9-5 所示。

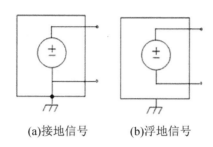

(a)接地信号　　　(b)浮地信号

图 9-5 接地信号与浮地信号

2. 信号的连接方式

对于差分(Differential，DIFF)、参考单端(Referenced Single-Ended，RSE)和非参考单端(Nonreferenced Single-Ended，NRSE)(这 3 种不同的信号连接方式，下面分别进行介绍：)

1) 差分测试系统

在差分测试系统中信号输入端正负极分别接入两个不同的模拟输入通道端口相连接，并通过多路模拟开关(MUX)分别连接到仪器放大器(Instrumentation Amplifier)的正负极上，所有的输入信号各自有自己的参考点。图 9-6 所示是一个单通道差分测试系统，其中仪表放大器通过多路开关进行通道的转换，最终测得的电压为 V_M。通常差分测试系统是一种较为理想的测试系统，因为它不仅抑制接地回路的感应误差，而且在一定程度上抑制了信号所获取的环境噪声，一般下面 3 种情况使用差分测试系统：

(1) 低电平信号(小于 1 V)。

(2) 信号电缆比较长或没有屏蔽，环境噪声较大。

(3) 任何一个输入信号要求单独的参考点。

仪器放大器输入端相对于仪器放大接地端之间的电压叫做共模电压，理想的差分测试系统只读取信号两极之间的势差，而完全不会测试共模电压。

2) 单端测试系统

尽管差分测试系统是一种比较理想的选择，但是因为占用两倍于单端测试系统的通道，所以在通道资源比较紧张及信号干扰比较小的情况下多采用单端测试系统。单端测试系统所有的信号都参考一个公共点即仪器放大器的负极，当输入信号符合以下条件时可使用单端测试系统：

(1) 高电平信号(通常大于 1V)。

(2) 比较短的(通常小于 5m)或有合适屏蔽的电缆，环境无噪声。

(3) 所有信号可以共享一个公共参考点。

单端测试系统分为参考地单端测试系统和非参考地单端测试系统。

(1) 参考地单端测试系统。参考地单端测试系统用于测试浮动信号，它把参考点与仪器模拟输入地连接起来。图 9-7 描述了的一个通道参考地单端测量系统，其中 AIGND 为系统地。

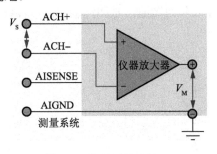

图 9-6　差分测量系统

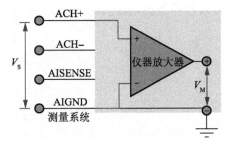

图 9-7　参考地单端测量系统

(2) 非参考地单端测试系统。非参考地单端测试系统用于测试接地信号。与参考地单端测试系统不同的是，因为所有输入信号都已经接地了，所以信号参考点不需要再接地了，图 9-8 是一个非参考地单端测试系统，其中被测信号的一端接模拟输入通道，另一端接公共参考端，但是这个参考端电压相对于测量系统的地来说是不断变化的，其中 AISENSE 是测量的公共参考端，AIGND 是系统地。

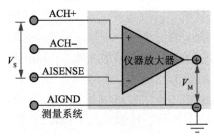

图 9-8　非参考地单端测试系统

选择了信号的连接方式以后，要查阅硬件手册确定具体的接线方法，即各通道信号正负极接线的针号及其他的要求等，并做好相应的设置。参考地单端测试系统的接地方式，由于接地点的电动势不同会引起接地误码差。

9.2　多通道的采样方式

通用数据采集卡一般都有多个模入通道(Channel)，但是大多数的数据采集卡并非每个通道配置一个 ADC(模数转换器)，而是各通道共用一个 ADC；在 ADC 之前一般有多路开关、仪器放大器和采样保持器(S/H)。通过采样保持和多路开关的切换，可以实现多通道的采样。

当对多通道进行采样时，在一次扫描(Scan)中，数据采集卡将对所有用到的通道进行一次采样，扫描速率(Scan Rate)是数据采集卡每秒进行扫描的次数。

多通道的采样方式有 3 种：循环采样、同步采样和间隔采样。

9.2.1　循环采样

当对多路信号进行采样时，如果多路开关以某一频率轮换将各个通道连入到 ADC 以获取信号，则这种采样方式叫作循环采样。图 9-9 是两通道循环采样示意图。其中，所有通道共用一个 S/H 和 ADC 设备。循环采样的缺点是，不能对多个通道进行同步采样。这是由于多路开关要在通道间进行切换，这种切换需要时间，于是就产生了不同通道采样时刻的延迟(以下简称通道延迟)。当通道延迟对所进行的信号分析不影响时，可以使用这种方式。

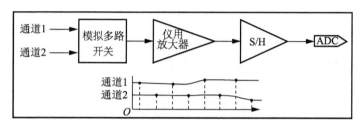

图 9-9　两通道循环采样示意图

9.2.2　同步采样

当通道间的时间关系很重要时，就需要用到同步采样方式。支持这种方式的数据采集卡的每个通道使用独立的放大器和采样保持电路，然后经过一个多路开关分别将不同的通道接入 ADC 进行转换。图 9-10 为两通道同步采样的示意图。还有一种数据采集卡，每人通道各有一个独立的 ADC，这种数据采集卡的同步性能更好，但是成本显然更高。

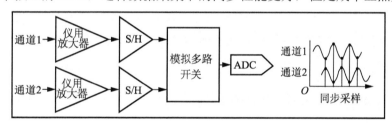

图 9-10　两通道同步采样示意图

9.2.3　间隔采样

为了解决同步采样所存在的问题，可采用间隔扫描方式。在这种方式下，采样频率(扫描)由一个专门的通道时钟(Channel Clock)来控制，通道时钟一般要比扫描时钟快，通道时钟速率越快，在每次扫描过程中相邻通道间的时间间隔就越小。通道间的间隔实际上由采集卡的最高采样速率决定，可能是微秒、甚至是纳秒级的，相对于缓慢变化的信号(如温度和压力等)一般可以忽略不计。此时，间隔采样的效果接近于同步扫描。图 9-11 为 10 通道间隔采样示意图，设置相邻通道间的扫描间隔为 5μs，则通道 1 和通道 10 扫描间隔是 45μs，而每两次扫描过程的间隔是 1s，远大于 45μs，故通道延迟可以忽略不计。对一般采集系统来说，间隔采样是性价比较高的采样方式。

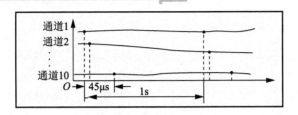

图 9-11　通道间隔采样示意图

9.2.4　采样方式的选择

应根据实际需要来确定使用哪种多通道采样方式。在大多数据情况下，间隔采样是比较好的一种选择，一般的采集卡也都提供这种采样方式；若要求信号准确同步，则需要考虑选用具有同步采样能力的采集卡；当对信号间的同步关系没有要求时，可以选用循环采样方式。

9.3　数据采集 VI

在进行数据采集前，必须正确安装了 DAQmx 驱动程序，而且安装成功，这样 LabVIEW 软件才能利用 MAX(测试与自动化资源管理器)进行硬件设备的连接，MAX 是 LabVIEW 软件与硬件设备联系的桥梁。在进行数据采集编程之前，需要用 MAX 对数据采集设备进行自检和校正等功能，以及各种数据量如 AI、AO、DI、DO 等的测试工作，一方面进行硬件设备正常与否的检测，另一方面，对硬件设备进行管理，如对设备号、接地方式、输入/输出范围等多项参数进行设置。进行数据采集编程时需要按照 MAX 设置好的参数进行相应的设置，这样，数据采集软件程序就能和硬件协同工作，顺利完成数据采集的任务。

下面介绍数据采集用到的几个概念：

物理通道：用于测量或发生信号的端口。

虚拟通道：指由一个名称、物理通道、I/O 端口连接方式、测量或发生的信号类型、标定信息等组成的设置集合。在 NI-DAQmx 中，虚拟通道被整合到每一次具体的测量中，可以使用 DAQ 助手来配置虚拟通道；也可以在应用程序中使用 DAQmx 函数来配置虚拟通道。

任务：带有定时、触发或其他属性的一个或多个虚拟通道的集合。任务是 NI-DAQmx 中的一个重要概念。一个任务表示用户想做的一次测量或一次信号发生。用户可以设置和保存一个任务里的所有配置信息，并且在应用程序中使用这个任务。在 NI-DAQmx 中，用户可以将虚拟通道作为任务的一部分或独立于任务来配置。在 LabVIEW 中，任务分为长期任务和临时任务两种。

局部通道：作为任务的一部分，在任务中创建的虚拟通道称为局部通道。

全局通道：独立于任务，在任务以外创建的虚拟通道称为全局通道。用户可以在 MAX 中或在自己的应用程序里创建全局通道，或在任何应用程序中使用全局通道，也可以将全局通道添加到多个不同的任务中。如果用户修改了一个全局通道，这个修改会在用户引用这个全局通道的所有任务中生效。大多数情况下，使用全局通道比使用局部通道更简便。

　　注意：LabVIEW 软件是与 DAQ 硬件驱动分别安装的，若没有安装成功相应的 DAQ 硬件驱动，则在程序框图内测量 I/O 中不会出现 DAQmx－数据采集项，另外应注意 LabVIEW 软件与相应的驱动程序匹配，一般而言，DAQ 驱动程序是向下兼容的，就是高版本可以兼容低版本的驱动，DAQ 驱动分为传统 NI-DAQ 和 NI-DAQmx 两种，传统的 DAQ 只支持 LabVIEW 8.6 及以下的版本，为了使 LV 的程序与硬件减少关联，特别是避免对硬件型号的过分依赖，使 LV 程序具有更好的通用性和可移植性，NI 公司在 LabVIEW 8.6 以后的版本已经取消了传统 NI-DAQ 功能，只支持 NI-DAQmx，用 NI-DAQmx 编写的数据采集程序具有较强的可移植性，基本上不需要改动或是较少的改动，就可以成功运行在另外一台安装 LabVIEW 软件的计算机上，甚至也能运行在有仿真硬件设备的计算机上。若一个 DAQ 驱动版本并不支持当前的 LabVIEW 版本，则会在安装过程中提示出错，并中止安装最终不会成功安装相应的 DAQ 支持文件。

　　MAX 是 LabVIEW 数据采集的重要工具，主要是对数据采集设备进行管理和配置，MAX 除了能管理计算机本身自带的资源如串口、并口等外，只会管理和配置 NI 公司生产的设备，而不会管理和配置第三方的设备，若用第三方的设备为下位数据采集硬件设备，而用 LabVIEW 软件为上位软件开发，则需另外用厂方给出的基于 LabVIEW 软件平台的驱动盘进行安装，一般会在 LabVIEW 软件平台下用户库中建立自己的数据采集的控件，以方便用户编程开发。

9.3.1　数据采集设备的设置与测试

　　数据采集设备安装后应进行测试和必要的设置，另外，数据采集系统进行调试之前和运行中发生异常时，也需要首先对数据采集设备进行测试，以排除硬件故障。

　　MAX 对所有 NI 公司产品相关的硬件进行管理。相关内容请参看本书第 2.3.4 节。

9.3.2　DAQ 助手 Express VI 介绍

　　DAQ 助手 Express VI 是数据采集助手快捷控件，该控件也是在安装了 DAQmx 驱动后才能生成，使用 DAQ 助手 Express VI 可以通过数据采集设备采集数据；使用仿真信号 Express VI 可以仿真一个信号，完成信号的采集或仿真后，可将信号绘制到图形上、分析信号或将信号写入一个基于文本的测量文件中，NI-DAQmx 里提供的 DAQ 助手简化了 DAQ 任务的创建。不同的 DAQ 设备采集的信号种类不同，通常 DAQ 设备可采集两种信号：单点信号，如温度读数；经缓冲的信号，如波形。采集时可从一条通道或若干条通道读取数据。输入/输出助手(I/O 助手)是一个交互式工具，用来快速创建测量应用程序。DAQ 助手就是其中一个这样的 I/O 助手，如图 9-12 所示。它提供了一个面板，用户可在上面轻松配置常用的 DAQ 参数，而无须任何编程工作。用户可以在任何应用程序开发环境(Application development environment，ADE)中使用由它生成的 DAQ 任务。

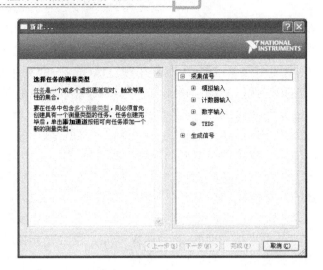

图 9-12　NI-DAQmx 里提供的 DAQ 助手简化了 DAQ 任务的创建

利用 DAQ 助手，可以：创建和编辑任务和虚拟通道；添加虚拟通道至任务；创建并编辑量程；测试配置；保存配置；在 NI 应用软件中生成代码以在应用程序中使用；观察传感器的连接图。

提示

NI-DAQmx 7.4 或更高版本可在 MAX 中创建 NI-DAQmx仿真设备。NI-DAQmx仿真设备是 DAQ 设备的软件仿真。

有两种方法可以创建设 NI-DAQmx 任务，一种是在 MAX 中创建，另一种是在程序框图中的 Express 中创建。在 MAX 中创建的任务具有通用性，创建完后保存在 MAX 中以后，就可以在本机的所有 VI 中随时调用，而在程序框图中的 Express 中创建的任务只适用本程序。

关于 DAQ 助手：

DAQ 助手是一个配置测量任务、通道和标定的图形化接口，用户还可以使用它来产生基于某一任务的 DAQmx 程序。如要使用本节内容，请确保系统安装了以下软件：

● LabVIEW 2011。
● 基于 LabVIEW 2011 的 NI-DAQmx，包括 LabVIEW 2011 的支持文件。
● 一个被 NI-DAQmx 支持，并且接有电压信号的 DAQ 设备，用户可以查阅 NI-DAQmx 的 "Readme" 文件来确认其设备是否被 NI-DAQmx 支持。

1. 创建 NI-DAQmx 任务

在 NI-DAQmx 中，任务是一条或多条通道定时、触发和其他属性的集合。就概念而言，任务是要执行的信号测量或信号生成。例如，可创建任务通过 DAQ 设备的一条或多条通道测量温度。

按照下列步骤，创建并配置通过 DAQ 设备读取电压的任务。

(1) 打开新建的空白 VI。

(2) 在程序框图中，打开 "函数" 选板并选择 "Express→输入" 选项，显示输入选板。

(3) 在输入选板中选择 "DAQ 助手" Express VI，放置在程序框图上，如图 9-13 所示。

打开 DAQ 助手，显示新建 Express 任务对话框。

　　　　　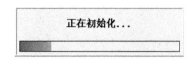

(a)图标　　　　　　　　　　(b)创建 DAQ 助手

图 9-13　DAQ 助手

(4) 单击"采集信号→模拟输入"选项，显示模拟输入选项。

(5) 选择电压，新建电压模拟输入任务。对话框可显示已安装 DAQ 设备的通道列表。列表中通道的数量由 DAQ 设备实际的通道数量确定。

(6) 在"支持物理通道"列表中，选择设备与信号连接的物理通道(如 ai0)，单击"完成"按钮。DAQ 助手打开的对话框可显示选定要完成任务的通道的配置选项，如图 9-14 所示。

(7) 在"DAQ 助手"对话框中，单击"配置"选项卡，找到"电压输入设置"栏。

(8) 单击"设置"选项卡。在"信号输入范围"区域中，分别设置最大值和最小值为 10 和-10。

(9) 在配置页的下方找到时间设置部分。在"采集模式"下拉菜单中选择"N 采样"选项。

(10) 在"待读取采样"文本框中输入 1000。

(11) 单击"确定"按钮，保存当前配置并关闭 DAQ 助手。LabVIEW 可生成该 VI。

(12) 命名 VI 为"Read Voltage.vi"，保存在易于访问的位置。

图 9-14　DAQ 助手对话框

2. 绘制 DAQ 设备采集的数据

使用上面练习中创建的任务，在图形中绘制 DAQ 设备采集的数据。按照下列步骤，在波形图中绘制通道采集的数据，并更改信号名称。

(1) 右击数据输出端，在弹出的快捷菜单中选择"创建"级联菜单中的"图形显示控件"命令。

(2) 切换至前面板，运行 VI 程序 3～4 次，观察波形图。波形图顶部的图例中可显示电压。

(3) 在程序框图上，右击"DAQ 助手"Express VI，在弹出的快捷菜单中选择"属性"命令，弹出 DAQ 助手对话框。

(4) 右击通道列表中的电压，在弹出的快捷菜单中选择"重命名"命令，打开"重命名一个通道或多个通道"对话框。

提示

选择通道名称，按F2键也可显示"重命名一个通道或多个通道"对话框。

(5) 在"新名称"文本框中输入"第一次电压读取"，单击"确定"按钮。

(6) 单击"确定"按钮，保存当前配置并关闭"DAQ 助手"对话框。

(7) 打开前面板，运行 VI。波形图图例可显示第一次电压读取。

(8) 保存 VI。

3. 编辑 NI-DAQmx 任务

在任务中添加另一个通道，比较两个电压读数。也可自定义连续采集电压读数的任务。

按照下列步骤，在任务中添加另一个通道，连续采集数据。

(1) 双击程序框图上的"DAQ 助手"Express VI，打开"DAQ 助手"对话框。

(2) 单击"添加通道"按钮，选择电压，可弹出"添加通道至任务"对话框，如图 9-15 所示。

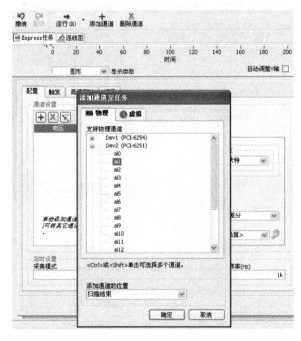

图 9-15　添加通道

(3) 在"支持物理通道列表"中选择任意未使用的物理通道，单击"确定"按钮，返回至"DAQ 助手"对话框。

(4) 重命名该通道为"第二次电压读取"。

(5) 在"配置"选项卡的定时设置页，在"采集模式"下拉菜单中选择"连续采样"选项。在"DAQ 助手"对话框中设置定时和触发选项，该选项可用于通道列表中的所有通道。

(6) 单击"确定"按钮，保存当前配置并关闭"DAQ 助手"对话框。弹出"确认自动创建循环"对话框。

(7) 单击"是"按钮。LabVIEW 可在程序框图上放置 While 循环，"DAQ 助手"Express VI 和图形显示控件位于循环内。While 循环的停止按钮与"DAQ 助手"Express VI 的停止输入端相连。ExpressVI 的已停止输出端与 While 循环的条件接线端相连。程序框图如图 9-16 所示。

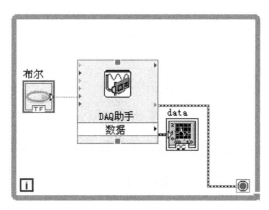

图 9-16 读取电压 VI 的程序框图

如发生错误，或在 VI 运行时单击"停止"按钮，"DAQ 助手"Express VI 可停止读取数据并停止 While 循环，已停止输出端的返回值为"TRUE"。

4. 比较两个电压读数

图形可直观显示两个电压读数，可自定义两条曲线，区别不同的信号。按照下列步骤自定义前面板上波形图曲线的颜色。

(1) 改变标绘图图例的大小，显示两条曲线。

(2) 运行 VI，如图 9-17 所示。图形可显示两条曲线，图例可显示两条曲线的名称。

(3) 在图例中，单击第一次电压读取右侧的图标，在弹出的快捷菜单中选择颜色。通过颜色选择工具选择所需颜色(如黄色)。

(4) 更改第二次电压，读取曲线的颜色。

(5) 停止 VI。

(6) 保存该 VI。

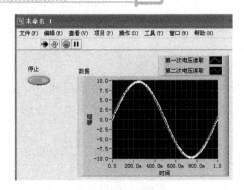

图 9-17　运行结果

9.3.3　DAQmx VI 介绍

DAQmxVI 位于"测量 I/O→DAQmx 数据采集"子选板中，包括了所有的数据采集控件，如图 9-18 所示，在此仅重点介绍常用的 9 个 NI-DAQmx VI 功能，学会这 9 个 VI，能解决绝大部分的数据采集应用问题。

图 9-18　DAQmx 数据采集子选板

1. 创建虚拟通道函数

虚拟通道函数通过给出所需的目标通道名称及物理通道连接，在程序中创建一个通道。图 9-19 中选择了创建一个虚拟输入通道。

图 9-19　创建虚拟通道

用户在 MAX 当中创建通道时进行的相同的设置在这个函数中均会得到设置。程序操作员需要经常更换物理通道连接设置而非其他诸如终端配置或自定义缩放设置时，这个创建虚拟通道 VI 就非常有用了。物理通道下拉菜单被用来指定 DAQ 板卡的设备号以及实际连接信号的物理通道。通道属性节点是创建虚拟通道函数的功能扩展，允许用户在程序当中动态改变虚拟通道的设置。例如，对于一组测试，用户可用通过它来对一个通道设置一个自定义缩放之后，在对另一组进行测试时可以通过属性节点改变自定义缩放的值。

2. 定时设定 VI

DAQmx 定时 VI 配置了任务、通道的采样定时及采样模式，并在必要时自动创建相应的缓存。如图 9-20 所示，这个多态 VI 实例与任务中使用到的定时类型相关联，包括了采样时钟、数字握手、隐式(设置持续时间而非定时)或波形(使用波形数据类型中的 DT 元素来确定采样率)等实例。类似的定时属性节点允许用户进行高级的定时属性配置。

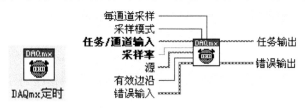

图 9-20　DAQmx 定时 VI

3. DAQmx 触发设定 VI

DAQmx 触发 VI 配置了任务、通道的触发设置。如图 9-21 所示，这个多态 VI 实例包括了触发类型的设置，即数字边沿开始触发、模拟边沿开始触发、模拟窗开始触发、数字边沿参考触发、模拟边沿参考触发或模拟窗参考触发等。同样地，用户可使用触发属性节点来配置更多高级的触发设置。

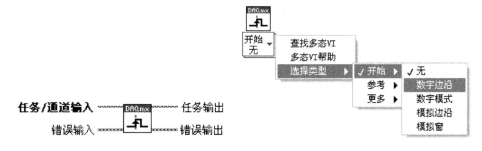

图 9-21　触发设定 VI

4. DAQmx 读取 VI

DAQmx 读取 VI 从特定的任务或通道中读取数据，如图 9-22 所示，这个多态 VI 实例指出了 VI 所返回的数据类型，包括一次读取一个单点采样还是读取多点采样，以及从单通道读取数据还是从多通道中读取数据，其相应的属性节点可以设置偏置波形属性及获取当前可用采样数等数据。

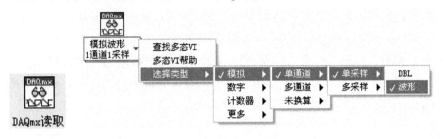

图 9-22　DAQmx 读取 VI

5. DAQmx 开始任务 VI

DAQmx 开始任务 VI 使任务处于运行状态，开始测量或生成，如图 9-23 所示。如未使用该 VI，DAQmx 读取 VI 运行时测量任务将自动开始。DAQmx 写入 VI 的自动开始输入用于确定"DAQmx 写入"VI 运行时，生成任务是否自动开始。如在循环中多次使用"DAQmx 读取"VI 或"DAQmx 写入"VI 时，未使用"DAQmx 开始任务"VI 和"DAQmx 停止任务"VI，任务将反复进行开始和停止操作，导致应用程序的性能降低。

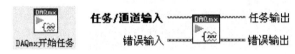

图 9-23　DAQmx 开始任务 VI

6. DAQmx 写入 VI

在用户指定的任务或虚拟通道中写入采样数据。如任务使用按要求定时，VI 只在设备生成全部采样后返回。未使用 DAQmx 定时 VI 时，默认的定时类型为按要求。如任务使用其他类型的定时，VI 将立即返回，不等待设备生成全部采样。应用程序必须判断任务是否完成，确保设备生成全部的采样。

"NI-DAQmx 写入"功能将样本从应用程序开发环境(ADE)写入到 PC 缓存中。然后这些样本从 PC 缓存传输到 DAQ 板卡 FIFO 以进行生成。每个 NI-DAQmx 写入功能的例程包含一个自动开始输入，用于在任务没有显式启动时判定该功能是否隐式启动任务。本文"NI-DAQmx 开始任务"一节已介绍过，显式启动硬件定时的生成任务时应使用"NI-DAQmx 开始任务"功能。如果需要多次执行 NI-DAQmx 写入功能，则还应使用该功能来使性能最优化。DAQmx 写入 VI 如图 9-24 所示。

7. NI-DAQmx 结束前等待功能 VI

"NI-DAQmx 结束前等待"功能用于等待数据采集完毕后结束任务。该功能可确保指定的采集或生成完成后任务才停止。大多数情况下，"NI-DAQmx 结束前等待"功能用于有限操作的情况。一旦该功能执行完毕，则表示有限采集或生成已完成，任务可在不影响操作的情况下停止。此外，超时输入可用于指定最长等待时间。如果采集或生成没有在该时间内完成，则功能将退出并生成一个相应错误。NI-DAQmx 结束前等待如图 9-25 所示。

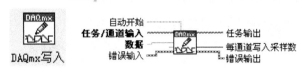

图 9-24　DAQmx 写入 VI

图 9-25　NI-DAQmx 结束前等待

例如，图 9-26 中 LabVIEW 程序框图中的 NI-DAQmx Wait Until Done VI 在确认有限模拟输出完成后才将任务清除。

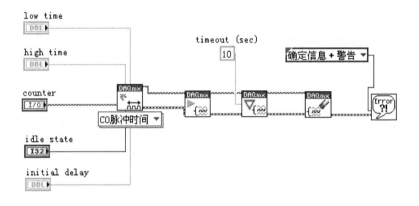

图 9-26　NI-DAQmx 结束前等待功能 VI

8. DAQmx 停止任务 VI

DAQmx 停止任务 VI 使其返回 DAQmx 开始任务 VI 尚未运行或 DAQmx 写入 VI 运行时自动开始输入值为 TRUE 的状态。如在循环中多次使用 DAQmx 读取 VI 或 DAQmx 写入 VI 时，未使用"DAQmx 开始任务"VI 和"DAQmx 停止任务"VI，任务将反复进行开始和停止操作，导致应用程序的性能降低。DAQmx 停止任务 VI 如图 9-27 所示。

图 9-27　DAQmx 停止任务 VI

9. NI-DAQmx 任务清除功能 VI

NI-DAQmx 任务清除功能用于清除指定的任务。若任务正在运行，则功能将先停止任务，然后释放任务所有的资源。一旦任务被清除后，除非再次创建，否者该任务无法再使用。所以，若需要再次使用任务，则应使用"NI-DAQmx 停止任务"功能来停止任务，而不是将其清除。NI-DAQmx 任务清除功能 VI 如图 9-28 所示。

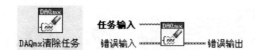

图 9-28　NI-DAQmx 任务清除功能 VI

在下面图 9-29 中的 LabVIEW 程序框图中，连续脉冲序列通过计数器来生成。脉冲序列将连续输出直至退出 While 循环，然后开始执行 NI-DAQmx Clear Task VI。

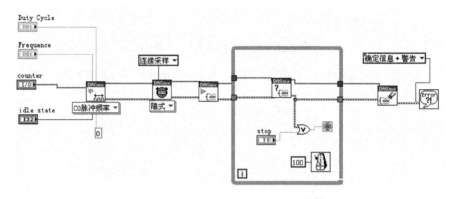

图 9-29　NI-DAQmx 任务清除功能 VI 例程

10.　模拟输入设计流程

图 9-30 的程序完成了模拟信号的连续采集，与 9.3.2 节中使用 DAQ 助手快速 VI 不同，这里我们使用的都是 DAQmx 的底层驱动 VI。

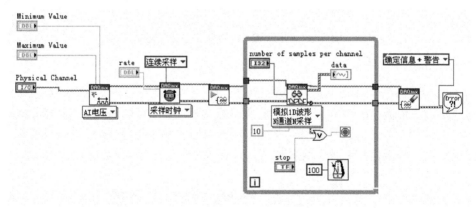

图 9-30　模拟信号的连续采集

连续采集的流程图如图 9-31 所示，首先创建虚拟通道，设置缓存大小，设置定时(必要时可以设置触发)，开始任务，开始读取。由于是连续采集信号，故需要连续地读取采集到的信号。因此我们将 DAQmx 读取 VI 放置在循环当中，一旦有错误发生或者用户在前面板上手动停止采集时程序会跳出 While 循环。之后使用 DAQmx 停止任务来释放相应的资源并进行简单错误处理。

在连续采集当中，我们会使用一个环形缓冲区，这个缓冲区的大小由 DAQmx 定时

VI 中的 Samples Per Channe 每通道采样来确定。如果该输入端未进行连接或者设置的数值过小，那么 NI-DAQmx 驱动会根据当前的采样率来分配相应大小的缓冲区，其具体的映射关系可以参考 DAQmx 帮助。同时，在 While 循环中 DAQmx 读取的输入参数 Samples to Read(每通道采样数)表示每次循环从缓冲中读取多少个点数的数据。

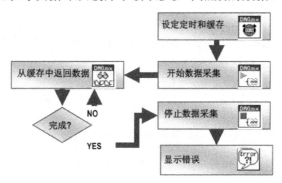

图 9-31　模拟信号的连续采集流程

为了防止缓冲区溢出，必须保证读取的速率足够快。一般建议 Samples to Read 的值为 PC 缓冲大小的 1/4。

11．模拟输出设计流程

对于 AO，我们需要知道输出波形的频率，输出波心的频率取决于两个因素，即更新率以及缓冲中波形的周期数。可以用以下等式来计算输出信号的频率：

$$信号频率 = 周期数 \times 更新率 \div 缓冲中的点数$$

例如，有一个 1000 点的缓冲放置了一个周期的波形，如果要以 1kHz 的更新率来产生信号的话，那么，1 个周期乘以每秒 1000 个点更新率，再除以总共 1000 个点等于 1Hz。如果我们使用 2 倍的更新率，那么，一个周期乘以每秒 2000 个点，再除以总共 1000 个点，得到 2Hz 的输出。如果我们在缓冲中放入两个周期的波形，那么，两个周期乘以 1000 个点每秒的更新率，再除以总共 1000 个点，得到输出频率为 2Hz。也就是说我们可以通过增加更新率或缓冲中的周期数来提高输出信号的频率。DAQmx 中产生连续模拟波形的流程如图 9-32 所示。

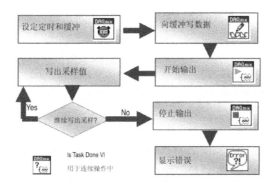

图 9-32　模拟信号的连续产生流程

图 9-33 中的例子使用 DAQmx 定时 VI 设定一个给定的 44100S/s 输出更新率,并在 While 循环中使用 DAQmx 任务完成 VI 来检测任何可能出现的错误。

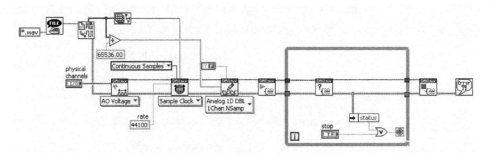

图 9-33　使用采样时钟定时的连续数据输出

9.3.4　DAQmx 的任务状态模型

NI-DAQmx 内建立了一个任务状态模型(Task State Model),通过该状态模型可提高程序的易用性和性能。

任务状态模型包括 Unverified、Verified、Reserved、Committed 和 Running 共 5 个状态,如图 9-34 所示。在程序中,通过 DAQmx Start、DAQmx Stop 和 DAQmx Control Task 这 3 个函数进行任务状态的切换。

完整的数据采集任务状态逻辑:配置任务→开始任务→采集数据(读、写)操作→结束任务→清除任务。

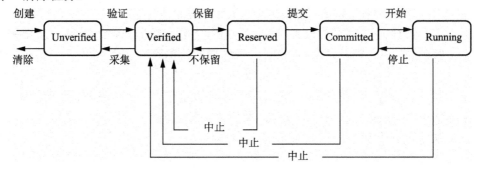

图 9-34　DAQmx 的任务状态模型

1. Unverified(未验证状态)

当任务新建立或者刚刚加载时,处于 Unverified 状态。在这种状态下,通常对任务的采集、触发和通道等属性进行设置。

2. Verified(验证后状态)

任务从未验证状态过渡到验证后状态的过程中,NI-DAQmx 检查任务的采样、触发和通道等属性值是否合法。可以调用 DAQmx Control Task 函数进行从 Unverified 到 Verified 状态的显式转换(Action 参数设置为 Verify)。

3. Reserved(保留资源状态)

从 Verified 状态过渡到 Reserved 状态的过程中，DAQmx 获取完成任务操作所需要的资源。资源包括设备时钟和通道、计算机内存中的一段缓存区等。保留资源的操作将阻止其他任务对这些资源的使用，如果当前有其他任务也使用这些资源，该状态转换将失败。把 Action 参数设置为 Reserve，以调用 DAQmx Control Task 函数，将完成任务状态从 Verified 到 Reserved 的显式转换。

4. Committed(提交状态)

过渡到 Committed 状态的过程中，NI-DAQmx 对资源的设置进行编排，这些资源设置可能是设置设备的时钟频率、通道输入范围和计算机内存缓冲区大小等。把 Action 参数设置为 Commit，以调用 DAQmx Control Task 函数，将完成任务状态从 Reserved 到 Committed 的显式转换。

5. Running(运行状态)

在 Running 状态下真正开始进行任务所指定的操作。调用 DAQmx Start 函数，将完成 Committed 到 Running 状态的显式转换。开始一个任务并不代表立刻开始采集或发生数据，例如，当设定了触发参数时，就会等待触发条件满足时才进行需要的操作。

任务状态转换分为显式和隐式两种，利用调用函数的方法明确转换任务状态称为显式状态转换；某些 DAQmx 函数执行时，如果没有处于其所需状态，将会引起状态的自动转换，这种自动转换称为隐式转换。

要了解更多的关于任务、通道和其他 NI-DAQmx 的概念，可查阅 NI-DAQmx 的帮助文档，它的位置在："开始→程序→National Instruments→NI-DAQ→NI-DAQmx 帮助"。要得到更多的关于如何在 LabVIEW 中使用任务的信息，请查阅 LabVIEW Measurements Mannual(LabVIEW 测量手册)该手册包含了常见的测量任务，介绍了如何使用 LabVIEW 来实现测量及与任务相关的数据分析。另外，LabVIEW 帮助还包括了在 LabVIEW 中创建和使用任务的信息及 NI-DAQmx VI 的查询信息等。

9.3.5 DAQmx VI 实例

本章中绝大部分实例都是由 DAQ 助手 Express VI 来完成的。但若需要多次读数据或写入数据，如处于循环之中，则使用 DAQmx VI，利用显式任务转换状态来完成会有更高的效率。下面给出利用 DAQmx 函数实现数据连续采集的例子来说明此问题，其程序如图 9-35 所示。

单击"任务/通道输入"按钮，选择"浏览→创建新的选项"选项，创建一个新任务"我的电压任务_0"，在弹出的设置界面中，采样模式设置为连续，其他设置使用默认值，DAQmx 读取中的每通道采样数输入"1000"表示程序每次循环从缓冲区中读取 1000 个点。从程序图中可以看出，开始任务、结束任务、清除任务都是在 While 循环之外进行的，这样就大大提高了程序的执行效率。本程序只是一个简单的实例，在具体的应用中可能需要对读取的数据进行其他处理和操作，这些功能应放在 While 循环当中实现。

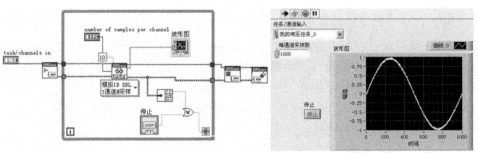

图 9-35　应用 DAQmx VI 实现数据连续采集示例

虽然前面演示的是一个很简单的程序，但是我们已经可以看出 DAQmx 数据采集程序的基本架构如图 9-36 所示。

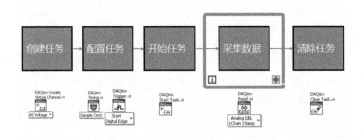

图 9-36　DAQmx 数据采集程序的基本架构

9.4　模拟输入

数据采集一词狭义上即指模拟输入(Analog Input)，即通过 A/D 转换将模拟信号采样为数字信号，从而可被计算机设备进一步处理，常用于实现传感器信号的采集及电信号的采集。模拟采集硬件架构如图 9-37 所示。

要进行模拟信号采集，往往首先需要对实际任务做估计和分类，如按照采集数据的多少分为单点采集、波形采集及连续采集等；按照使用通道的多少分为单通道采集、多通道采集等。其中单点采集是最简单的模拟输入形式。

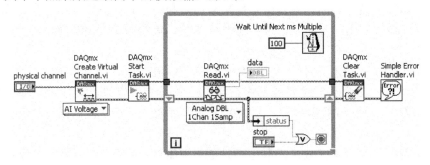

图 9-37　模拟采集硬件架构

9.4.1　DAQ 单点模入

图 9-38 是一个直流电压的例子，将一个直流电源(如 5V)作为信号源连接到数据采集卡的 0 通道模入端。运行程序后，可以发现仪表的指示值约为 5V。如果想要得到具体的数值，可以选用相应的显示控件。

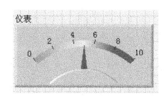

图 9-38　直流电压采集

程序建立步骤如下：

(1) 添加"函数选板→测量 I/O→DAQmx 数据采集→DAQ 助手"选项，选择"采集信号→模拟输入→电压→选择模入物理通道 ai0"，输入范围设置为 0～10V，在采集模式中选择 1 采样(按要求)表示立即采集数据。

(2) 关闭 DAQmx 助手后可以看到该 Express 下方多出了 data 输出端子，将 data 连到"仪表"指示器，即可完成单点输出。

一个通道或多通道的单点输入是模拟输入一个即时的、无缓冲的操作，即 LabVIEW 从一个或从多个输入通道分别读取一个值并且立即返回这个值。

9.4.2　DAQ 波形模入

波形采集是指从一个或多个通道分别采集多个点，从而组成波形。相对于单点采集来说，波形采集需要使用更多的计算机资源，并且还需要使用缓冲区。

图 9-39 是实现一段正弦波形的数据采集的例子。

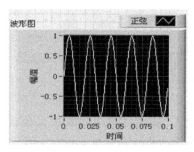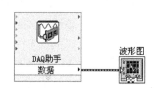

图 9-39　正弦波形采集

程序建立步骤如下：

(1) 将正弦波信号接在 0 和 8 号通道之间(差分接法)。

(2) 添加"函数选板→测量 I/O→DAQmx 数据采集→DAQ 助手"选项，选择"采集信号→模拟输入→电压→选择模拟输入物理通道 ai0"，输入范围设置为 -5～5V，在采集模式中选择 N 采样，待读取采样为 1000，采样率采用默认值 1K。

(3) 关闭 DAQmx 助手后可以看到该 Express 下方多出了 data 输出端子，将 data 连到"波形图指示器"指示器，即可完成正弦波形输出。

9.4.3　DAQ 连续模入

连续采集是对一个或者多个通道，以一定的速率并以连续扫描的方式采集数据。连续采集要求在无间断地采集数据的同时，从缓冲区中无任何遗漏地读取数据。连续采集需要使用到循环缓冲区。对于循环缓冲区，在往其中存放数据的同时，可以读取已有的数据。当缓冲区满时，从缓冲区开始处重新存放新的数据，只要存放数据和读取速度配合得恰当，就可以实现用一块有限的存储区来进行连续的数据存储和传送。使用循环缓冲区时，采集设备在后台连续进行数据采集，而 LabVIEW 在两次读取缓冲区数据的时间间隔里对数据进行处理，循环缓冲区存取数据的过程如图 9-40 所示。

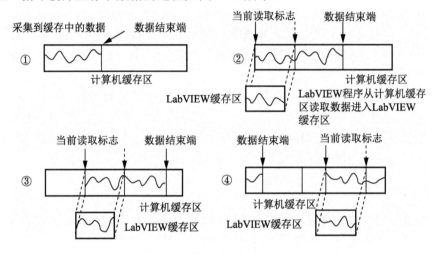

图 9-40　连续数据采集时循环缓存区存取数据示意图

在循环缓冲模式下，采集到的数据不断被送到缓冲区中，最新的送入的数据的位置随之不断后移，与此同时，DAQmx 读函数每次读取一定大小的数据块返回到程序中；当缓冲区写满之后，DAQmx 从同一缓冲区的头部开始重新写数据，DAQmx 读函数一直连续读取数据块，达到缓冲区末端后，同样再返回从缓冲区头部继续读取数据。

循环缓冲区和简单缓冲区的区别在于：LabVIEW 是如何将数据放进去及如何读取数据的。循环缓冲区和简单缓冲区存放数据的方式是一样的，但对于循环缓冲区，当到达缓冲区末端时，它又返回到开始处重新存放数据。程序必须从缓冲区的一个位置读取数据，从另一个位置往缓冲区存放数据，以保证未读的数据不被覆盖掉。

程序读取数据的速度要不慢于采集设备往缓冲区存放数据的速度，这样才能保证连续运行时，缓冲区中的数据不会溢出以至于丢失数据。若程序读取数据的速度快于存放数据的速度，则 LabVIEW 会等待数据存放好后再读取；若程序读取数据慢于存放数据的速度，则 LabVIEW 将发送一个错误的信息，告诉用户有一些数据可能被覆盖并丢失。

可以通过调整以下三个参数来解决上述问题：

①buffer size (缓存大小)；

②scan rate (扫描速率);

③number of scans to read at a time (每次读取样本数)。

buffer size 指的是可在内存中存放的样本数,它受可用内存大小的限制。增大 buffer size 可以延长填满缓冲区的时间,但是这不能从根本上解决连续采集过程中数据被覆盖的问题,要解决这个问题,需要减少 scan rate ,或是增大 number of scans to read at a time。

一般将 number of scans to read at a time 设置为一个小于缓冲区大小的值,而将缓冲区大小通常设置为 scan rate 的两倍。具体的设置方式需要通过测试整个采集程序运行的情况来确定。

9.5 模拟输出

9.5.1 模拟输出的基本参数

1. 输出范围

表示 D/A 转换器输出的电压范围。

2. 分辨率

分辨率反映输出模拟量对输入数字量变化的敏感程序,常用数字量的位数来表示,一个 n 位的 D/A 转换器能提供 2^n 个不同的电压等级,它所能分辨的最少电压是 D/A 转换器输出范围的 $1/2^n$。

3. 精度

精度分为绝对精度和相对精度两种,绝对精度是指输入某一已知数字量时,其理论输出模拟值和实际所测得的输出值之差,该误差一般应低于 1/2 LSB,相对精度是绝对精度相对于额定满度输出值的比值,可用相对满度的百分比表示。D/A 转换器的分辨率越高,数字电平的个数就越多,精度也就越高。若 D/A 转换器范围增大,其精度就会下降。

4. 单调性

单调性是指 D/A 转换器的模拟输出随着数字信号输入增加而增加,或至少保持不变的性质。

5. 建立时间

建立时间是指 D/A 转换器的输入变量从全 "0" 变为全 "1" (或从全 "1" 变为全 "0") 时,输出模拟量达到终值的 1/2 LSB 误差范围之内所需要的时间。该参数反映了 D/A 转换器的转换从一个稳态值到另一个稳态值过渡过程的长短,建立时间一般为几十纳秒到几微秒。

9.5.2 模拟输出信号种类

1. 输出直流信号

当输出信号的电平高低比输出值的变化率更重要时，需要产生一个稳定的直流信号。可以使用单点模拟输出的方法产生这类信号，在单点模拟输出过程中，每当需要改变一个模拟输出通道的值时，就调用一次单点刷新的模拟输出函数，因此改变输出值的速度只能和 LabVIEW 调用模拟输出函数的速度一样，这种方法叫作软件定时，在不需要高速信号或是精确定时的情况下，就可以用这种软件定时。

2. 输出随时间快速变化的信号

有时在模拟输出过程中，信号的刷新率与信号的电平高低同样重要。例如，把数据采集设备当一个信号发生器使用时就是这种情况，这种情况叫作波形输出。波形输出需要使用内存缓存区，具体办法是，当把一个周期的正弦波数据存储为一个数组，通过编程使数据采集设备按指定的频率，每次一个点连续输出数组中的数值，这种情况叫作简单缓冲波形输出。如果需要产生一个连续变化的波形，例如，要输出的数据是一个存储在硬盘中的大文件，或需要在输出过程中对信号的某些参数进行改变，LabVIEW 就不能存储整个波形在一个单独的缓冲区内，这时就必须在信号输出过程的同时，连续将新的数据写入缓冲区，这种情况叫作循环缓冲波形输出。

9.5.3 使用 DAQmx 模出

使用 DAQ 助手做模拟输出和模拟输入的方法很相似，只需要在开始时选择模拟输出即可。这里给出两个例子。

1. 单点模拟输出

程序如图 9-41 所示，创建该 VI 的步骤如下。

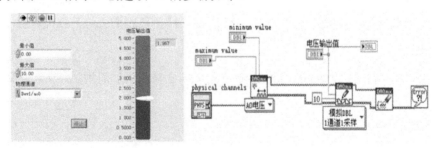

图 9-41　使用 DAQmx 单点模出

(1) DAQmx 创建虚拟通道。创建一个模拟输出电压通道(即在"DAQmx Create Channel 创建虚拟通道函数"选项卡上选择"AO 电压"选项)。

(2) 使用 DAQmx 写函数在一个通道上输出一个直流电压信号(即在"DAQmx 写函数"选项卡上选择"Analog DBL"和"1Chan 1Sample"选项)。

(3) 使用弹出对话框显示可能发生的错误。

2.　连续模拟输出

程序如图 9-42 所示，创建该 VI 的步骤如下。

(1) 用 DAQmx Create Channel VI 创建一个 AO Voltage(模拟输出电压)通道。

(2) 调用 DAQmx Start Task VI。

(3) 通过每次循环的间隔时间和指定的每周期点数，可以算出数据点。

(4) 因使用软件定时输出，输出速率只决定于循环的执行速度。

(5) 直到用户按下停止按钮或者有错误发生，写出一个数据点。

(6) 调用 DAQmx Clear Task VI 来清除该任务。

(7) 使用弹出对话框显示可能发生的错误。

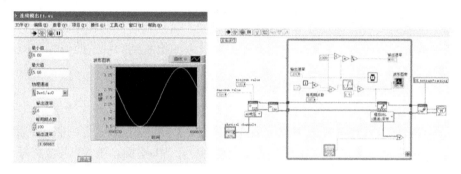

图 9-42　使用 DAQmx 连续模出

9.6　触发采集

图 9-43 是基本电平触发检测 VI，找到波形第一个电平穿越的位置，可使用获得的触发位置作为索引时间。触发条件由阈值电平、斜率和滞后指定。通过连线数据至信号输入端可确定要使用的多态实例，也可手动选择实例。

以下以用于 1 通道的触发检测为例，图 9-44 为该 VI 的端口图。

图 9-43　基本电平触发检测 VI　　　　　图 9-44　基本电平触发检测 VI 端口

重置指定是否必须重置 VI 的历史或内部状态。默认值为 FALSE。内部状态包含输入信号的最终状态。VI 使用该值作为下次 LabVIEW 调用 VI 时的初始状态。

信号输入包含要进行触发检测的信号。

电平指定在检测到触发前信号输入必须通过的阈值，默认值为 0。

滞后指定检测到触发电平穿越前，信号输入必须高于和低于电平的量，默认值为 0。

触发滞后用于防止产生由噪声引起的错误触发。对于上升沿触发斜率，信号必须在检测到触发电平穿越前在电平−滞后的下方通过。对于下降沿触发斜率，信号必须在检测到触发电平穿越前在电平+滞后的上方通过。

位置模式指定触发器的位置是作为波形 Y 数组的索引，还是作为时间点，以秒为单位。索引(默认)是依据数组索引提取目标位置。时间是依据时间(秒)获取触发位置。

错误输入(无错误)表明节点运行前发生的错误。该输入将提供标准错误输入功能。

触发斜率指定在信号输入上升沿或下降沿穿越电平时是否检测到触发。下降沿是该 VI 在下降沿检测到触发或斜率为负。上升沿(默认)是该 VI 在上升沿检测到触发或斜率为正。

触发位置依据位置模式的设置包含检测到的触发的索引或时间。例如，时间模式包含位置模式，且前面板中的触发位置无需以秒为单位，可连线时间标识至触发位置。

检测到的触发表明 VI 是否检测到有效的触发。如检测到的触发的值为 TRUE，表明 VI 检测到有效的触发。

错误输出包含错误信息。该输出将提供标准错误输出功能。

基本电平触发检测 VI 可在单次模式(一次调用)和连续模式(历史多次调用)下进行单通道测量。也可在单次或连续模式下进行多通道测量。如需在连续模式下进行多通道测量，可使用该 VI 的多通道实例，或在每个通道上使用一个 VI 实例。该 VI 只检测每个通道的第一个触发。该 VI 的单通道实例主要用于单通道的连续处理。该方法不适用于多通道实例。不能使用该单通道 VI 在 For 循环内部建立波形数组的索引，以连续处理多通道。该 VI 的单通道实例仅保留一个通道的内部状态信息。如未使用重置或重新开始平均清除历史数据，调用该 VI 处理另一个通道时，由于内部状态信息从一个通道传递至另一个通道，可导致该 VI 的非预期行为。

LabVIEW 通过滞后防止产生由噪声引起的错误触发。对于上升沿斜率，信号必须在检测到触发电平穿越前在电平−滞后的下方通过。对于下降沿斜率，信号必须在检测到触发电平穿越前在电平+滞后的上方通过。在图 9-45 中，白线是输入信号。如电平为 0.55，滞后为 0.0，LabVIEW 可返回绿线，表示由噪声引起的错误触发。如滞后为 0.15，LabVIEW 可在接近 0.125s 时返回红线，表示有效的触发。

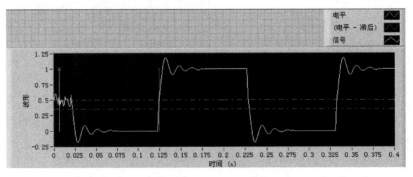

图 9-45　基本电平触发检测 VI

9.7　I/O 端口

许多仪器是计算机的外围设备，并不依赖于计算机进行测量。仪器与计算机连接后，通过计算机编程可控制和监视仪器、采集数据、处理数据并将数据保存在文件中。与通用 DAQ 设备类似，仪器也可安装在计算机内部。位于计算机内部的仪器称为模块化仪器。任何连接到计算机的仪器都必须通过一个特定的协议实现与计算机的通信。计算机如何控制仪器、如何从仪器采集数据取决于仪器的类型。GPIB、串口和 PXI 是常见的仪器。与通用 DAQ 设备相比，仪器也是将数据数字化，但仪器具有特定的用途，或者说仪器专用于某种测量。对于独立的仪器，通常无法修改其数据处理和计算的软件，因为这些软件往往是仪器自带的。

模块化仪器使用的软件则基于标准 PC 技术，可方便地自定义模块化仪器的用途。例如，使用某些数字万用表的模块化仪器时，可对其进行编程，使之像示波器那样采集高速率的数据。

计算机通过 GPIB、PXI 或 RS232 等总线向计算机发出命令，从而实现对仪器的控制。例如，向仪器发送一个测量信号的命令，再发送一个将测量所得的数据通过总线传递回计算机的命令。仪器 I/O VI 和函数可与 GPIB、串行、模块、PXI 及其他类型的仪器进行交互。

互连接口 VI 和函数用于.NET 对象、已启用 ActiveX 的应用程序、输入设备、注册表地址、源代码控制、Web 服务、Windows 注册表项和其他软件。下面以 I/O 端口 VI 为例介绍互连接口 VI，I/O 端口 VI 用于读取和写入某个特定的寄存器地址。

仪器 I/O 助手用于与基于消息的仪器通信，并以图形化方式解析响应。仪器 I/O 助手将仪器通信归纳为有序的几个步骤。它可向仪器发送查询命令，以验证与该仪器的通信是否畅通。例如，它可与使用串行、以太网或 GPIB 等接口的仪器进行通信，如图 9-46 所示。

读端口 VI 如图 9-47 所示。从指定的 16 位 I/O 端口地址读取带符号的整数。自指定位置开始从系统的 I/O 内存中读取两个字节(16 位)数据。

图 9-46　I/O 端口　　　　　图 9-47　读端口 VI

图 9-47 中，地址指定要读取的 16 位有符号整数的地址；错误输入(无错误)表明节点运行前发生的错误，该输入将提供标准错误输入功能；数据读取是从指定地址读取的两个数据字节(16 位)；错误输出包含错误信息，该输出将提供标准错误输出功能写端口 VI。

如图 9-48 所示，是自指定位置开始向系统的 I/O 内存写入两个字节(16 位)数据。

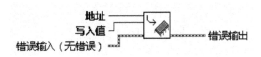

图 9-48　读端口 VI

图 9-48 中，地址指定要写入 16 位有符号整数的地址；写入值是要写入指定地址的两个字节(16 位)；错误输入(无错误)表明节点运行前发生的错误，该输入将提供标准错误输入功能；错误输出包含错误信息，该输出将提供标准错误输出功能。

如图 9-49 所示，显示了实际 I/O 连接器中存在的并口线状态。PC 与打印机端口相连，2～7 引脚对应 D0～D7 状态。

图 9-49　I/O 端口前面板

如图 9-50 所示，本范例程序将通过 In Port.vi 和 Out Port.vi 连续轮询并口数据，当用户指定时可以更新数据。

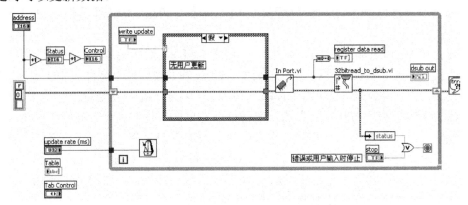

图 9-50　I/O 端口程序

9.8　计数器

下面主要介绍 NI-DAQmx 中的计数器，以及用于周期和频率测量的两种计数器测量方法。计数器用于测量和生成数字信号。计数器通常用于时间测量(如测量信号的数字频率或周期)的边沿计数。依据不同的设备和应用，计数器使用不同的信号连接。不同设备中用于计数器测量和生成的默认接线端可能有所不同。如需忽略默认输入接线端，可根据测量类型设置 DAQmx 通道输入接线端属性。例如，对边沿进行计数时，可使用 CI.CountEdges.Term。如需忽略默认输出接线端，可将 DAQmx 通道输出接线端属性设置为所需值。表 9-1 为"输入"，是以用于计数器的 37 针 DSUB 信号连接为例。

表 9-1　DSUB 信号输入

测　　量	Ctr0	Ctr1
边沿计数	边沿：PFI 0 计数方向：PFI 2	边沿：PFI 3 计数方向：PFI 5
脉冲宽度测量	PFI 1	PFI 4
周期/频率测量(单个计数器的低频)	PFI 1	PFI 4
周期/频率测量(两个计数器的高频)	PFI 0	PFI 3
周期/频率测量(两个计数器的大范围)	PFI 0	PFI 3
半周期测量	PFI 1	PFI 4
两边沿间隔测量	开始：PFI 2 停止：PFI 1	开始：PFI 5 停止：PFI 4

下面包含用于计数器输出的输出接线端。任意输出接线端均可使用不同的 PFI 线，以下为"输出"。

Ctr0	Ctr1
PFI 6	PFI 7

下表中列出使用 37 针 DSUB 连接器的设备的不同计数器测量的默认输入接线端，如 NI 6010、NI 6154 和 NI 623x。任意输入接线端均可使用不同的 PFI 线。利用 NI-DAQmx 通道属性可更改测量的 PFI 输入。一个计数器包含若干高级接线端，可使用这些接线端来测量时间、生成脉冲等。对于多数应用程序而言，NI-DAQmx 可自动从接线盒连线至相应的高级接线端，无须另外连线操作。对于高级应用程序，可能需要手动连线至内部计数器接线端。

图 9-51 是计数器的组成部分。

门输入端控制计数发生的时机。GATE 输入类似于触发，用来开始或停止计数。

图 9-51　计数器

源(CLK)输入端是测量或信号计数的时基。

计数器寄存器对要计数的边沿进行计数。当计数器寄存器往下计数时，计数到 0 停止。计数器寄存器的大小是计数器中包含的位数，寄存器计数值为 2 位数。

输出接线端输出一个脉冲或脉冲序列。

在周期和频率测量中，可使用两个计数器。对于大多数应用而言，低频测量只需一个计数器，因为其消耗的资源较少。但是，若信号的频率较高，频率相差较大，可使用双计数器测量方法(高频测量法或宽量程测量法)。由于输入信号的频率和测量方法的不同，测量的结果有可能发生不同程度的量化误差。在双计数器应用中，只需调用一次"创建通道"函数 VI，指定要连接输入信号的计数器通道。NI-DAQmx 自动连接成对计数器进行测量所需的内部线路。

对于更复杂和更精确的测量和生成，一个计数器通常与另一个计数器配对使用。成对计数器通常用于有限脉冲序列生成、高精度频率与周期测量、级联边沿计数。成对计数器按顺序编号。例如，ctr0 和 ctr1 是一对，ctr2 和 ctr3 是一对，依此类推。

本章小结

数据采集是 LabVIEW 的一项重要功能。NI 公司为 LabVIEW 的用户提供了丰富的数据采集设备,以最大限度地满足各个领域的需要。本章主要介绍了数据采集的基本概念及数据采集的应用方法。

阅读材料

连线、局部变量、属性节点赋值方式的时间成本

一个完整的数据采集系统通常由原始信号、信号调理设备、数据采集设备和计算机四个部分组成。但有的时候,自然界中的原始物理信号并非直接可测的电信号,所以,我们会通过传感器将这些物理信号转换为数据采集设备可以识别的电压或电流信号。加入信号调理设备是因为某些输入的电信号并不便于直接进行测量,因此需要信号调理设备对它进行诸如放大、滤波、隔离等处理,使得数据采集设备更便于对该信号进行精确的测量。数据采集设备的作用是将模拟的电信号转换为数字信号送给计算机进行处理,或将计算机编辑好的数字信号转换为模拟信号输出。计算机上安装了驱动和应用软件,以便用户与硬件交互,完成采集任务,并对采集到的数据进行后续分析和处理。

对于数据采集应用来说,我们使用的软件主要分为三类,如图 9-52 所示。第一是驱动,NI 的数据采集硬件设备对应的驱动软件是 DAQmx,它提供了一系列 API 函数供我们编写数据采集程序时调用。DAQmx 不光提供支持 NI 的应用软件 LabVIEW,还提供 abWindows/CVI 的 API 函数,它对于 VC、VB、.NET 也同样支持,以便将数据采集程序与其他应用程序整合在一起。其次,NI 也提供了一款配置管理软件 Measurement & Automation Explorer,以便用户与硬件进行交互,并且无须编程就能实现数据采集功能;还能将配置出的数据采集任务导入 LabVIEW,并自动生成 LabVIEW 代码。第三是位于最上层的应用软件。

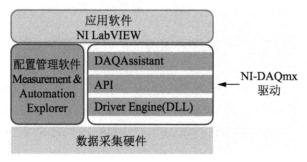

图 9-52 数据采集的软件构架

我们推荐使用的是 NI 的 LabVIEW。LabVIEW 是图形化的开放环境,它无须我们有较

多的软件编程基础，可以简单、方便地通过图标的放置和连线的方式开发数据采集程序。同时，LabVIEW 中提供了大量的函数，可以帮助我们对采集到的数据进行后续的分析和处理；LabVIEW 也提供大量控件，可以让我们轻松地设计出专业、美观的用户界面。现在，我们已经了解了一个完整数据采集系统的基本组成部分，那么，NI 提供了哪些数据采集硬件设备供我们选择呢？首先，针对系统级的数据采集应用项目，NI 提供了三大平台：PXI、CompactDAQ 及 CompactRIO 平台。

先来看一下 PXI 平台，如图 9-53 所示，PXI 提供了一个基于 PC 的模块化平台。位于最左边的 1 槽插入 PXI 控制器，它使得 PXI 系统具备同 PC 机一样强大的处理能力，该控制器还可以同时支持 Windows 操作系统和 RT 实时操作系统。NI 提供最大 18 槽的 PXI 机箱，剩下的槽位可插入多块 PXI 数据采集板卡，满足多通道、多测量类型应用的需求，所以 PXI 系统是大中型复杂数据采集应用的理想首选。并且，PXI 总线在 PCI 总线的基础上增加了触发和定时功能，更适用于多通道或多机箱同步的数据采集应用。同时，PXI 系统具有宽泛的工作温度范围和良好的抗振能力，适用于环境较为恶劣的工业级应用。

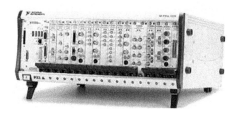

图 9-53　PXI 平台数据采集系统

接下来是 CompactDAQ 平台，如图 9-54 所示，CompactDAQ 的中文全称是：紧凑数据采集系统。CompactDAQ 平台提供即插即用的 USB 连接，只需要一根 USB 数据线，就可以非常方便地与 PC 或笔记本式计算机连接在一起。1 个 CompactDAQ 机箱中最多可以放置 8 个 CompactDAQ 数据采集模块。整个 CompactDAQ 平台的特点是体积小巧、低功耗、便于携带，并且成本比较低。

图 9-54　CompactDAQ 平台数据采集系统

跟 CompactDAQ 在外形上类似的是 CompactRIO 平台，如图 9-55 所示。它们的数据采模块是兼容的，即同样的模块，既可以插入 CompactDAQ 机箱，也可以插入 CompactRIO 机箱。但与 CompactDAQ 平台不同的是，CompactRIO 系统配备了实时处理器和丰富的可重配置的 FPGA 资源，可脱离 PC 独立运行，也可通过以太网接口跟上位机进行通信，适用于高性能的、独立的嵌入式或分布式应用。除此以外，CompactRIO 平台具有工业级的坚固和稳定性，它有-40～70℃的操作温度范围，可承受高达 50g 的冲击力，同时具备了体积小巧、低功耗和便于携带的优点，因此被广泛应用在了车载数据采集、建筑状态监测、PID 控制等领域。除此以外，NI 还提供了基于其他标准总线接口的数据采集模块，如 PCI 数据采集卡(图 9-56)，它直接插入计算机的 PCI 插槽使用。USB 数据采集模块如图 9-57 所示，它通过 USB 数据线与 PC 或笔记本式计算机连接。基于 Wi-Fi 的无线传输数据采集模块等如图 9-58 所示。

图 9-55　CompactRIO 平台数据采集系统

图 9-56　PCI 总线接口数据采集卡

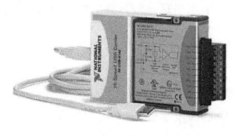

图 9-57　USB 总线接口数据采集模块

图 9-58　基于 Wi-Fi 的无线传输数据采集模块

那么，在选定了系统平台和传输总线的基础上，面对种类繁多的数据采集设备，我们如何针对自己的应用进行硬件选型呢？选型时我们需要重点考虑如下几个参数。首先，通道数目能否满足应用需要。其次，待测信号的幅度是否在数据采集板卡的信号幅度范围以内。除此以外，采样率和分辨率也是非常重要的两个参数。采样率决定了数据采集设备的 ADC 每秒进行模/数转换的次数。采样率越高，给定时间内采集到的数据越多，就能越好地反应原始信号。根据奈奎斯特采样定理，要在频域还原信号，采样率至少是信号最高频率的 2 倍；而要在时域还原信号，则采样率至少应该是信号最高频率的 5~10 倍。我们可以根据这样的采样率标准来选择数据采集设备。分辨率对应的是 ADC 用来表示模拟信号的位数。分辨率越高，整个信号范围被分割成的区间数目越多，能检测到的信号变化就越小。因此，当检测声音或振动等微小变化的信号时，通常会选用分辨率高达 24bit 的数据采集产品。除此以外，动态范围、稳定时间、噪声、通道间转换速率等也可能是实际应用中需要考虑的硬件参数。这些参数都可以在产品的规格说明书中查找到。

习　题

1. 什么是数据采集？数据采集系统的基本组成部分有哪些？每一部分的主要作用是什么？

2．编写一个使用 DAQmx 函数进行单通道波形数据连续采集，并显示波形频谱的程序。

3．编写一个使用 DAQmx 函数输出幅值可调的正弦波的程序。

4．利用你目前手边所拥有的能与计算机通信的设备，结合本章所学的知识，实现 LabVIEW 与该设备通信。

5．为什么有些 DAQ 设备仅受 NI-DAQmx 支持？

6．什么是 DAQ 助手？

7．什么是 NI-DAQmx 任务？

8．什么是 NI-DAQmx 仿真设备？如何创建一个仿真设备？

第 **10** 章

应用程序接口

 学习目标

➢ 掌握 LabVIEW 调用 C 语言的方法和特点。
➢ 掌握 DLL 与 API 调用方法。
➢ 掌握 LabVIEW 使用 ActvieX 接口的方法。
➢ 了解 ActvieX 控件与 ActvieX 自动化的使用方法。
➢ 了解 LabVIEW 作为服务器调用 ActvieX 的方法。
➢ 了解 LabVIEW 调用 MATLAB 接口的方法以及两者的混合编程。
➢ 了解 LabVIEW 与 MathScript 节点和 MATLAB Script 节点编程。
➢ 利用 ActvieX 技术实现 LabVIEW 与 MATLAB 混合编程。

 本章知识结构

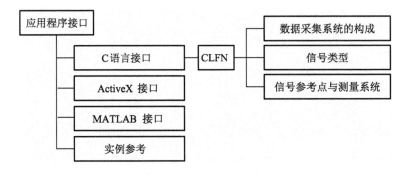

导入案例

案例一：

在测试系统设计和软件开发过程中，数学分析与信号处理是两个不可缺少的重要内容，LabVIEW 对于一些需要进行大量数据运算处理的复杂应用及某些复杂的控制算法(如神经网络、模糊理论等)的实现问题上，没有现成的函数库，而 MATLAB 拥有上述函数，强大的科学计功能和友好易用的开发环境，使之成为计算机辅助设计与分析的首选工具，但实现监控和控制界面设计相对薄弱，所以在实际工程中将二者结合起来，取长补短，具有非常实用的价值。LabVIEW 将数据采集和测试分析中常用的数学和信号分析算法程序集成在一起，所有的数学分析节点都集中函数数学子模板中，在此模板中有 MATLAB Script 节点，利用此节点就可以实现 LabVIEW 中对 MATLAB 语言的调用，需要注意的是，使用 MATLAB 脚本节点的必要条件是计算机上同时安装了 MATLAB 软件。

案例二：

LabVIEW 中包含了丰富的子程序和函数库，如数据采集、信号处理、概率统计及 GPIB、VXI 等各种程序库，利用这些函数和子程序，用户可以快速建立起自己的采集控制系统，但是在很多系统中，从采集的数据到输出的控制信号之间需要经过大量和复杂的数学计算，而这些如果再用 LabVIEW 本身的图形语言 G 语言来编写计算程序，往往过多的连线方式会使人眼花缭乱，而且不利于修改和改进，而用传统程序语言的文字编程方式则显得更简洁、高效。与此同时，在某些场合下，使用其他语言可能会获得更高的程序执行效率，如在某些数据采集中，对时间要求比较严格或有大量的数据操作等，这时用 C 语言就会更好点。

案例三：

Windows 作为多线程系统除了协调应用程式的执行、分配记忆体、管理系统资源等之外，它同时也是一个很大的服务中心，呼叫这个服务中心的各种服务(每一种服务就是一个函数)可以帮助应用程序达到开启视窗、描绘图形、使用周边设备等目的。由于这些函数服务的对象是应用程序(Application)，所以便称之为 API(Application Programming Interface)函数。LabVIEW 有没有提供这样的功能呼叫 Windows API 呢？答案是肯定的，那就是 LabVIEW 可以通过 ActiveX 控件接口实现对 API 设备的调用。

随着测控技术的发展，开放性越来越重要，任何广泛被采用的技术除了有自己的创新点，还应能与第三方软件的平台实现无缝连接，LabVIEW 应用程序接口正是顺应了时代要求，开发了众多与其他优秀平台良好连接的解决方案。LabVIEW 与其他应用程序的链接主要通过 ActiveX 技术应用、NET 技术应用、动态数据交换、库函数调用、运行外部程序等方式实现。

LabVIEW 作为一种图形化编程开发环境有其自身的优势和不足，它的优势体现在它的开发效率高、内置函数丰富等，但在底层硬件的驱动、大量的复杂的数据计算显得力不从心。作为一个高级程序开发人员必须能够综合应用于不同的软件环境来开发一个复杂的工程应用，同样一个好的软件开发环境必须具备与其他应用程序通信的功能。因此，LabVIEW 提供了与其他应用程序的接口，以便能充分利用其他编程语言的优势。本章主要介绍 LabVIEW 与 C 语言(CLFN)、MATLAB 的接口、MATLAB Script 节点及其数据类型、ActiveX 控件与 ActiveX 自动化技术。

10.1　C 语言接口的使用方法

LabVIEW 是一种方便灵活的虚拟仪器开发环境，它提供了 4 种与其他语言接口的途径，其中 C 语言是目前公认的功能非常强大的程序语言，LabVIEW 通过与 C 语言接口，可增强其整体功能。LabVIEW 有两种方法来实现调用 C 语言代码的功能，分别是 CIN(Code Inteface Node)调用和 CLFN(Call Library Function Node)调用，其中 CIN 技术是从 LabVIEW 调用 C/C++源代码的通用方法，两者的不同之处在于：CIN 能够将代码集成在 VI 中作为单独的一个 VI 发布，而不需要多余的文件，CIN 节点不能调用动态链接库(Dynamic Link Library，DLL)中的函数，只能调用按照特定方式编译出来的程序代码，且 CIN 所调用的程序模块不通用，限制也多，其次 CIN 提供了函数入口，可以根据用户提供的输入输出自动生成函数入口代码，从而使用户专注代码功能而不用为函数声明、定义等语句费心。但是 CIN 节点的使用比 CLFN 调用复杂得多，故 NI 公司在 LabVIEW 2011 及以后版本均不再提供 CIN 函数，但能正常运行有 CIN 函数的 LV 程序，如果需要调用 C 语言的程序，只能使用库函数接点 CLFN(Call Library Function Node)，CLFN 用于调用 DLLs，这种方式特别适合于用户有现成的 DLLs 文件，或是有 C 语言程序模块，且熟悉 Windows 创建 DLLs 的情况，在 LabVIEW 中使用 CLFN 非常简单，只要打开 Functions 模块组，从互连接口下面的库与可执行程序中选择调用库函数接点 CLFN 即可。将库函数接点 CLFN 放置到框图程序的相应位置，双击 CLFN 模块，在其弹出菜单中设置欲调用的 DLLs 文件的路径、文件名、参数、类型等，即可将此 DLLs 文件作为一个特定功能模块来使用，CLFN 方式的关键是用户要熟习 DLLs 文件的创建和有关参数传递规定。

10.1.1　DLL 与 API 调用

API 是操作系统留给应用程序的一个调用接口，应用程序通过调用操作系统的 API 而使操作系统去执行应用程序的命令(动作)。在 Windows 程序开发中，API 实际上就是调用微软的 DLL。但是 API 意义更广，在内核中需要用 ntoskrnl.exe 的 API；在网页中有百度地图等 API；在其他开发环境中，如手机也有 API 但无 DLL。API 是抽象概念，DLL 是具体手段。

通常，DLL 并不能直接执行，也不接收消息，它们是一些独立的文件，其中包含能被程序或其他 DLL 调用来完成一定作业的函数。只有在其他模块调用 DLL 中的函数时，DLL 才发挥作用。

10.1.2　DLL 简介

1. DLL 定义

DLL 是一个可以多方共享的程序模块，内部对共享的例程和资源进行了封装，DLL 文件的扩展名一般为.dll，也可能是.drv 或.fon，DLL 与可执行文件类似，但是 DLL 虽然包含了可执行代码但不能单独执行，必须由 Windows 应用程序直接或间接调用。

DLL 相对于静态链接库而言的，所谓静态链接库是指将调用的函数或是过程链接到可执行文件中，成为可执行文件的一部分。即程序.exe 文件中包含了运行时所需的全部代码。当多个程序调用同一个函数时，内存中就会出现该函数的多个复本。这种方式增加了系统的开销，浪费了内存资源。而采用动态链接方式，所调用的函数并没有被复制到应用程序的可执行文件中，而是仅仅在可执行文中件描述了调用函数的信息。仅当应用程序运行时，在 Windows 的管理下，应用程序与对应的 DLL 之间建立链接关系。当执行 DLL 中的函数时，根据链接产生的重定位信息，Windows 转去执行 DLL 中相应的代码。一般情况下，如果一个应用程序使用了 DLL，Win32 系统通过内存映射文件保证内存中只有 DLL 的一份复本。DLL 首先被调入 Win32 系统的全局堆栈，然后映射到该 DLL 的进程地址空间。在 Win32 系统中，每个进程拥有自己的 32 位线性地址空间，如果一个 DLL 被多个进程调用，每个进程都会收到该 DLL 的一份映像。

　　2．DLL 的优点

　　(1) 共享代码、资源和数据：DLL 的代码可以被所有的 Windows 应用程序共享，它不仅包括代码，还可以包含数据和各种资源。

　　(2) 语言的无关性：DLL 的编写、生成与编译器无关，只要遵守 DLL 的开发规范和编程方法，并声明正确的调用接口，不管任何语言编写生成的 DLL 都具有通用性。

　　(3) 隐藏实现细节：DLL 中的例程可以被应用程序访问，而应用程序并不知道例程的细节。

　　(4) 节省内存：DLL 只有在被调用执行时才动态载入内存，如果多个程序使用同一个DLL，也只需装载一次，从而节省内存开销。

　　3．API 简介

　　在 Windows 程序设计初期，Windows 程序员可使用的编程工具只有 API 函数，这些函数犹如"积木块"一样，可搭建出各种界面丰富、功能灵活的程序，但是因这些函数结构复杂，难以理解，容易误用。

　　随着软件技术的不断发展，在 Windows 平台上出现了很多优秀的可视化编程环境，程序员可以采用所见即所得的编程方式来开发具有精美用户界面和功能的应用程序。这此可视化编程环境操作简单、界面友好，如 V C++、V B、LabVIEW 等，这些工具提供了丰富的控件、类库或函数，加速了 Windows 应用程序的开发，所以受到程序员的普遍采用，但它们并不能将 Windows API 包含的上千个 API 函数所拥有的中大功能全部都封装为易用的接口，因此在实现某种特殊或复杂系统功能时，我们仍然要求助于 API 函数。

10.1.3　DLL 调用

　　相对于 CIN 来讲，NI 更推荐用户使用 DLL 来共享基于文本编程语言开发的代码。除了共享或重复利用代码，开发人员还能利用 DLL 封装软件的功能模块，以便这些模块能被不同开发工具利用。在 LabVIEW 中使用 DLL 一般有以下几种途径：

　　(1) 使用自己开发 DLL 中的函数。

(2) 调用操作系统或硬件驱动供应商提供的 API。

对于第一种方法来说，又可以通过以下几步来实现：

①在 LabVIEW 中定义 DLL 原型。

②生成.C 或.C++文件，完成实现函数功能的代码并为函数添加 DLL 导出声明。

③通过外部 IDE(如 VC++)创建 DLL 项目并编译生成.dll 文件。

④在 LabVIEW 项目中使用 DLL 中的函数。

以下将通过实例对这两种情况详细进行叙述。

LabVIEW 中 DLL 的调用是通过调用库函数节点(Call Library Function Node，CLFN)实现，该节点位于"函数→互连接口→库与可执行程序→CLFN"，如图 10-1 所示。

CLFN 的使用：从函数模板中的互连接口子模板中的库与可执行程序下调用 CLFN 模块，并放置在程序框图面板上，这时 CLFN 是一个空节点，不能完成任何功能，如图 10-2 所示。单击该节点并选择设置选项或双击该节点可以打开如图 10-3 所示的配置对话框。在该对话框中可以配置 DLL 的路径、函数名、线程、调用方式、参数、回调和错误检查等。

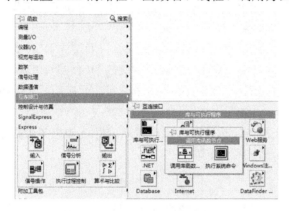

图 10-1　CLFN 节点位置　　　　　图 10-2　CLFN 节点

图 10-3　CLFN 的配置对话框

10.1.4　CLFN 配置参数类型

由于 LabVIEW 中的数据类型和不同编程语言对应的数据类型在形式上有些不一致，因此在 LabVIEW 中调用 DLL 时，很容易出现参数类型的匹配错误。例如，在 Windows API

中的 BYTE、WORD 和 DWORD 类型分别对应于 LabVIEW 中的 U8、U16 和 U32。在参数配置对话框中，当选定一个输入参数，在"类型"下拉列表中可以选择如下几种参数类型：数值、数组、字符串、波形、数字波形、数字数据、ActiveX、匹配至类型、实时数据指针。当选中一种类型后，在下方可以看到更多的详细配置信息。其中数值较简单，波形、数字波形和数字数据是自身支持的数据类型，使用也简单。

无论在 LabVIEW 中使用自己开发的 DLL，硬件驱动供应商或者操作系统提供的 API，都可以通过配置 CLFN 来完成。在 CLFN 图标上右击，在弹出的快捷菜单中选择"配置…"命令弹出"Call Library Function 配置"对话框。通过该对话框，可以指定动态库存放路径、调用的函数名，以及传递给函数的参数类型和函数返回值的类型。在配置完后，CLFN 节点会根据用户的配置自动更新其显示。通过单击"浏览"按钮或者直接在"库名/路径"文本框中指定调用函数在.dll 文件的路径。通过"浏览"按钮下的控件用户可以指定多个线程同时调用 DLL。默认情况下，LabVIEW 以"在 UI 线程中运行"方式调用 DLL，调用的函数将直接在用户线程中运行。另外一种方式为递归方式"任意线程中运行"，在这种情况下可以允许多个线程同时调用 DLL 中的函数。但要确保正常调用，必须使 DLL 中的代码线程安全。

在"函数名"输入框中指定要调用函数的函数名。通过"调用规范"下拉列表指定调用 DLL 中函数的方式。可以指定调用方式为"C"(默认方式)或 Windows 标准调用方式"stdcall(WINAPI)"。一般来说，用"C"方式调用开发人员自己写的 DLL 函数，而"stdcall(WINAPI)"一般为标准调用方式来调用 Windows 的 API 通过参数区域可以指定所调用函数的返回值类型。默认情况下 CLFN 节点没有输入参数而且只有一个"空"类型的返回参数。该参数由 CLFN 的第一对连接点的右端返回，代表 CLFN 执行结果。若返回参数的类型是"空"类型，则 CLFN 连接点为未启用状态(保持为灰色)。CLFN 的每一对连接点代表一个输入或输出参数，若要传递参数给 CLFN，则将参数连接相应连接点的左端，若要读取返回值，则将相应连接点的右端连接到显示控件。CLFN 返回参数的类型可以是"空、数值或字符串"。只能为返回参数指定"空"类型，输入参数不能指定为"空"类型。调用的函数没有返回值时，指定 CLFN 的返回参数类型为"空"类型。即使参数有确定类型的返回值，也可以指定 CLFN 的返回类型为"空"，但是此时，函数的返回值将被忽略。有些时候，调用的函数返回值不是以上 3 种类型，可以使用与以上 3 种类型中有相同大小的一个类型来代替。例如，若调用的函数返回一个字符串类型数据，则可以用一个 8 位无符号整型的数值类型来代替。有时可能在 CLFN 配置对话框中并不能找到要传递给它的参数类型，在这种情况下可以通过下面方法来解决。若参数不含指针，则可以通过 Flatten to String 函数将参数转换为字符串，并将此字符串指针传递给函数。其他一些技巧请参见 NI 手册。

下面用例子进行说明。

【例 10-1】调用含有结构体参数的函数。该函数的 C 代码如下：

```
Struct TD1{
    Double DBL
long I32
```

```
char Boolean
            };
_declspec(dllexport) void CLUSTERSsimple(TD1*input , TD1*output);
_declspec(dllexport) void CLUSTERSsimple(TD1*input , TD1*output)
{
Output | DBL=input |DBL*input| DBL;
Output | I32=input |I32/2;
If (input Boolean)
{
Output|boolean=0;
}
else
{
Output|boolean=1;
    }
}
```

将这段代码编译为 DLL 后，在 LabVIEW 中的 CLFN 的配置对话框中选择该函数，配置两个参数 input 和 output 均为匹配至类型，数据格式项为按值处理。在前面板上创建两个相同的簇，分别为输入簇和显示簇，簇中包含 DBL、I32 和 Boolean 这 3 个控件，这 3 个控件在簇中的顺序必须与 C 代码中的顺序一致(右击簇控件边缘并选择重排序簇控件可以设置簇内的控制顺序)。将这两个簇分别与 CLFN 的输入输出节点连接，如图 10-4 所示，运行结果如图 10-5 所示。

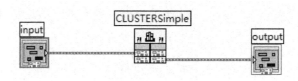

图 10-4   调用含有结构体参数后面框图

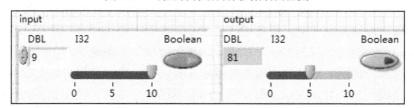

图 10-5   调用含有结构体参数前面板图

【例 10-2】下面一个 DLL 中 ARRAYfloor1D 函数的 C 代码，该函数输入一个 Double 双精度型数组及其长度，输出一个整型数组，该整型数组中每个元素对应输入数组中每个元素求平方后的基数。

```
#include <math.h>
_declspec(dllexport) void ARRYfloor1D(Double*input , int input_length,int*
output);
_declspec(dllexport) void ARRYfloor1D(Double*input , int input_length,int*
output)
```

```
{
int I;
/*calculate the floor of the square of each value . */
for ( i=0; i<input_length ;i++)
  {
Output[i]=(int)floor(input[i]*input[i]);
}
  }
```

通过外部编译器(如 Visual C++)将该段代码编译为 DLL 文件后，在 CLFN 配置对话框中指定该 DLL 的地址，选择函数名，线程设置任意，调用规范选择 C。在参数栏中设置函数返回类型为空，添加 input 参数为一维双精度浮点型数据，数组格式为数组数据指针。添加 input_length 为整型数值参数，数据类型为有符号 32 位整型，添加 output 参数为一维 32 位整数组。

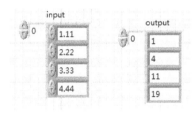

图 10-6　程序运行后的前面板

配置好参数后，就需要在前面板添加相应数据类型输入/输出控件，并将输入/输出在框图面板上分别与 CLFN 的输入和输出连线，前面板如图 10-6 所示，框图程序如图 10-7 所示。

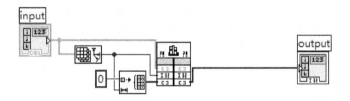

图 10-7　程序框图

10.1.5　调用自己开发 DLL 中的函数

开发人员可以在 LabVIEW 中指定 DLL 函数的原型，然后在外部 IDE 中完成代码并编译生成.dll 文件以供项目使用。

下面就以一个简单的数值求和的项目为例来说明这种开发过程。

1. 在 LabVIEW 中创建 DLL 函数原型

(1) 在 LabVIEW 的框图程序面板上添加一个 CLFN 并通过其右键快捷菜单打开 CLFN 的配置对话框。

(2) 使"库名/路径"输入框为 DLL 的文件路径及文件名。

(3) 指定函数名"函数名"和调用方式"调用规程"分别为 add2 和 C。

(4) 定义返回类型并指定其类型为数值型的有符号 32 位整型。

(5) 用"+"按钮添加第一个参数 a，指定其类型为数值有符号 32 位整型并设置参数传递方式为值。

(6) 用"+"按钮添加第二个参数 b，指定其类型为数值型有符号 32 位整型，并设置参数传递方式为值。

(7) 至此，函数的原型应如图 10-8 所示。

(8) 确定后会发现 CLFN 根据配置自动进行了更新更新后的情况如图 10-9 所示。

图 10-8　函数的原型

图 10-9　CLFN 更新及更新后图标

2. 生成.C 或.C++文件

完成实现函数功能的代码并为函数添加 DLL 导出声明；在 CLFN 节点上通过右键快捷菜单选择"Create .C File…"命令。

```
/* Call Library source file */
#include "extcode.h"
extern "C"{
        _declspec(dllexport) long add2(long a, long b);
        }
    {
/* Insert code here */
}
```

将以下代码插入到/* Insert code here */句之后实现函数的功能。

```
_declspec(dllexport) long add2(long a, long b)
{
 return(a+b);   /*加法*/
}
```

在完成实现函数功能的代码后，还必须为函数添加导出声明以便能在 LabVIEW 中使用这些函数。

C/C++声名导出函数的关键字是_declspec(dllexport)，使用该关键字可以代替模块定义文件。

对于此处的例子来说，只要在函数声明和定义部分添加关键字即可。最终代码如下：

```
/* Call Library source file */
#include "extcode.h"
extern "C"{
 _declspec(dllexport) long add2(long a, long b);

 {
 return(a+b);   /*加法*/
 }
    }
```

3. 在外部 IDE(以 VC++为例)中创建 DLL 项目并编译生成.dll 文件

用 VC++ 6.0 进行编译生成.dll 文件的步骤如下：

(1) 在 VC++中创建一个 DLL 项目，如果在 DLL 中没有使用 MFC 就选择创建"Win32Dynamic-Link Library"，否则选择"MFC AppWizard(dll)"，对此例子来说选择前者。选定后进入下一步选择创建一个空的 DLL 项目。

(2) 通过 Project→Add to Project→Files 添加 mydlltest.c 到创建的 mydlltest 项目之中。

(3) 通过 Project→Settings 打开项目配置对话框，选择 C/C++选项卡。

(4) 配置项目的 All Configurations。选择 Settings For 下拉列表中的 All Configurations，选择 Category 下拉列表中的 Code Generation，最后设置 Struct member alignment 为 1 Byte。

(5) 配置项目的 Release 版本。选择 Settings For 下拉列表框中的 Win32 Release，选择 Category 下拉列表中的 Code Generation，最后从 Use run-time library 下拉列表中选择 Multithreaded DLL。

(6) 配置项目的 Debug 版本。选择 Settings For 下拉列表中的 Win32 Debug，选择 Category 下拉列表中的 Code Generation，最后从 Use run-time library 下拉列表中选择 Debug Multithreaded DLL。

4. 在 LabVIEW 项目中调用.dll 中的函数

创建如图 10-10 所示的 VI，运行后可以看到对数值求和的结果。

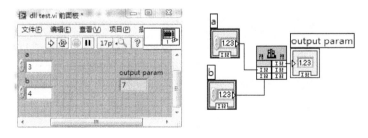

图 10-10　调用 DLL 函数的 VI

10.2　ActiveX 接口

ActiveX 通常翻译为"微软倡导的网络化多媒体技术"，实际上是它一整套跨越编程语言的软件开发方法和规范。ActiveX 的基础是组件对象模型(Component Object Model，COM)。当我们在程序中需要经常反复使用一段代码完成同样的任务时，很容易想到把这段代码作为一个子程序调用，便是不同的编程语言写的子程序在互相调用上存在很大困难。而 COM 是跨越编程语言的操作系统级标准，它定义了对象之间的存取方法，以允许应用程序或组件控制另一个应用程序或组件的运行。相互调对象时只需要载入对象所在的.exe 或.dll 文件，对象的代码并不存在主程序中。这就为多种编程语言各自发挥所长联合作业，并充分利用软件资源打下了基础。

ActiveX 采用客户机/服务器模式进行不同应用程序的链接，当应用程序调用其他应用程序的对象时，这个应用程序被作为客户端，当自己创建的对象被其他应用程序调用时，这个应用程序被作为服务器。LabVIEW 既可以作为客户端，又可以作为服务器。当作为客户端时，LabVIEW 可以调用其他的 ActiveX 控件，获得其属性和方法；作为服务器时，可以利用 ActiveX 容器在前面板显示 ActiveX 对象，其他应用程序，如 Visual Basic、Visual C、Excel 等可以访问 LabVIEW 发布的对象属性及方法。

ActiveX 的主要组成部分包括 ActiveX 自动化(ActiveX Automation)、ActiveX 控件(ActiveX Control)、ActiveX 文档(ActiveX Documents)和 ActiveX 脚本(ActiveX Scripting)。

10.2.1　使用 ActiveX 控件

利用 LabVIEW 的 ActiveX 容器，可以调用第三方提供的 ActiveX 控件，从而使程序前面板功能丰富，界面友好，节省程序开发的时间。在控件选板"新式→容器"子选板或".NET 与 ActiveX 控件"子选板中均可找到"ActiveX 容器"控件，如图 10-11 和图 10-12 所示。

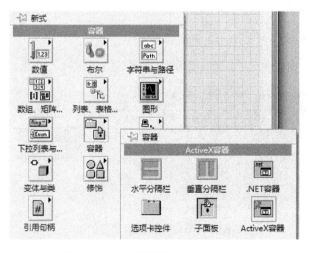

图 10-11　在前面添加 ActiveX 控件

图 10-12　ActiveX 控件所在选板

选择 ActiveX 容器控件，将其放置于前面板窗口中，在容器框内右击，在弹出的快捷菜单中选择"插入 ActiveX 对象"命令，就会弹出一个选择 ActiveX 控件的对话框，可以在这里选择多种 ActiveX 控件，如图 10-13 所示。这里选择日历控件 11.0，单击"确定"按钮，日历控件即可进入容器，如图 10-14 所示。

图 10-13　选择 ActiveX 控件

图 10-14　ActiveX 日历控件

在 ActiveX 日历控件上右击，在弹出的快捷菜单中选择"Calendar"级联菜单中的"属性"命令，即可打开日历属性对话框，在这里对 ActiveX 日历控件进行设置。

如果想要在 LabVIEW 环境中调用 Windows Media Player 进行播放，则在图 10-13 中选择 ActiveX 对象为 Windows Media Player，该对象即可进入容器。切换到程序窗口，会看到 Windows Media Player 控件的图标。再添加一个调用节点，并将其输入端与 Windows Media Player 输出端相连，选择方法为 openPlayer，并创建用于输入需要播放文件的路径的输入控件，如图 10-15 所示。这时，只需要在前面板输入播放文件的路径，即可调用 Windows Media Player 进行播放，如图 10-16 所示。

图 10-15　调用 Windows Media Player 控件

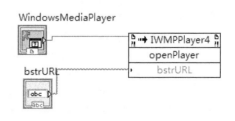

图 10-16　调用 Windows Media Player 前面板

10.2.2 使用 ActiveX 自动化

ActiveX Automation 是 ActiveX 最重要的功能之一，一个程序通过 ActiveX Automation 可以调用另一个程序的方法和属性进而实现对它的控制。

LabVIEW 通过"互连接口→ActiveX"函数子选板中的"打开自动化"函数使用 ActiveX 自动化功能。"打开自动化"函数返回一个自动化引用句柄。如果不连接这个参数，就在本地计算机打开这个对象。这个函数的主要参数有：

(1) 自动化引用句柄：与一个特定的 ActiveX 对象相联系。

(2) 机器名：说明打开哪一台计算机上的自动化引用句柄。如果不连接这个参数，就在本地打开这个对象。

(3) 打开新实例：该参数若连接 TRUE，就创建一个自动化引用句柄的新实例；若连接 FALSE(默认值)，则去连接引用句柄一个已经打开的实例；若连续失败就打开一个新实例。

在连接远程自动化引用句柄时必须安装分布式组件对象模型(Distribute Component Object Model，DCOM)。

【例 10-3】用"打开自动化"函数的应用功能将 DataSocket Server 自动打开或关闭。

我们每次运行 DataSocket 函数传输数据前后都要手工打开或关闭 DataSocket Server，这样对于用户很不方便，NI 公司为了方便在不同编程环境中对它调用，把它封装到一个类库，这样我们就可以通过 ActiveX 技术实现自动打开或关闭 DataSocket Server。

在程序框图面板上放进"打开自动化"函数如图 10-17 所示。

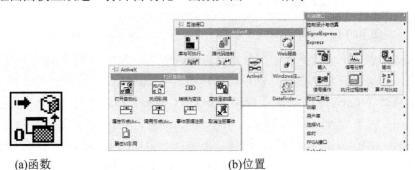

(a)函数   (b)位置

图 10-17   打开自动化函数

(1) 在函数图标的右击，在弹出的快捷菜单中选择"选择 ActiveX 类"级联菜单中的"浏览"命令，如图 10-18 所示。

图 10-18   选择 ActiveX 类

(2) 弹出图 10-19 所示的"从类型中选择对象"对话框，在"类型库"下拉列表中选择选项。在"对象"列表框中出现这个库对 LabVIEW 可用的对象。

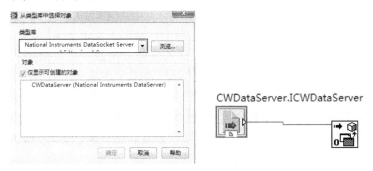

图 10-19　从类型中选择对象

(3) 选择需要的对象后单击"确定"按钮。在"打开的自动化"函数的"自动化引用句柄"参数上会自动产生一个自动化引用句柄控件。

(4) 也可以先在前面板上从"引用句柄"控件子选板中选择"自动化引用句柄"放在前面板上，然后右击"自动化引用句柄"控件，在弹出的快捷菜单中选择"选择 ActiveX 类"级联菜单中的"浏览"命令打开选择类型库对话框。选择了 ActiveX 对象以后再把自动化引用句柄的接线端连接到"打开自动化"函数的"自动化引用句柄"参数上。

(5) 打开 ActiveX 自动化以后，把自动化引用句柄连接到调用节点，如图 10-19 所示。调用节点上出现 ActiveX 对象名称，在节点上右击，在弹出的快捷菜单中选择"show"命令。这样就可以通过方法调用，自动打开 DataSocket Serve，运行结果如图 10-20 所示。

(6) 程序最后关闭了 ActiveX 自动化引用句柄，但是 DataSocket Server 并不关闭。

(7) 思考：如何设计一个让 DataSocket Server 自动关闭的程序？

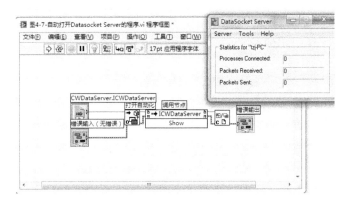

图 10-20　运行结果

10.2.3　LabVIEW 作为 ActiveX 服务器

LabVIEW 及其 VI 和控件的属性、方法可以通过 ActiveX 被其他应用程序调用。Microsoft Excel 等支持 ActiveX 的应用程序，可以从 LabVIEW 请求属性、方法和某个 VI 服务，这种情况下，LabVIEW 被作为一个 ActiveX 服务器。

LabVIEW 的一个 Excel 调用 LabVIEW 服务的例子，文件名 freqresp.xls，在 NI\LabVIEW2011\exemples\comm 文件夹中。这个文件里写了一个宏，调用 NI\....\exemples\apps\frequency response.vi。将这个 VI 频率响应曲线图形和数据嵌入到 Excel 表中。打开这个文件之前要先进行 VI 服务器设置，在"选项"对话框中切换到 VI 服务器：配置"选项卡"，要保证选中 ActiveX 复选框及"可访问的服务器资源"选项组中的 4 项；在"VI 服务器"：导出 VI 选项卡中为了简便使用通配符*设置允许输出所有 VI。打开 freqresp.xls 时，excel 会提示是否启用宏，单击"启用宏"按钮。

打开 freqresp.xls 以后，按 Ctrl+L 组合键，无论 LabVIEW 是否打开，Excel 都会自动调出 Frequency Response VI 并运行，然后将运行数据和频率响应曲线嵌入电子表格中。按 Ctrl+M 组合键可以清除数据和曲线。

【例 10-4】向 Excel 指定位置写入数据。

本例通过 Microsoft Excel 14.0 Object Library 提供的 Excel ActiveX 自动化对象实现对 Excel 的操作。

图 10-21 ActiveX 自动化对象选择对话框

首先放置"打开自动化函数"在程序框图中，右击函数图标自动化引用句柄端子，在弹出的快捷菜单中选择"创建"级联菜单中的"输入控件"命令，创建一个自动化引用句柄控件，右击该控件并在弹出的快捷菜单中选择"ActiveX 类"级联菜单中的"浏览"命令，弹出如图 10-21 所示的 ActiveX 对象选择对话框。

在该对话框中选择 Microsoft Excel 14.0 Object Library 中的 Application 对象。单击"确定"按钮就完成了打开自动化引用句柄控件与 Excel Application 的连接，下面只要将自动化句柄输出与属性节点或引用节点连接就可以获得该对象的属性和方法，从而实现对 Excel 的操作，如图 10-22 所示。

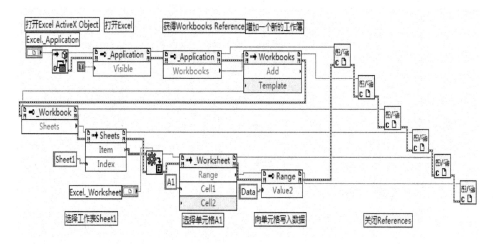

图 10-22 通过 ActiveX 自动对象向 Excel 指定位置写数据

通过 Excel Application 的 Visuable 属性来打开 Excel 程序界面，再通过它的工作簿属性获得工作簿对象的参考；再通过该工作簿对象的 Add 方法新建一个工作簿，Add 方法返回的是新建工作簿的引用，通过该引用的 sheets 属性获得当前工作簿下的表单对象的引用；通过 Excel.sheets 对象的 Item 方法获得其中一个表单，该方法返回的是变量数据，需要将其转换为 Excel_worksheet 引用。通过 Worksheet 对象的 Range 属性获得其中一个 Range 对象，然后通过改写 Range 对象的 Value2 属性实现对该单元格写入数据。最后通过 Close Reference 函数关闭所有打开对象的引用。

该程序运行结果如图 10-23 所示，该 Excel 没有被保存，用户可以增加新的属性节点或方法节点实现对 Excel 的保存。用户也可以在 Example Finder 中输入"ActiveX"关键字打开 LabVIEW 自带的实例 Write Table to XL.vi 来学习更好的 Excel 操作方法。

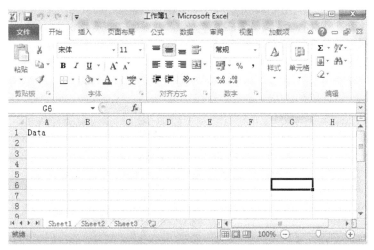

图 10-23　通过 ActiveX 向 Excel 写数据

10.3　MATLAB 接口

MATLAB 是 MathWorks 公司于 1982 年推出的一套高性能的数值计算可视化软件，它将数值分析、矩阵计算、科学数据可视化及非线性动态系统的建模和仿真等诸多强大功能集成在一个易于使用的视窗环境中，为科学研究、工程设计及必须进行有效数值计算的众多科学领域提供了一种全面的解决方案，并且提供了丰富的工具箱，如神经网络工具箱 (Neural Network Toolbox)、优化工具箱(Optimization Toolbox)、模糊逻辑工具箱(Fuzzy Logic Toolbox)、图像处理工具箱(Image Processing Toolbox)、鲁棒控制工具箱(Robust Control Toolbox)、系统辨识工具箱(System Identification Toolbox)、控制系统工具箱(Control System Toolbox)等，为各个领域的研究和工程利用提供了强有力的计算、分析、和设计工具。但与 LabVIEW 比较，MATLAB 在界面开发、数据采集、仪器控制和网络通信都远不如 LabVIEW，因此，将 LabVIEW 与 MATLAB 软件集成，就提供了在 LabVIEW 与 MATLAB 两种软件环境中更好的集成开发途经，可以充分利用各自的优点，直观、方便地进行分析、计算和设计工作。

而 MathScript 节点是内嵌在 LabVIEW 中的,用户即使没有安装 MATLAB 软件,也可以在程序框图中通过 MathScript 节点创建、加载和编辑 MATLAB 语法编写的 LabVIEW MathScript 及脚本,但不支持 MATLAB 软件所支持的函数。

LabVIEW 与 MATLAB 的混合编程的方法有多种。最简单的就是通过 LabVIEW 提供的 MATLAB Script 节点,它类似于 MathScript 节点的使用。它实际上利用的是 ActiveX 技术,因此也可以在 LabVIEW 中直接调用 MATLAB 的 ActiveX 对象来与 MATLAB 通信。另外由于 MATLAB 的编译器能将函数文件编译为 C/C++代码,这些代码又能被 C/C++编译器(如 Microsoft Visual C++6.0)编译成.dll 文件,只要接口(输入输出参数)安排正确,就可以将 MATLAB 编写的算法集成到 LabVIEW 应用程序中,且脱离了 MATLAB 的运行环境,执行效率高。

10.3.1　MATLAB Script 节点

MATLAB Script 节点位于"函数"选板中的"数学→脚本与公式→脚本节点"子选板中,如图 10-24 所示。

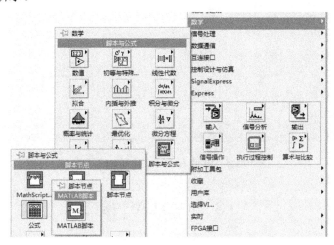

图 10-24　MATLAB 脚本节点

MATLAB Script 节点的使用方法与 MathScript 节点非常相似,只是 MathScript 节点是 LabVIEW 内置的,必须在 LabVIEW 中执行,其支持的函数也由 LabVIEW 提供。而 MATLAB 脚本节点调用 MATLAB 软件以执行脚本,由于脚本节点是通过调用 MATLAB 软件脚本服务器执行用 MATLAB 语言所编写的脚本,因此必须安装具有许可证的 MATLAB 6.5 或是以上版本才能使用 MATLAB 脚本节点,LabVIEW 使用 ActiveX 技术执行 MATLAB 脚本节点,故 MATLAB 脚本节点仅可用于 Windows 平台。

在程序框图中放置 MATLAB 脚本节点后,用户可以采取两种方法向 MATLAB 脚本节点输入 MATLAB 文件。一种是直接使用操作工具在脚本节点中编写 MATLAB 程序,然后在函数图标中右击,在弹出的快捷菜单中选择"导出"命令将程序保存在指定的文件路径下,保存为 MATLAB 支持的".m"文件格式;另一种是在函数图标中右击,在弹出

的快捷菜单中选择"导入"命令，从弹出的对话框
中选择指定的 MATLAB 脚本文件即可，如图 10-25
所示。

　　同样，可以通过为 MATLAB 脚本点添加输入、
输出端子来实现 LabVIEW 与 MATLAB 脚本节点交
互数据，分别采用在函数图标边框中右击，在弹出
的快捷菜单中选择"添加输入"命令和"添加输出"
命令实现，如图 10-26 所示。

　　与公式节点相同，用户也可以为 MATLAB 脚
本文件节点的每个输入和输出端子创建输入控件
和显示控件，如图 10-27 所示。

图 10-25　MATLAB 脚本文件菜单操作

图 10-26　为 MATLAB 脚本文件节点添加输入和输出端子　　图 10-27　创建输入控制和显示控件

10.3.2　LabVIEW、MathScript 节点和 MATLAB Script 节点数据类型

　　在 MATLAB 中，用户一般不用指定数据类型，所有输入变量会有默认的类型，而在
LabVIEW 中，MathScript 节点无法判断用户创建的输入和输出变量的数据类型，用户必须
为每个脚本节点的输入及输出变量指定一个数据类型。MATLAB 是严格语法类型的脚本
语言，它直到运行脚本时才确定变量的数据类型。因此，LabVIEW 无法在编辑模式下确
定变量的类型。LabVIEW 通过询问脚本服务器，查找可用的数据类型。

　　在 MATLAB 中，对于任何新的输入或输出，其默认数据类型为 Real，而在 MATLAB
Script 节点上，可以改变输入或输出端子的数据类型，因此，应该经常检查脚本节点的输
入和输出数据类型。给 MATLAB Script 节点变量定义数据类型的方法是：在变量上右击，
在弹出的快捷菜单中选择插入"选择数据类型"命令，就会出现 MATLAB 中的各种数据
类型名称，然后按照事先在 MATLAB 中定义的类型给每个变量选择合适的数据类型，则
系统会把变量变成相应的 LabVIEW 的类型。选择数据类型的菜单操作如图 10-28 所示。

　　在 LabVIEW 中，MathScript 节点的运行方式与其他脚本节点有所不同，MathScript
节点可决定输入变量的数据类型，但无法决定输出变量的数据类型。如果为 MathScript 节
点输入端连接了它不支持的数据类型，LabVIEW 将把该数据类型转换为 MathScript 节点
支持的数据类型，或显示一条断线。若 LabVIEW 进行了数据类型转换，则发生转换的接
线端上将出现一个强制转换点。当连接输入至 MathScript 节点时，右击并在弹出的快捷菜

单中选择插入"显示数据类型"命令，可查看输入数据的类型如图 10-29 所示。表 10-1 列出了 LabVIEW 数据类型及其在 MATLAB Script 节点和 MathScript 节点中相应数据类型。

图 10-28　选择数据类型的菜单操作

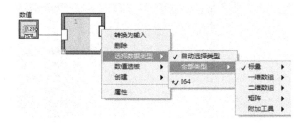

图 10-29　显示 MathScript 节点输入数据类型

表 10-1　LabVIEW 数据类型及其在 MATLAB Script 节点和 MathScript 节点相应数据类型

LabVIEW 数据类型	MATLAB®脚本节点数据类型	MathScript 节点数据类型
双精度浮点数	Real	标量→DBL
双精度浮点复数	Complex	标量→CDB
双精度浮点型一维数组	1-D Array of Real	一维数组→DBL 1D
双精度浮点复数一维数组	1-D Array of Complex	一维数组→CDB 1D
双精度浮点型多维数组	2-D Array of Real	矩阵→Real Matrix (2D only)
双精度浮点型复数多维数组	2-D Array of Complex	矩阵→Complex Matrix (2D only)
字符串	String	标量→String
路径	Path	N/A
字符串一维数组	N/A	一维数组→String 1D

　　MathScript 节点和 MATLAB Scrip 节点仅可按行处理一维数组输入。如需将移位数组的方向从行改为列，或从列改为行，则应在对数组中的元素进行运算前将数组转置。转换 VI 和函数或字符串/数组/路径转换函数可将 LabVIEW 数据类型转换为 MathScript 节点、MATLAB Scrip 节点支持的数据类型。

10.3.3 MATLAB Script 节点应用示例

下面通过一个简单的例子来说明 MATLAB 节点是如何工作的。图 10-30 是 LabVIEW 中使用 MATLAB Script 节点调用 MATLAB 的图形显示，在图中，对函数 $z=\sin(x)*\cos(y)$ 在 LabVIEW 中作三维曲面图，其中，x 和 y 都在 $0\sim5\pi$ 内，x、y 坐标轴上的步长为 0.02π。图 10-31 是该示例的 LabVIEW 的程序框图。若没有事先打开 MATLAB，则在程序运行时 LabVIEW 将同时启动 MATLAB 并在 MATLAB 中自动运行该脚本程序，如图 10-32 所示。

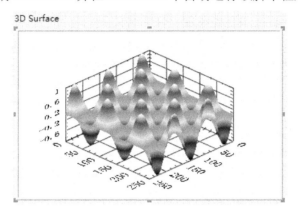

图 10-30　MATLAB 节点示例图

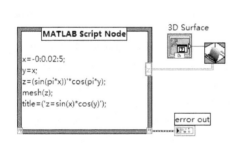

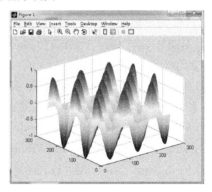

图 10-31　MATLAB 节点示例程序图　　　　图 10-32　MATLAB 中的运行结果

10.3.4 利用 ActiveX 技术实现 LabVIEW 和 MATLAB 的混合编程

使用 MATLAB Script 节点非常简单，但是由于它会打开 MATLAB 并使 MATLAB 软件界面可见，这一方面会大增加程序运行所占用的 CPU 时间及硬盘空间，还可能会干扰前台程序的运行，甚至造成程序的崩溃；另一方面，当 MATLAB Script 节点中的程序执行完毕后，MATLAB 也不能自动关闭。

因此，如果用户希望更如灵活地对 MATLAB 进行控制，那么可以利用 MATLAB 提供的 MATLAB Application Type 中的 DIMAPP ActiveX 自动化对象。该对象具有对 MATLAB 更强的控制能力，如随时打开或关闭 MATLAB，隐藏任务栏中的 MATLAB 图标，与 MATLAB 进行字符数组传输等，这些都是 MATLAB Script 节点所不具备的功能。

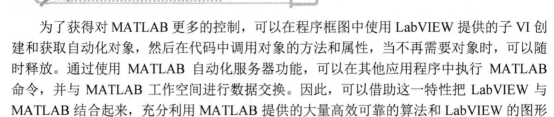

为了获得对 MATLAB 更多的控制，可以在程序框图中使用 LabVIEW 提供的子 VI 创建和获取自动化对象，然后在代码中调用对象的方法和属性，当不再需要对象时，可以随时释放。通过使用 MATLAB 自动化服务器功能，可以在其他应用程序中执行 MATLAB 命令，并与 MATLAB 工作空间进行数据交换。因此，可以借助这一特性把 LabVIEW 与 MATLAB 结合起来，充分利用 MATLAB 提供的大量高效可靠的算法和 LabVIEW 的图形化编程能力，混合开发出功能强大的应用软件。

MATLAB 提供的可由 LabVIEW 调用的 DIMAPP ActiveX 自动化对象包括了 8 个方法和 1 个属性，下面介绍这些方法和属性。

(1) BSTR Execute(BSTR Command):Execute 方法调用 MATLAB 执行一个合法的 MATLAB 命令，并将结果以字符串的形式输出。其输入参数 Command 为字符串类型变量，表示一个合法的 MATLAB 命令。

(2) Void GetFullMatrix(BSTR Name，BSTR Workspace，SAFEARRY(double)*pr，SAFEARRAY(double)*pi): 使用 GetFullMatrix 方法，LabVIEW 从指定的 MATLAB 工作空间中获取一维或二维数组。Name 是数组名，Workspace 标识包含数组的工作空间，其默认值为 base。pr 包含了所提取数组的实部，pi 包含了所提取数组的虚部，它们在 LabVIEW 中为变体(Variant)数据类型。

(3) Void PutFullMatrix(BSTR Name，BSTR Workspace，SAFEARRY(double)*pr，SAFEARRAY(double)*pi): 此方法向指定的 MATLAB 工作空间中设置一维或二维数组。若传递数据为实数型，则 pi 也必须传送，不过其内容可以为空。

(4) BSTR GctCharArry(BSTR Name，BSTR Workspace): 此方法从指定的 MATLAB 工作空间中获取字符数组。

(5) BSTR PutCharArry(BSTR Name，BSTR Workspace，BSTR charArry): 此方法向指定的工作空间中的变量写入一个字符数组。

(6) Void MinimizeCommandWindow(): 此方法使 MATLAB 窗口最小化。

(7) Void MaximizeCommandWindow(): 此方法使 MATLAB 窗口最大化。

(8) Void Quit(): 用于 MATLAB 退出。

(9) 属性 Visible：当 Visible 为 1 时，MATLAB 窗口显示在桌面上；当当 Visible 为 0 时，隐含 MATLAB 窗口。

【例 10-5】如图 10-33 所示，首先通过 Automation Open 函数打开 MLApp.DIMLApp 对象，然后通过其 Visible 属性隐藏 MATLAB 编程环境界面。通过 Execute 方法执行 M 脚本，再通过 GetFullMatrix 方法获得二维数组 Z 的值，最后通过 Quit 方法关闭 MATLAB。该 VI 运行结果与上节运行结果一致，只是不会出现 MATLAB 编程环境界面。相关更多知识可以参考网页：ttp://www.mathworks.com/acess/helpdesk/help/techdoc/matlab_external/。

当使用 ActiveX 函数模板的过程中，经常会遇到数据类型转换，尤其是变体与其他类型的转换，当调用大型算法时，必须明确输入和输出数据的具体类型，而且尽量减少数据传输量和启动 MATLAB 自动化服务器的次数。ActiveX 函数模板适于较大的应用程序开发，在 LabVIEW 的顺序结构中不提倡使用它，原因是顺序结构妨碍了作为 LabVIEW 优点之一的程序并行运行机制，并且 MATLAB 自动化服务器启动也需要一定的时间，这会使整个程序不能及时处理其他的用户的操作。

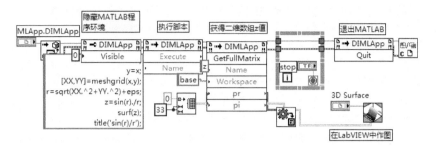

图 10-33 通过 ActiveX 执行 MATLAB 代码

10.4 实例参考

【例 10-6】通过 LabVIEW 中的 CLFN 调用 C 语言实例。

功能：调用自己开发 DLL 中的函数，从而实现 C 语言代码调用的过程。实现步骤如下：

1. 建立 DLL 的 C 代码调用

1) 建立函数原形

(1) 后面框图程序中，调用 CLF 节点。

(2) 配置一个函数原形，如 long mult(long a，long b)，设置调用规程为 C，其他不变，确定，退出。

(3) 右击 CLF 节点，create C file，保存名字为 code.cpp，以供 VC++编译使用。

2) 编辑源代码文件

(1) 将所需要的 LabVIEW 头文件复制到 code.cpp 所在目录中，包括 extcode.h platdefines.h fundtype.h。

(2) 打开 code.cpp，添加关键词 extern "c"、_declspec(dllexport)并包装；然后输入函数的功能代码，如果 1 个 DLL 里面需要多个函数，则需要声明多个函数的原型。本例子采用了 2 个函数：add 和 mult2，如图 10-34 所示。

```
/* Call Library source file */
#include "extcode.h"
extern "C"{
_declspec(dllexport) long mult2(long a, long b);
        }
_declspec(dllexport) long add2(long a, long b)
  {
  return(a+b);
  }
_declspec(dllexport) long mult2(long a, long b)
  {
  return(a*b); /* 乘法 */
  }
```

图 10-34　编辑源代码文件

2.　VC++中编译产生 DLL

(1)　建立 project，file→new→win32 Dyna，mic Link Library，输入工程名，选择 an empty dll project。

(2)　添加 code.cpp 到 source file，添加 extcode.h platdefines.h fundtype.h 到 head files 里面。

(3)　设置 DLL 参数 project→settings→C/C++中设置参数：category: code generation ；根据函数要求可以选择 1Byte\4Byte\8Byte，采用默认就可以；multithread；其余可以默认，自己也可以微调。

(4) Build→Build code.dll。

(5)　单击"OK"按钮完成，如图 10-35 所示。

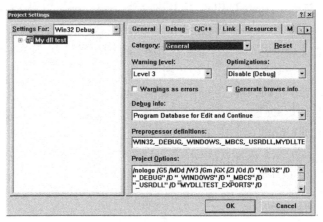

图 10-35　产生 DLL 文件

3.　Labview 调用 C 代码

(1)　双击 CLFN，分别设置输入参数 a 和 b，及返回参数类型。

(2)　前面板上增加两个输入控件，和一个输出控件。

(3)　设定两个输入的值后，运行此 VI，结果如图 10-36 所示。

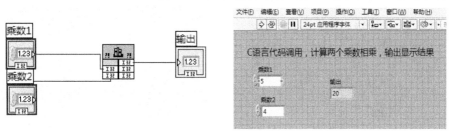

图 10-36　运行结果

【例 10-7】LabVIEW 调用 Win32 API 控件。

功能：Windows API 函数是封装在 Windows 系统目录下提供的多个 DLL 文件，通过调用这些系统的动态链接库就能实现 API 调用。

实现步骤：

(1) 首先建立一个空的 CLFN 节点，在"函数选板→互连接口→库与可执行程序"中选择 CLFN。

(2) 配置 CLFN，在 CLFN 图标上右击，从弹出的快捷菜单中选择配置或者在 CLFN 图标上双击，可以弹出 CLFN 对话框，如图 10-37 所示。在对话框中可以配置 CLFN 调用的 Windows API。

(3) 在配置窗口中，先在"库名/路径"选项中添加 User32.dll 整个 DLL 文件的路径——"C:\Windows\System32\user32.dll"。此时函数名下拉菜单中将会显示 User32.dll 这个文件中所包含的所有函数，如图 10-38 所示。

(4) 从函数中选择 MessageBoxA，并在右边线程中选"在 UI 线程中运行"。

图 10-37　CLFN 的配置对话框

图 10-38　CLFN 中选择 Windows API 函数

（5）更改调用规范类型为 stdcall(WINAPI)。

（6）设置函数返回值，在参数中选择返回类型，类型为数值型，在数据类型中选择无符号 32 位整型，单击"＋"号添加参数 1，在名称中填写参数名为"hWnd"，类型为数值型，数据类型为"无符号整型"，在传递选项中选择"值"。

（7）依次添加第 2 个参数，参数名为"IpText"，类型为"字符串"，数据类型为"C字符串指针"；添加第 3 个参数名为"IpCation"，类型为"字符串"，数据类型为"C字符串指针"；添加第 4 个参数名为"uTpe"，类型为"数值"，数据类型为"无符号整型"，在传递选项中选择"值"，如图 10-39 所示。

图 10-39　在 CLFN 中配置参数

（8）单击"确定"按钮，此时 CLFN 图标上出现了 4 个数据输入端口，分别是 hWnd、IpText、IpCation、uTpe，分别在 4 个输入添加数据，将 hWnd 数据端口连接数值型数据"0"，表明此消息框不继承任何父窗口，与其他窗体没有任何关联；在 IpText 数据端口连接字符串"在 LabVIEW 中调用 Windows API"；在 IpCation 数据端口连接字符串"Windows 标准消息框"；最后在 uTpe 数据端口连接数字"579"，表明消息框中显示"是(Y)、否(N)

和取消"3 个按钮，并且"取消"为默认按钮，同时显示消息标志。

运行程序将弹出如图 10-40 所示的对话框，消息框中显示"是(Y)、否(N)和取消"3 个按钮，并且"取消"为默认按钮，同时显示消息标志。

图 10-40　CLFN 运行结果

【例 10-8】LabVIEW 调用 ActiveX 控件。

内容：创建一个 VI 程序。此 VI 要实现的功能是调用 ActiveX 控件，并设置 ActiveX 控件对象为 Microsoft Office Spreadsheet 11.0，并通过设置往 Spreadsheet 中写入指定数据。

实现步骤：

(1) ActiveX 控件位于"控件→新式→容器→ActiveX 容器"。选中后将其放置在前面板。右击该容器，在弹出的快捷菜单中选择"插入 ActiveX 对象"命令可以打开 ActiveX 对象选择对话框，如图 10-41 所示。

图 10-41　插入 ActiveX 对象选项

(2) 这里选择 Microsoft Office Spreadsheet 11.0，它是微软公司的 Office Web 组件。单击"确定"按钮，该组件就嵌在 ActiveX 容器中了，如图 10-42 所示，可以看到，这是一个非常类似 Excel 表格的编辑界面，无论该 VI 是否处于运行状态，用户都可以编辑该电子表格。

(3) 右击 ActiveX 控件，选择 Property Browser 选项可以查看或设置对象的属性。Property Browser 选项只在 VI 编辑状态下可用，在运行状态下是不可用的。

若要通过编程访问 ActiveX 容器中对象或方法，则需要通过属性节点和方法节点。通过 ActiveX 容器，用户不再需要自动化打开函数或是关闭引用函数来获得或关闭 ActiveX 对象的引用，用户直接将 ActiveX 容器与属性节点或方法节点连接来访问其属性或方法。但是如果该 ActiveX 容器的属性或方法会返回其他的自动化引用，那么必须通过关闭引用函数来关闭它。如图 10-43 所示，通过属性节点和方法节点来实现向容器中的电子表格写入数据。

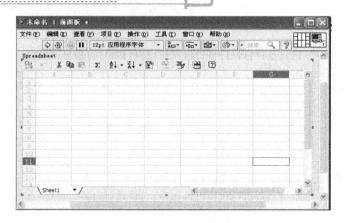

图 10-42　ActiveX 容器放置

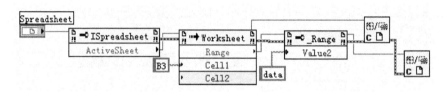

图 10-43　通过编程向容器中的电了表格写入数据

【例 10-9】LabVIEW 调用 MATLAB Script 节点。

内容：创建一个 VI 程序，此 VI 要实现的功能是：调用 MATLAB Script 节点，用 MATLAB Scrip 节点产生随机数，并用图形控件显示，求随机数的平均值。

实现步骤：

(1) 新建一个 VI，放置一个 MATLAB Script 函数，MATLAB Script 节点位于"函数→数学→脚本与公式→脚本节点→MATLAB 脚本节点"。选中后将其放置在程序框图中。

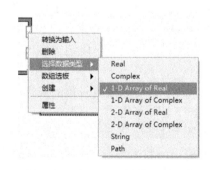

图 10-44　改变变量 *x* 的数据类型

(2) 在前面板放置一个输入控件"采样点数"，用于输入产生的随机数，同时放置一个输出显示器"平均值"，用于显示产生随机数的平均值。

(3) 在程序框图中 MATLAB Script 脚本节点左右边框上右击，在弹出的快捷菜单上分别选择"添加输入""添加输出"命令为其添加一个输入变量 n 和两个数出变量 x、y。变量默认数据类型和实数型，由于输出变量 x 是一维数组，所以需要在其快捷菜单中等执行"选择数据类型"命令将数据类型变为"一维数组"如图 10-44 所示。

(4) 在 MATLAB Script 节点中编辑如下的 M 程序：

```
x=rand(n,1)
x=x'
y=mean(x)
```

在程序中，*n* 表示要产生的随机数的数量，*x* 表示生成的随机数，*y* 表示生成的随机数的平均值。

(5) 在 MATLAB Script 节点的 error output 输出端口的快捷菜单中选择"创建显示控件"命令为前面板创建一个错误信息指示器。

完成操作，运行程序。

程序运行结果的前面板和程序框图分别如图 10-45 和图 10-46 所示。

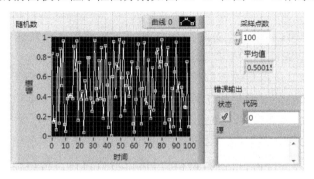

图 10-45　采用 MATLAB Script 节点产生随机数

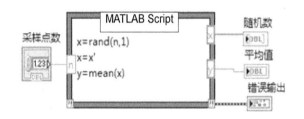

图 10-46　采用 MATLAB Script 节点产生随机数程序框图

本章小结

为了能够充分利用其他编程语言的优点，LabVIEW 提供了强大的外部程序接口能力，通过这些外部程序接口，LabVIEW 可以实现与外部程序交换数据。本章中主要介绍了 CLFN 中的 DLL、API、MATLAB 和 ActiveX 等几种常用外部程序接口，并结合了具体示例来详细说明了使用外部程序接口的详细过程与需要注意的问题。

阅读材料

LabVIEW 中 DLL 参数配置

当在库名/路径栏中设定了 DLL 的路径后，在函数名下拉列表中就可以看到该 DLL 所包含的所有函数名。若选中了在程序框图中指定路径复选框，则 DLL 的路径在程序框图中由引用输入指定，此时库名/路径失效。

在右边的线程栏中可以选择 DLL 是否可以被重入调用，默认情况是在 UI(User Interface)线程中运行，即该 DLL 只能在用户界面下运行。此时，如果 DLL 中被调用函数返回时间过长，那么就会导致 LabVIEW 不能执行用户界面中的其他任务，因此界面反应可能会很慢，甚至死掉。这时最好把它设成在任意线程中运行项，若设置成在任意线程中运行项，则该 DLL 可以由多个线程同时调用。当然，前提条件是保证该 DLL 能被多个线程同时安全调用。

在调用规范栏中可以设置该 DLL 是标准 WINAPI 调用还是普通 C 调用。一般来说，都是采用 C 调用，但是对于 API 调用必须选择 stdcall(WINAPI)。

在参数栏下可以设置函数的返回值类型和输入参数。左边栏用于增加或删除参数，在边是返回类型，右边当前参数栏用于设定参数名和参数类型。LabVIEW 支持绝大部分的 Windows、ANSI、数组、结构体和 LabVIEW 的数据类型，每一种数据类型都对应于 LabVIEW 中某一类型的数据控件。例如，字符串指针对应于 LabVIEW 字符串控件，结构体对应于 LabVIEW 的簇等。每当设定一个参数时，在最下面的函数原型栏中都会显示相应的函数原型。

在回调栏下可以设置回调函数。

ActiveX 控件

ActiveX 控件是一种可重用的软件组件，通过使用 ActiveX 控件，可以很快地在网址、台式应用程序及开发工具中加入特殊的功能。例如，StockTicker 控件可以用来在网页上即时地加入活动信息，动画控件可用来向网页中加入动画特性。如今，已有 1000 多个商用的 ActiveX 控件，开发控件可以使用各种编程语言，如 C、C++、下一代的 Microsoft Visual Basic&reg，以及微软公司的 Visual Java 开发环境 Microsoft Visual J++™。主要的编辑语言是：主要的是 C++、VB、VC、C#、Java、delphi、PowerBuilder、VBScript。ActiveX 控件一旦被开发出来，设计和开发人员就可以把他当作预装配组件，用于开发客户程序。以此种方式使用 ActiveX 控件，使用者无需知道这些组件是如何开发的，在很多情况下，甚至不需要自己编程，就可以完成网页或应用程序的设计。

ActiveX 控件可以在 Windows 窗体和 Web 程序上使用，所以不管是什么语言开发的应用程序只要在 Windows 窗体和 html 页面中使用，同时也可以在 MAC 和 JAVA 平台使用，大部分均采用 ActiveX 控件，这就是我们平时看到的各种网上银行的安全控件等应用。

LabVIEW 与 MATLAB

MATLAB 是 MathWorks 公司开发的"演算纸"式的程序设计语言。它提供了强大的矩阵运算和图形处理功能，编程效率高，几乎在所有的工程计算领域都提供了准确、高效的工具箱。但 MATLAB 也有不足之处，例如，界面开发能力较差，并且数据输入、网络通信、硬件控制等方面都比较烦琐。

LabVIEW 语言是美国 NI 公司推出的一种非常优秀的面向对象的图形化编程语言。LabVIEW 是实验室虚拟仪器集成环境的简称，是一个开放型的开发环境，使用图标代替文本代码创建应用程序，拥有大量与其他应用程序通信的 VI 库。例如，LabVIEW 使用自动化 ActiveX、DDE 和 SQL，可与其他 Windows 应用程序集成；使用 DataSocket 技术、Web Server、TCP/IP 和 UDP 网络 Vis，与远程应用程序通信。在对硬件的支持方面，LabVIEW 集成了与 GPIB、VXI、PXI、RS-232/485、PLC 接口，PLC 是一种专门在工业环境下应用而设计的数字运算操作的电子装置。它采用可以编制程序的存储器，用来在其内部存储执行逻辑运算、顺序运算、计时、计数和算术运算等操作的指令，并能通过数字式或模拟式的输入和输出，控制各种类型的机械或生产过程。PLC 及其有关的外围设备都应按照易于与工业控制系统形成一个整体，易于扩展其功能的原则而设计。和插入式数字采集设备等进行数据通信的全部功能。在 LabVIEW 下开发的程序称为虚拟仪器 VI，因为其外形和操作可以模拟实际的仪器。在对各种算法的支持方面，LabVIEW 的工具箱非常有限，这就限制了大型应用程序的快速开发。

LabVIEW 建立在易于使用的图形数据流编程语言——G 语言上，大大简化了过程控制和测试软件的开发。MATLAB 以其强大的科学计算功能、大量稳定可靠的算法库，已在为数学计算工具方面事实上的标准。但二者各有欠缺，利用混合编程可以相互补充。通过 LabVIEW 构建测试仪器开发效率高、可维护性强、测试精度、稳定性和可靠性能够得到充保证；具有很高的性价比，节省投资，但于设备更新和功能扩充。如果能利用 MATLAB 功能强大的算法库，可望开发出更具智能化的，将会在诸如故障诊断、专家系统、复杂过程控制等方面大有用武之地。

习　题

一、填空题

1．在 LabVIEW 中，对 Windows API 函数调用是通过＿＿＿＿＿＿＿来实现的。

2．ActiveX 是微软公司提出的一组使用＿＿＿＿＿＿＿(COM)，使得软件组件在＿＿＿＿＿＿＿进行交互的技术集，它与具体的编程语言无关，LabVIEW 支持对 ActiveX 控件调用。

3．ActiveX 采用客户机/服务器模式进行不同应用程序的链接，当应用程序调用其他应用程序的对象时，这个应用程序被作为＿＿＿＿＿＿，当自己创建的对象被其他应用程序调用时，这个应用程序被作为＿＿＿＿＿＿。

二、简答题

1．说明在 LabVIEW 中调用 MATLAB 节点的方法。

2．理解在 LabVIEW 中如何 LabVIEW 调用 DLL。

三、实做题

1．编写 LV 程序，调用 C 语言代码计算两个实数的平方和。

2．编写 LV 程序，调用 ActiveX 控件，实现打开一个 Microsoft Excel 表格。

第 **11** 章

LabVIEW 的高级应用

学习目标

➢ 掌握局部变量、全局变量的概念。

➢ 掌握创建局部变量、全局变量的途径和方法。

➢ 掌握使用局部变量、全局变量的场合。

➢ 掌握控件的属性节点的创建、编辑方法。

➢ 掌握控件的属性节点的通用属性。

➢ 掌握动态加载和调用 VI 的方法。

➢ 了解连线、局部变量、属性节点赋值方式的时间成本。

本章知识结构

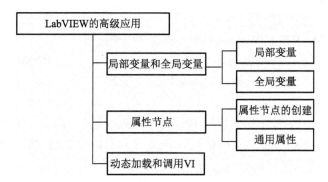

导入案例

案例一：

在程序设计时，有时希望从一个前面板对象读取数据，并写入两个程序框图中。那么，局部变量就可以用于控制程序框图上的多个对象。例如，VI 中有两个 While 循环，可以通过一个局部变量，使用一个前面板按钮来控制 VI 中两个并行的 While 循环。虽然这两个循环之间没有连线，两个循环也仍然可以同时执行。方法是：在程序框图的第一个 While 循环中，放置一个前面板控件的接线端；然后在第二个 While 循环中放置它的一个局部变量。

案例二：

在程序设计时，有时又希望从两个程序框图写入数据至一个前面板对象。可以通过局部变量从一个以上的程序框图更新一个前面板显示控件的数据。例如，有一个 VI，内部包含两个 While 循环，通过查看前面板的显示控件，显示当前执行的是哪一个 While 循环。在程序框图上，在第一个 While 循环中放置显示控件，在第二个 While 循环中放置它的局部变量。这样，通过运行控件的局部变量，完成了控制两个 While 循环的任务。

案例三：LabVIEW 中控件与变量之间的关系

对于 LabVIEW 前面板中的控件，最基本的数据传递方式就是图形化语言的数据流运行机制，并且是可视化的。它依赖于图形化语言中的连线，通过连线可以清楚地看到这种运行机制的存在。

变量是所有高级编程语言对数据存储地址高度抽象的具体体现，变量在程序中最主要的作用是进行数据传递(数据交换)。

那么 LabVIEW 中是否存在变量？它与控件之间有什么关系？

图形化程序本身需要数据的传递和交换。因此，LabVIEW 中也存在变量。在 LabVIEW 中，为了适用不同的需求，已经提供了几种函数选板上的变量：局部变量、全局变量和共享变量。但是在前面板的控件选板上，却看不到这三种变量的存在。这是因为它们并不是前面板控件，而是程序框图控件。

11.1　局部变量和全局变量

全局变量和局部变量是 LabVIEW 用来传递数据的工具。LabVIEW 编程是一种数据流编程，它是通过连线来传递数据的。但是如果一个程序太复杂的话，有时连线会很困难甚至无法连接，这时就需要用到局部变量。另外，用户可能会碰到这样一种情况，既要能对程序中一个控件写入数据，又要能读出它的数据，这在数据流编程中是无法实现的，这也需要用到局部变量或者全局变量(全局变量主要是针对不同 VI 程序之间的通信)。

11.1.1　局部变量

在我们无法访问前面板的某个控件或者需要在程序框图之间传递数据时，就可以为某个前面板控件创建局部变量。创建局部变量后，局部变量仅仅出现在程序框图上，而不在前面板上。

局部变量的作用是对前面板上指定的输入控件或显示件进行数据读写操作。因此，局部变量的作用仅限于控件所在的 VI。写入一个局部变量相当于将数据传递给它的接线端。

但是，局部变量还可向输入控件写入数据和从显示控件读取数据。事实上，通过局部变量，前面板的控件既可作为输入访问也可作为输出访问。

例如，当使用开发好的应用软件的时候，如果需要在用户界面进行登录操作，可以在用户每次登录时，清空上次登录和密码提示框中的内容。通过局部变量，当用户登录时，从登录和密码字符串控件中读取数据；当用户登出时，向这些控件写入空字符串。

1. 创建局部变量的两种方法

1) 通过控件或接线端创建局部变量

右击一个前面板控件(图 11-1)或程序框图接线端(图 11-2)，并从弹出的快捷菜单中选择"创建"级联菜单中的"局部变量"命令，就可以创建一个局部变量。该控件的局部变量的图标将出现在程序框图上，如图 11-3 所示。

图 11-1　通过控件创建局部变量　　　图 11-2　通过接线端创建局部变量

2) 通过函数选板创建局部变量

在程序框图上，从函数选板上选择一个局部变量控件将其放置在程序框图里，选择操作过程如图 11-4 所示。此时局部变量还没有与一个输入控件或者显示控件产生关联，效果如图 11-5 所示。

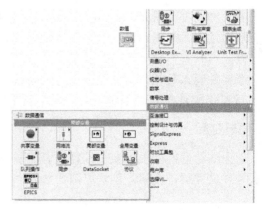

图 11-3　创建成功的一个局部变量　　　图 11-4　从函数选板上选择局部变量控件

如果要使局部变量与输入控件或者显示控件相关联，右击该局部变量，从弹出的快捷菜单中选择"选择项"命令。在展开的级联菜单中，将列出所有带有自带标签的前面板控件，在本例中只有一个"数值"控件，如图 11-6 所示。单击图 11-6 中的"数值"控件名称后，该局部变量就与输入控件或者显示控件产生关联。

图 11-5　局部变量没有与输入控件或显示控件
　　　　　产生关联

图 11-6　使局部变量与输入控件或者显示控件相关联

2. 改变局部变量的数据流方向

使用快捷菜单中的"转换为读取"和"转换为写入"命令，可以将一个读取局部变量的操作改变为写入局部变量的操作，或者相反，将一个写入局部变量的操作改变为读取局部变量的操作，这样的设置就改变了局部变量的数据流方向。

按照下列步骤，改变局部变量的配置，使其成为一个读取局部变量，然后又将其转变为写入局部变量。

(1) 我们利用图 11-3 所示的程序框图上的数值控件局部变量进行操作。在默认状态下，局部变量是写入变量，其边框较细。

(2) 右击程序框图上的局部变量节点，从弹出的快捷菜单中选择"转换为读取"命令，将该局部变量配置为输入控件。局部变量变为读取变量，边框较粗，如图 11-7 和图 11-8 所示。

图 11-7　"转换为读取"

(3) 再次右击局部变量节点，从弹出的快捷菜单中选择"转换为写入"命令，将该变量变为写入局部变量，如图 11-9 所示。

图 11-8　局部变量变为读取变量

图 11-9　"转换为写入"

11.1.2 全局变量

在同一个 VI 的同一个程序框图上有两个循环，如果要求同时终止这两个循环，我们可以用一个局部变量来实现。

但是，如果有两个同时运行的 VI，每个 VI 都有一个 While 循环并将数据点写入一个波形图表，第一个 VI 含有一个布尔控件来终止这两个 VI，此时，就必须用全局变量通过一个布尔控件将这两个循环同时终止。

全局变量可以在同时运行的多个 VI 之间访问和传递数据。全局变量是内置的 LabVIEW 对象。创建全局变量时，LabVIEW 将自动创建一个具有前面板，而没有程序框图的特殊全局 VI。向该全局 VI 的前面板添加输入控件和显示控件，可定义其中所含全局变量的数据类型。该前面板实际就成为一个可供多个 VI 进行数据访问的容器。

从函数选板上选择一个全局变量，将其放置在程序框图上，如图 11-10 和图 11-11 所示。

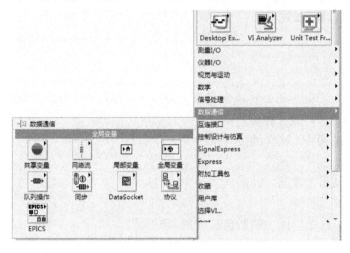

图 11-10 从函数选板上选择全局变量控件   图 11-11 在程序框图中的全局变量

双击该全局变量节点可显示全局 VI 的前面板。该前面板与标准前面板一样，可放置输入控件和显示控件。放置几个控件后的效果如图 11-12 所示。

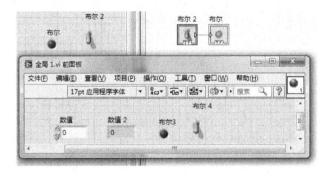

图 11-12 放置几个控件后的全局 VI 前面板

LabVIEW 以自带标签区分全局变量，因此前面板控件的自带标签应具有一定的描述性，以便于程序员能够区分出各个控件。

可以创建多个只含有一个前面板对象的全局 VI，也可以创建一个含有多个前面板对象的全局 VI 从而将相似的变量归为一组。

所有对象在全局 VI 前面板上放置完毕后，保存该全局 VI 并返回到原始 VI 的程序框图。然后选择全局 VI 中想要访问的对象，右击该全局变量节点并从弹出的快捷菜单中选中一个前面板对象。该快捷菜单列出了全局 VI 中所有自带标签的前面板对象，从"选择项"级联菜单中选择一个前面板对象，如图 11-13 所示。

选择"布尔 4"后的程序框图如图 11-14 所示。

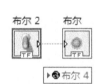

图 11-13　从"选择项"级联菜单中选择一个前面板对象　　图 11-14　选择"布尔 4"后的程序框图

改变全局变量的数据流方向的方法与改变局部变量的数据流方向的方法极其相似，在这里不再重复，可以参考"11.1.1　局部变量"这部分内容。

11.1.3　慎用局部变量和全局变量

在使用局部变量和全局变量时应当注意，局部变量和全局变量是高级的 LabVIEW 概念，它们不是 LabVIEW 数据流执行模型中固有的部分。使用局部变量和全局变量时，程序框图可能会变得难以理解，因此需谨慎使用。

使用局部变量和全局变量时的常见问题及解决办法：

1．错用或滥用局部变量和全局变量

错误地使用局部变量和全局变量(例如，用它们来取代连线板，或者用它们来访问顺序结构中每一帧中的数值)，可能在 VI 中导致不可预期的行为和结果。滥用局部变量和全局变量(例如，用来避免程序框图之间的过长连线或取代数据流)，将会降低执行速度。

2. 内存问题

(1) 变量是用来存放数据的,可以用于程序内部甚至是不同程序之间的数据共享和交换。在 LabVIEW 中,每当新建一个局部变量或全局变量时,都是对原有数据的一次复制。也就是说,当程序中使用了过多的局部变量或全局变量时,即使没有对这些变量进行写操作,LabVIEW 仍然会占用足够的内存来为这些变量创建副本。局部变量和全局变量会占用大量的内存空间,降低程序运行的效率。

(2) 从一个局部变量读取数据时,就为相关控件的数据创建了一个新的缓冲区。如果使用局部变量将大量数据从程序框图上的某个地方传递到另一个地方,通常会使用更多的内存,最终导致执行速度比使用连线来传递数据更慢。如果在执行期间需要存储数据,可以考虑使用移位寄存器。

(3) 从一个全局变量读取数据时,LabVIEW 将创建一份该全局变量的数据副本,保存于该全局变量中。操作大型数组和字符串时,会占用相当多的时间和内存来操作全局变量。使用全局变量操作数组时特别低效,原因在于即使只修改数组中的某个元素,LabVIEW 仍然对整个数组进行保存和修改。若一个应用程序中的不同位置同时读取某个全局变量,则将为该变量创建多个内存缓冲区,从而导致执行效率和性能降低。

3. 竞争状态

因为 LabVIEW 的并行特性、数据流运行方式,所以每一段代码几乎都是同时(并行)运行的,使得一些程序员在使用局部变量和全局变量时,并没有考虑到变量的"竞争状态"问题,因此容易导致无法输出正确的值。当用户程序变得庞大而复杂时,很容易产生这种问题而并不容易被发现。特别是在使用全局变量时,如果程序员没有非常清楚地明晰各个时刻全局变量中的值,那么很容易读到一些"意料之外"的数据。

事实上,只要是对同一个存储数据进行一个以上的更新动作,都会造成竞争状态。例如,两段及其以上代码并行执行,并且访问同一部分内存时,就会引发竞争状态。如果这些代码是相互独立的,那么就无法判断 LabVIEW 到底是按照怎样的顺序访问共享资源了。但是,竞争状态通常发生在使用局部变量、全局变量,或者外部文件的时候。

在 LabVIEW 中,一个最简单的解决办法是:使用连线实现变量的多种运算,从而避免竞争状态。

如果必须在局部变量或者全局变量上执行一个以上操作,就应当确保各项操作按顺序执行。例如,当两个操作同时更新一个全局变量的时候,就会发生竞争状态。如果要更新全局变量,就需要先读取值,然后修改,再将其写回原来的位置。当第一个操作完成了"读取→修改→写入"操作,然后再开始第二个操作时,输出结果是正确的、可预知的。避免了"读取→修改→写入"竞争状态,不会产生非法值或丢失值。

另外一个解决办法是使用功能性全局变量,它可以避免与全局变量相关的竞争状态。功能性全局变量使用未进行初始化的移位寄存器的循环来保持数据的 VI。功能性全局变量通常有一个动作输入参数,用于指定 VI 执行的任务。VI 在 While 循环中使用一个未初始化的移位寄存器,保存操作的结果。使用一个功能性全局变量而不是多个本地或全局变量可确保每次只执行一个运算,从而可避免运算冲突或数据赋值冲突。

与此同时，在使用变量时，还应该注意局部变量和全局变量的初始化操作。如果在 VI 第一次读取变量之前，没有将变量初始化，则变量含有的是相应的前面板对象的默认值。这可以使用 LabVIEW 的"Make Current Value Default"菜单项实现，但是仍然建议用户使用独立的初始化 VI 为每一个全局变量显式地赋初值。

如果需要对一个本地或全局变量进行初始化，应在 VI 运行前确认变量包含的是已知的数据值。否则变量可能含有导致 VI 发生错误行为的数据。若变量的初始值基于一个计算结果，则应确保 LabVIEW 在读取该变量前先将初始值写入变量。将写入操作与 VI 的其他部分并行可能导致竞争状态。因此，必须率先执行写入操作，可以将把初始值写入变量的这部分代码单独放在顺序结构的首帧。也可以将这部分代码放在一个子 VI 中，通过连线使该子 VI 在程序框图的数据流中第一个执行。

11.2　属性节点

在面向对象的编程过程中，我们将类中定义的数据称为属性，将函数称为方法。实际上，LabVIEW 中的控件、VI 甚至应用程序都有自己的属性和方法。例如，一个数值控件，它的属性包括它的文字颜色、背景颜色、标签(Label)和标题(Caption)等。

属性节点可以用来通过编程读取或写入控件的属性。例如，在程序运行过程中，我们可以通过编程写入数值控件的背景颜色等属性，还可以通过 Visible 属性控制按钮是否可见。

使用属性节点可以让控件的功能与动态行为更加丰富。在 LabVIEW 编程中，当某种功能很难用普通的 VI 函数实现时，通过属性节点可能很轻松就解决问题了。所以如果 LabVIEW 编程者想学到更多的编程技巧，可以去尝试学习使用控件的属性节点。

11.2.1　属性节点的创建

在实际运用中，如果需要实时地改变前面板上对象的颜色、大小和是否可见等属性，那么就需要使用属性节点进行设置。首先，要对有关控件创建属性节点。

右击一个前面板或程序框图界面上的某个控件，并从弹出的快捷菜单中选择"创建"级联菜单中的"属性节点"命令，再从"属性节点"命令的级联菜单中选择一个属性，本例中选择的是"可见"属性，在程序框图界面上单击，就可以在单击的位置上创建一个新的属性节点，如图 11-15 所示。该属性节点的图标将出现在程序框图上，如图 11-16 所示。

如果想同时改变控件的多个属性，有下面 3 种方法：

(1) 按照刚刚介绍的方法分别创建多个属性节点。

(2) 利用刚刚创建好的属性节点，为其增添多个端口。方法是用鼠标左键拖动属性节点图标的下边缘往下拖动，根据用户所需要的端口个数，拖动到适当位置，松开鼠标左键即可，如图 11-17 和图 11-18 所示；再右击刚刚生成的属性，分别从弹出的快捷菜单中的"选择属性"命令的级联菜单中选择所需的一个属性，重复多次即可完成多个属性的添加与修改。

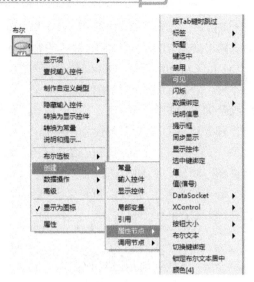

图 11-15　创建属性节点

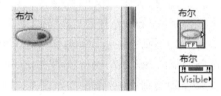

图 11-16　属性节点的图标

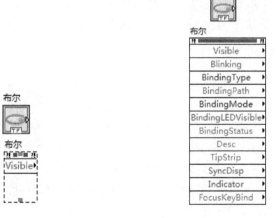

图 11-17　左键拖动属性节点图标增添多个端口　　图 11-18　完成增添多个端口

(3) 利用刚刚创建好的属性节点，为其增添多个端口。方法是右击属性节点图标，从弹出的快捷菜单中选择"添加元素"命令，此时会产生一个跟原来一样的一个属性；再右击刚刚生成的属性，从弹出的快捷菜单中的"选择属性"命令的级联菜单中选择所需要的一个属性，即可完成属性的添加与修改，如图 11-19 和图 11-20 所示。

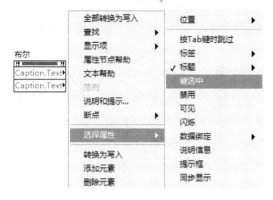

图 11-19　完成属性的添加与修改　　　　图 11-20　完成任务后的效果

11.2.2　属性节点的通用属性

常见的通用属性有如下几种。

1．可见(Visible)

该属性用于控制前面板中相关的控件是否可见，其数据类型为"布尔"型。
若赋给该属性的值是 True，则前面板中相关的控件可见，如图 11-21 所示。

图 11-21　控件可见

若赋给该属性的值是 False，则前面板中相关的控件不可见，如图 11-22 所示。

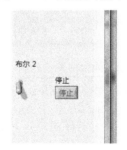

图 11-22　控件不可见

2．禁用(Disabled)

该属性用于控制前面板中相关的控件是否可用，其数据类型为"整数"型。

若赋给该属性的值是不等于 2 的其他任何整数，则前面板中相关的控件可用，如图 11-23 和图 11-24 所示。

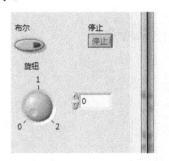

图 11-23　控件可用

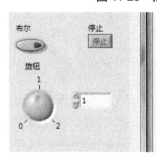

图 11-24　控件可用

若赋给该属性的值是 2，则前面板中相关的控件不可用、相关控件呈现灰色，用户不可访问该控件，如图 11-25 所示。

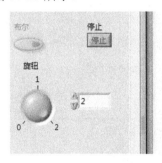

图 11-25　控件不可用

3．键选中(KeyFocus)

该属性用于控制前面板中相关的控件是否处于键盘焦点，其数据类型为"布尔"型。若赋给该属性的值是 False，则前面板中相关的控件不是键盘焦点，如图 11-26 所示。若赋给该属性的值是 True，则前面板中相关的控件是键盘焦点，如图 11-27 所示。

4．闪烁(Blinking)

该属性用于控制前面板中相关的控件是否闪烁，其数据类型为"布尔"型。

若赋给该属性的值是 False，则前面板中相关的控件不闪烁，如图 11-28 所示。

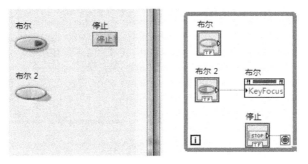

图 11-26　控件不是键盘焦点

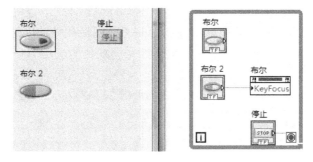

图 11-27　控件是键盘焦点

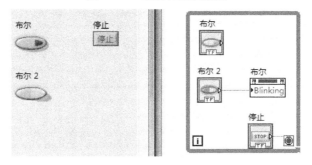

图 11-28　控件不闪烁

若赋给该属性的值是 True，则前面板中相关的控件闪烁，如图 11-29 和图 11-30 所示。

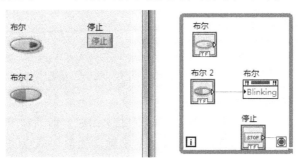

图 11-29　控件闪烁

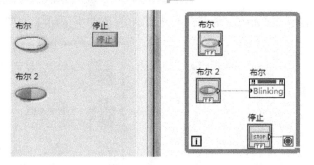

图 11-30　控件闪烁

在 VI 运行过程中，控件的闪烁频率和颜色这两种属性的值是固定的，不能进行设置。

如果要设置控件的闪烁频率，要在 LabVIEW 的"工具"下拉菜单中选择"选项"命令，打开"选项"窗口。在"前面板"选项中的"前面板控件的闪烁延迟(毫秒)"数值框中输入所需的时间值，如图 11-31 所示。现在，系统默认的值是 1000ms。

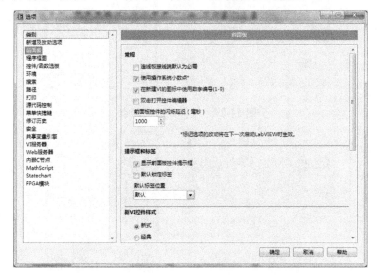

图 11-31　"选项"窗口中的"前面板"选项

如果要设置控件的闪烁颜色，要在 LabVIEW 的"工具"菜单中选择"选项"命令，打开"选项"窗口。在"环境"窗口中的"闪烁前景"选择框中选择所需的颜色，如图 11-32 所示。现在，系统默认的颜色是黄色。

5. 位置(Position)

该属性用于设置或者读取前面板中相关的控件相对于前面板窗口原点的位置。该数据以像素点为单位，其数据类型为"簇"型。

第一个元素(左)用于定位相关的控件图标左边缘相对于前面板窗口原点的位置；第二个元素(下)用于定位相关的控件图标上边缘相对于前面板窗口原点的位置，如图 11-33 和图 11-34 所示。

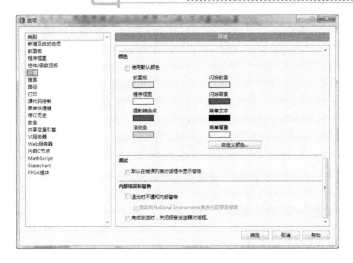

图 11-32　选项窗口中的"环境"选项

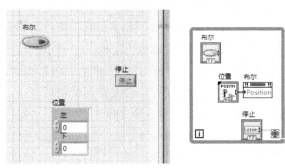

图 11-33　相对于前面板窗口原点的位置(一)

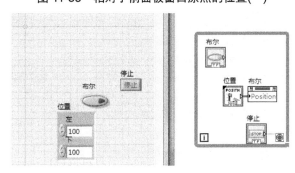

图 11-34　相对于前面板窗口原点的位置(二)

6. 边界(Bounds)

该属性用于读取前面板中相关的控件图标的大小。该数据以像素点为单位，其数据类型为"簇"型。

第一个元素(宽度)用于显示相关的控件图标的宽度；第二个元素(高度)用于显示相关的控件图标的高度，如图 11-35 所示。

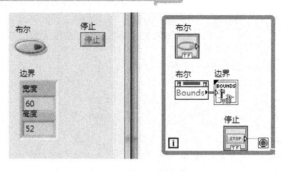

图 11-35　读取相关的控件图标的边界

11.2.3　输入控件和显示控件的方法

属性节点有读取或者写入两种工作性质。可以使用一个节点读取或写入多个属性。但是，有的属性只能读不能写，有的属性只能写不能读。

定位工具可以增加新的接线端，改变属性节点的大小。

属性节点右边的小方向箭头表明当前是读取的属性。属性节点左边的小方向箭头表明当前是可写的属性。右击属性节点图标中相关的属性，在弹出的快捷菜单中选择"转换为读取"或"转换为写入"命令，这样，就可以改变该端口的读取和写入性质了。

还可以同时改变属性节点图标中所有属性的性质为读取或写入。右击属性节点图标，在弹出的快捷菜单中选择"全部转换为读取"命令或 "全部转换为写入"命令，如图 11-36 和图 11-37 所示。

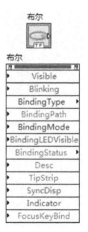

图 11-36　选择"全部转换为写入"命令　　　　图 11-37　选择"全部转换为写入"命令的效果

11.2.4　属性节点的用法

下面通过程序设计，改变 LabVIEW 中输入控件或显示控件的名称。

在前面板上放置一个控件，要求在程序运行时改变控件的名称。此时，需要使用控件的属性节点，并把"Caption.Text"项连接到一个新的字符串控件上面。

需要注意的是，在 LabVIEW 中运行 VI 时，用户不能改变专有标签(Label)的值。专有标签是输入控件或显示控件所拥有的标签。例如，当移动输入控件或显示控件时，该标签会随着它们移动。这个专有标签是输入控件或显示控件的属性节点的标签项。这些项只有在开发时被改变，这是因为它是用来在 VI 运行时辨别 VI 输入控件和显示控件的。

因此，要用标题(Caption)来改变输入控件或输出控件的名称，而不是使用专有标签。可以在程序执行或开发时改变标题。应当注意：事先要将 Caption 设为可见，Label 设为隐藏，这样可以在前面板上面只看到一个控件的名称。程序还没有开始运行时的情况如图 11-38 所示。

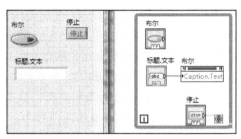

图 11-38　程序运行之前

在"标题.文本"文本框中输入"控制系统：运行"字符，但是还是没有开始运行程序，如图 11-39 所示。

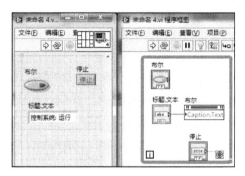

图 11-39　输入"控制系统：运行"字符且系统未运行

运行程序后的情况如图 11-40 所示。

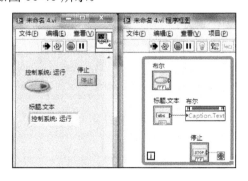

图 11-40　改变 LabVIEW 中输入控件的名称

11.3　动态加载和调用 VI

在进行图形化程序设计时，一个 VI 中可以包含一个或若干个子 VI。这些子 VI 通常是被直接放置在程序框图中的。这些子 VI 就是静态链接的子 VI。静态链接的子 VI 与 VI 调用程序同时加载。VI 加载到内存的这个过程不仅费时，而且还占用内存，在应用程序规模较小时还不会有问题，但是当应用程序比较复杂时，有可能会造成一些影响。

除了使用静态链接的子 VI 外，还有动态加载 VI 的方式。

如果用户希望能够随意切换人机操作界面，并且希望在前面板上随时都是只运行一个程序界面，这样就可以保证"人机对话"的轻松自然，那么就可以采用动态调用 VI 的方式。

动态加载 VI 只有在打开 VI 引用时，VI 的调用程序才会将其加载。如果 VI 调用程序较大，采用动态加载 VI 的方式可以节省加载时间和内存，这是因为在调用程序需要运行该 VI 之前，不需将其加载，在操作结束后又可将其从内存中释放。

"通过引用调用"节点和"开始异步调用"节点都用于动态调用 VI，节点要调用的子 VI 通过引用输入端指定。"开始异步调用"节点通过异步方式调用子 VI，数据流在调用方 VI 中是连续的。

"通过引用调用"节点首先需要有一个严格类型的 VI 引用句柄存在。严格类型的 VI 引用句柄不仅指向被调用的 VI，还指定了 VI 的连线板，但并不是和 VI 建立永久连接，也不包含如名称、位置等 VI 的其他信息。引用节点调用的输入和输出连接和其他 VI 的连接方法相同。

按照下列步骤，使用"通过引用调用"节点动态调用 VI。

(1) 在程序框图上选择、放置"打开 VI 引用"函数，如图 11-41 和图 11-42 所示。

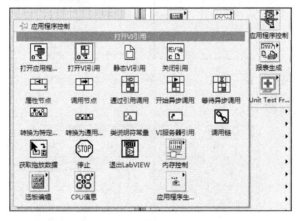

图 11-41　选择"打开 VI 引用"函数

图 11-42　放置"打开 VI 引用"函数

(2) 使用"打开 VI 引用"函数创建严格类型的 VI 引用。

为"通过引用调用"节点创建一个严格类型的 VI 引用,以动态调用 VI,操作步骤如下:

①在程序框图上选择、放置"打开 VI 引用"函数,如图 11-41 和图 11-42 所示。

②将用于创建严格类型引用的 VI 的路径连接至"打开 VI 引用"函数的"VI 路径"输入端,如图 11-43 所示。

图 11-43　路径连接

③右击"打开 VI 引用"函数的"类型说明符 VI 引用句柄"输入端,从弹出的快捷菜单中选择"创建"级联菜单下的"常量"命令,如图 11-44～图 11-46 所示。

类型说明符VI引用句柄 (仅用于类型)

C:\Users\YUANJIANG\Desktop\LABVIEW LIANXI\被调程序.vi

图 11-44　"类型说明符 VI 引用句柄"输入端

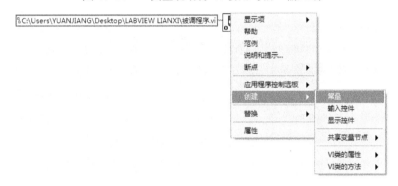

图 11-45　选择"创建"级联菜单下的"常量"命令

图 11-46　操作完成后的效果

④右击"类型说明符 VI 引用句柄"常量,选择"选择 VI 服务器类"级联菜单下的"浏览"命令,在弹出的"文件"对话框中选择一个 VI。此外,也可选择前面板或程序框图窗口右上角的 VI 图标并将其拖曳到"类型说明符 VI 引用句柄"常量。选中 VI 后,引用的左上角将出现一个内有斜线的圆圈,表示该引用为严格类型引用,如图 11-47～图 11-49 所示。

图 11-47　选择"选择 VI 服务器类"级联菜单下的"浏览"命令

图 11-48　选择 VI 窗口

至此，就完成了使"打开 VI 引用"函数的"VI 引用"输出为一个严格类型的 VI 引用。

(3) 在程序框图上选择、放置一个"通过引用调用"节点，如图 11-50 和图 11-51 所示。

图 11-49　内有斜线的圆圈

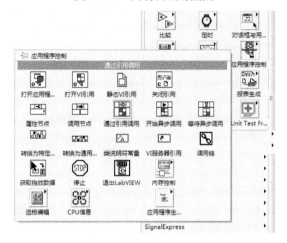

图 11-50　选择"通过引用调用"节点

图 11-51　放置"通过引用调用"节点

(4) 将"打开 VI 引用"函数的"VI 引用"输出端连线至"通过引用节点调用"函数的"引用"输入端，如图 11-52 所示。

图 11-52　连线

(5) 在程序框图上选择、放置"关闭引用"函数，如图 11-53 和图 11-54 所示。

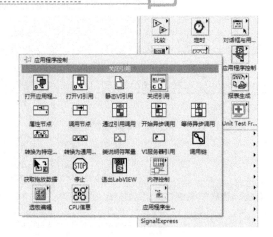

图 11-53　选择"关闭引用"函数

图 11-54　放置"关闭引用"函数

(6) 将"通过引用节点调用"的"引用句柄输出"输出端与"关闭引用"函数的"引用"输入端相连，如图 11-55 所示。

图 11-55　连线

(7) 在程序框图上连接所有错误输入和错误输出接线端，如图 11-56 所示。

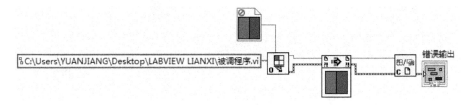

图 11-56　连接错误输入和输出接线端

这样，就完成了动态加载和调用 VI。图 11-56 显示了"通过引用调用"节点动态调用"被调程序"VI 的方法。其中，"通过引用调用"节点使用了"打开 VI 引用"和"关闭引用"函数。

本章小结

本章首先介绍局部变量、全局变量及其使用当中应当注意的问题，然后介绍了属性节点的创建方法、通用属性的使用方法，最后介绍了动态加载和调用 VI 的方法。重点介绍了：使局部变量与输入控件或显示控件相关联的方法；创建全局变量的方法；使用局部变量和全局变量时的常见问题及解决办法；对有关控件创建属性节点与使用属性节点的方法；使用"通过引用调用"节点动态调用 VI 的详细步骤。读者如果掌握了这些高级的 LabVIEW 概念，并在以后的程序开发中不断地实践，就一定能开发出具有界面友好、功能丰富的 LabVIEW 的图形化程序。

阅读材料

连线、局部变量、属性节点赋值方式的时间成本

在 LabVIEW 中，为一个 Control 赋值，有 Value 属性节点和局部变量两种方式；为一个 Indicator 赋值，有连线、局部变量、属性节点 3 种方式。这些方式有哪些区别呢？在实际使用过程中，应该选择哪种方式呢？

一般来讲，从运行时间上看：连线赋值 < 局部变量赋值 < 属性节点赋值。这说明 Indicator 连线赋值是最有效和直接的方式，它只是完成数据的显示；而局部变量赋值需要完成对数据的复制，占用时间较多；属性节点需要完成对前面板控件的调用和刷新，占用时间最多。因此，从运行时间上看，对控件的赋值应尽量采用连线或者局部变量赋值的方式，尽量不使用属性节点赋值。

习　　题

一、简答题

1. 简述什么是局部变量、全局变量、属性节点，以及它们各自的特点。
2. 属性节点的通用属性有哪些？各有什么用途？

二、操作题

1. 使用属性节点，在前面板上实现通过旋钮控件完成对一个温度计控件大小的缩放功能。

2. 创建一个 VI，用随机数、常数、加减乘除法等控件，生成一系列范围为 70～100 的数据，每 5s 产生一个数据。要求：若当前数据小于 80，则红灯不亮；若当前数据范围为 80～90，则红灯以 2s 为一个周期闪烁(亮 1s、灭 1s)；若当前数据大于 90，则红灯常亮。

第 **12** 章

实际设计案例

 学习目标

> ➤ 观察、学习使用 LabVIEW 控制伺服电动机的设计技巧和方法。
> ➤ 学习体会 LabVIEW 的文件读取、信号处理等方法。

 本章知识结构

```
┌──────────────────────┐
│      实际设计案例        │
└──────────┬───────────┘
           │
           ├──── 基于 LabVIEW 的伺服电动机控制系统设计
           │
           └──── 基于 LabVIEW 的心电图监测模拟系统
```

12.1　基于 LabVIEW 的伺服电动机控制系统设计

本节以英国翠欧运动技术公司(Trio Motion Technology Ltd)的 PCI208 运动控制器为例，介绍如何利用 LabVIEW 软件对伺服电动机进行控制的方法。

PCI208 是英国翠欧运动技术公司的一款基于 PC 的 PCI 总线控制的数字运动控制卡，如图 12-1 所示。该控制卡采用了独立的 120MHz 的 DSP 微处理器技术，提高了电动机运动和计算的处理速度；可以控制 1~8 个轴的伺服电动机或步进电动机，或者是二者的任意结合；采用 100-pin 的高密度屏蔽电缆与外部转接模块连接，提高了设备的抗干扰信号的能力；提供 Active X 控件，可以采用 VB、VC、Delphi、LabVIEW 等高级语言根据设备的需要进行二次开发；具有 CAN 总线口，可以根据设备的需要对 I/O 和模拟输入口进行扩展。

图 12-1　Trio PCI208 运动控制器

Trio PCMotion 是一个 ActiveX 组件，该组件允许用户通过自己开发的应用软件直接连接翠欧运动控制驱动器。该组件可以用于管理运动控制驱动器的任何功能。例如，把文本文件传送进控制器的存储器。

Trio PCMotion ActiveX 组件可以用于任何支持 ActiveX (OCX)组件的程序语言，如任何 Microsoft 的可视化语言(BASIC、 C#、 C++等)、LabVIEW、 Delphi 等。其特点包括：

(1) 读、写轴和系统的参数。

(2) 读、写控制器的参数(TABLE 和 VR)。

(3) 运行和停止程序。

(4) 运行运动控制命令。

12.1.1　安装与调用 Trio PCMotion ActiveX 组件

下面从安装、注册、调用 Trio PCMotion ActiveX 组件这 3 个方面进行介绍。

1. 安装 Trio PCMotion ActiveX 组件

用户可以从英国翠欧运动技术公司网站上免费下载 Trio PCMotion 软件。目前，最新版的软件于 2012 年 9 月 4 日发布。软件名称为 Trio_PC_Motion_ActiveX,版本号为 2_10_2,文件大小为 16MB。

下载完成后,双击软件包进行安装,安装向导界面如图 12-2 所示。

单击"Next"按钮,按照向导提示进行安装,完成随后的几个步骤后,如果安装成功,会显示如图 12-3 所示的界面。

 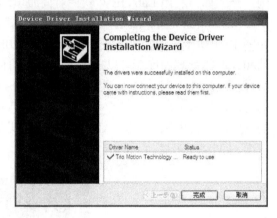

图 12-2 Trio_PC_Motion_ActiveX_2_10_2_Setup   图 12-3   Trio_PC_Motion_ActiveX_2_10_2_Setup
安装向导欢迎界面   安装成功界面

单击"完成"按钮,就可以看到如图 12-4 所示的完成界面。单击"Close"按钮,即可完成 Trio PCMotion ActiveX 组件的安装。

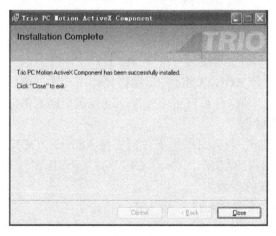

图 12-4   Trio_PC_Motion_ActiveX_2_10_2_Setup 安装完成界面

2. 注册 Trio PCMotion ActiveX 组件

在"前面板"或"程序框图"窗口的"工具"下拉菜单中选择"导入"命令,再选择级联菜单中的 "ActiveX 控件至选板"命令,如图 12-5 所示,即可弹出"添加 ActiveX 控件至选板"对话框,如图 12-6 所示,在该对话框的"控件"列表框中选择"TrioPC Control" ActiveX 控件。

图 12-5　注册 Trio PCMotion ActiveX 组件

　　单击"确定"按钮，就可以弹出"选择目录或 LLB"对话框，先选择保存的目录位置，如图 12-7 所示。然后在"选择目录或 LLB"对话框中输入文件名称，单击"保存"按钮，保存库文件，如图 12-8 所示。

　　3．调用 Trio PCMotion ActiveX 组件

　　在"前面板"窗口编辑范围内右击，即可弹出"控件"选板。选择".NET 与 Active X"级联菜单中的"TrioPC Control"控件，放置在前面板中，如图 12-9 所示。

图 12-6　"添加 ActiveX 控件至选板"对话框

图 12-7　在"选择目录或 LLB"对话框中选择保存的目录位置

图 12-8　在"选择目录或 LLB"对话框中输入文件名称

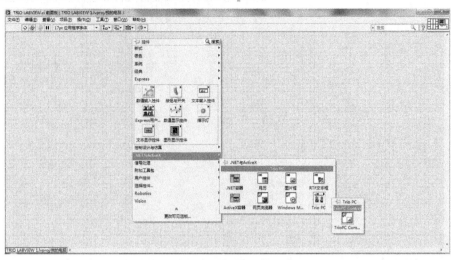

图 12-9　选择"TrioPC Control"控件

完成控件的放置后，在"前面板"和"程序框图"窗口的编辑范围内，可以看到如图 12-10 所示的结果。随后就可以调用相关的命令控件进行程序开发了。

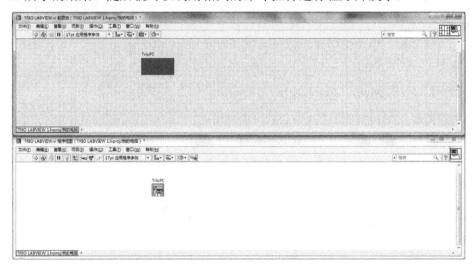

图 12-10　放置"TrioPC Control"控件后的"前面板"和"程序框图"窗口

12.1.2　程序中使用的主要控制命令

在本案例的程序框图当中，主要使用了以下 3 个连接命令：

(1) Open()命令是用于 TrioPC ActiveX 控件与运动控制器之间建立初始化连接的命令。在本例中，连接通过 PCI 接口打开，在同步模式下操作。同步模式下，所有的 TrioPC ActiveX 控件下的方法都是可用的。由于用户的应用需要 TrioPC ActiveX 控件方法，因此我们选择同步方式。

(2) IsOpen()命令是用于返回到 TrioPC ActiveX 控件与运动控制器之间的连接。

(3) Close()命令是用于关闭 TrioPC ActiveX 控件与运动控制器之间的连接。本程序中，使用 Close(-1)表示关闭所有端口。

在本案例的程序框图当中，主要使用了以下两个过程控制命令：

(1) Run()命令用于在运动控制器中执行与 RUN()同样的命令。

(2) Stop()命令用于在运动控制器中执行与 STOP()同样的命令。

在本案例的程序框图当中，主要使用了以下 3 个变量命令：

(1) SetVr()给特定全局变量赋值。

(2) GetTable()读出特定位置的 Table 值，并写入对应的数据变量或数组中去。

(3) GetVr()读出特定的全局变量(VR)当前值。

12.1.3　前面板的设计

在我们设计的前面板(图形化用户接口 GUI)上，可以设置所需的或者期望的数字伺服电动机的参数值，如图 12-11 所示。在前面板上我们可以设定电动机轴的旋转速度、旋转角度和运动暂停时间等参数。电动机轴的旋转速度是测试的主要控制目标，当速度较快时，检测的时间较短，精准度也较低。旋转角度则是控制瓶盖旋转到指定角度时电动机停止运行。

在本案例的设计中，我们设置暂停时间参数为零，同时我们设置暂停时间参数的默认值为零。由于数字伺服电动机是一种有旋转运动部件的设备，是具有一定危险的。如果不正确使用和设置，有可能减少数字伺服电动机的使用寿命，或者造成人身、财产损失。因此，为这个测试系统设置电动机参数的初始默认值，我们就可以在设备通电运行初期，使得设备处于一个比较安全的状态；如果需要，我们仍然可以改变这些参数数值。

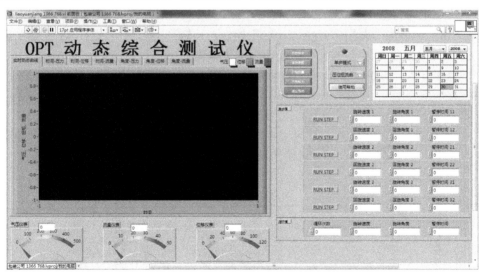

图 12-11　前面板的设计效果

在前面板中，我们设置了两种工作模式：单步模式、循环模式。在前面板上我们还可以设置旋转速度、旋转角度和暂停时间等参数。

在单步模式中，最多有 6 个测试阶段。在每个测试阶段，只完成一个运动方式，其中

有 3 个关键参数：旋转速度、旋转角度和暂停时间。在每个测试阶段，旋转速度、旋转角度和暂停时间是可以不相同的。该模式可以满足多种复杂运动控制的要求。

在循环模式中，我们为每个测试阶段设置相同的运动方式，而循环次数可以由用户设定。所有测试阶段的运动方式完全相同，即旋转速度、旋转角度和暂停时间的参数都完全一样。由于我们在设计中没有限制循环次数，所以数字伺服电动机可以根据我们的需要完成一连串的重复动作。

在前面板的右上角，可以看到我们设计的几个命令按钮："打开控制卡""设定参数""开始测试""关控制卡""退出系统""单步模式、循环模式选择""曲线类型选择""使用帮助说明"等。正常使用时，用户需要先单击"打开控制卡"按钮，然后选择循环模式或单步模式，设置完成循环模式或单步模式的有关参数后，单击"设定参数"按钮，使设置的参数生效，最后单击"开始测试"按钮。数字伺服电动机就会按照我们选定的方式、参数开始工作，最终，我们将会获得动态实时曲线及其数值等。应用程序在测试完成后将会自动停止；同时，在前面板上用图形显示所测得的数据曲线。

在本案例的设计中，系统能够将得到的有关数据自动进行保存，用于以后的进一步分析。Excel 文件自动生成并储存在计算机硬盘的 C 盘根目录下。这些 Excel 文件名被我们命名为：pressure.xls、displacement.xls、flow.xls。当我们测试完毕时，单击前面板上的"退出系统"按钮，GUI(图形用户界面)将会关闭，并退出 LabVIEW 环境。

12.1.4　程序框图的设计

在"程序框图"中放置控件：从函数选板中选择"调用节点(ActiveX)"控件，放置在"程序框图"中，将图 12-10 中的"TrioPC Control"控件连线到"调用节点(ActiveX)"控件的左上角，再单击"调用节点(ActiveX)"控件，从展开的方法中选择一个完成功能所需的方法，如图 12-12 所示，再进行后续的图形化编程即可。

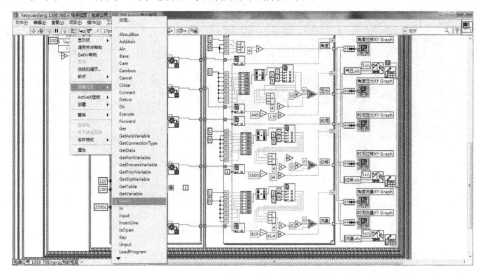

图 12-12　选择控件中的某个方法

主要的图形化程序如图 12-13 和图 12-14 所示。

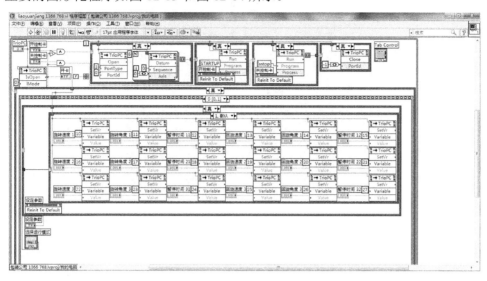

图 12-13　程序设计部分(一)

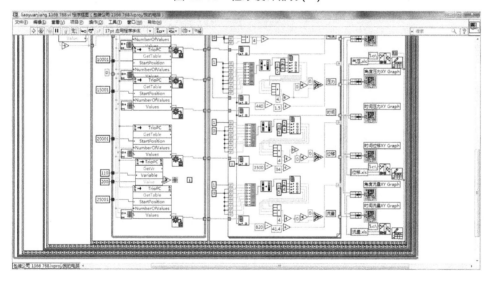

图 12-14　程序设计部分(二)

12.1.5　测量结果波形显示及安装打包文件的制作

图 12-15 显示的是通过控制电动机得到的塑料瓶的瓶盖旋转角度和瓶内压力的测试曲线。从这张图上我们可以清楚地看到瓶盖旋转角度和瓶内压力之间的关系。当瓶盖在电动机的带动下开始旋转时，即可以看到瓶盖旋转角度开始变化，当瓶盖打开的同时，可以观察到瓶内压力值出现了明显的变化，最后，当塑料瓶内部的压力为零时，也就是当瓶盖拧开 325° 左右时，瓶盖已经完全打开了。

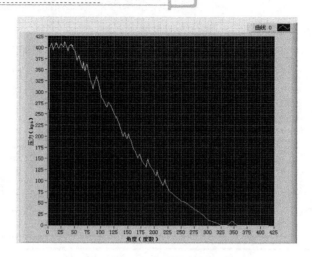

图 12-15　角度和压力关系图

按照前面章节介绍的打包生成安装软件的方法，制作如图 12-16 所示的安装软件包。这样，就可以通过刻录光盘或者通过 U 盘复制等方式，在其他计算机上发布在这里开发的应用软件了。

图 12-16　生成应用软件的安装软件包

12.1.6　小结

通过 Trio PCMotion ActiveX 组件在 LabVIEW 环境中的调用，我们可以非常快捷、有效地开发出用户需要的测试软件，这比采用其他的可视化语言(BASIC、 C#、 C++等)要节省非常多的时间成本。

12.2　基于 LabVIEW 的心电图监测模拟系统

心电图(ECG)是一种由 ECG 监测仪或其他设备产生的图形，它提供了有关个人心脏健康的信息。ECG 常在临床应用中帮助医生诊断心跳过速等心脏疾病。

12.2.1　文件的读取

ECG 信号可通过各种 ECG 监测仪采集获得。这些仪器可以利用 NI 多通道 DAQ 设备，从 ECG 记录设备的输出端采集原始 ECG 信号，典型的采样率为 125 Hz 或 250 Hz，所采集的 ECG 信号可以以 NI TDMS 文件类型存储，以便进行离线分析。

一些在线数据库，如 MIT-BIH(Massachusettes Institute of Technology and Beth Israel Hospital，麻省理工学院和贝以医院)等也提供许多典型的 ECG 信号。

本案例没有使用有关硬件，采样数据来自从 MIT-BIH 心率数据库中选取的双通道、记录时间较长的 ECG 信号，并保存成 txt 文本数据。

12.2.2　信号处理

从原始的 ECG 信号中可以提取到 RR 间隔。该提取过程通常包括预处理步骤和波峰检测步骤。如果原始 ECG 信号具有噪声和显著的基线漂移趋势，就有必要对其进行预处理。然后，就可以通过阈值设置或利用基于小波的波峰检测方法来检测 R 波峰，从而计算出 RR 间隔。典型的单周期 ECG 波形如图 12-17 所示。

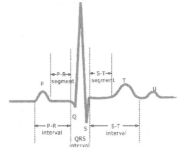

图 12-17　典型的单周期 ECG 波形

12.2.3　前面板的设计

基于 LabVIEW 的 ECG 监测模拟系统的前面板如图 12-18 所示。用户可以通过操作前面板的开关和按钮来实现 ECG 信号的实时采集、心率计算与显示、波形存储和回放等各项功能。前面板中设置有波形显示控件，左上方用来实时显示采集到的 ECG 波形，左下方用来显示处理后的 ECG 波形；具有一个波形回放空间，用来显示回放的波形，以利于实验者观察、诊断所需的 ECG。频谱图显示控件用于显示实时频谱波形，它可以直观地显示波形的频率分布；心律显示区可以显示所测得的心律数据。

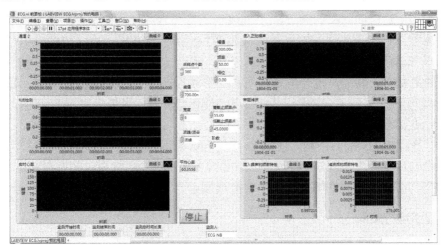

图 12-18　ECG 监测模拟系统的前面板

12.2.4　程序框图的设计与文件的保存

本案例设计从 "D:\LABVIEW ECG\samples copy.txt" 文件中读取 1min 的数据。1min 有 21600 个数据，1s 有 360 个数据。

读取"D:\LABVIEW ECG\samples copy.txt"文件进行电子表格字符串到数组的转换，分两部分：转换心跳数据；转换时间数据(格式为：%<%H:%M:%S%3u>t)，如图 12-19 所示。

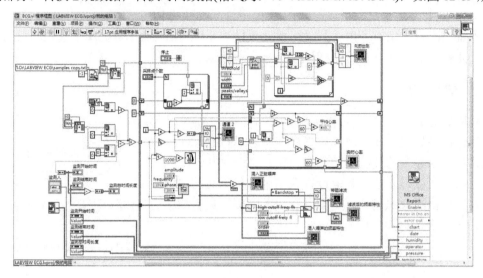

图 12-19　程序框图的设计

首先，创建一个 VI，程序需要使用读取文本文件控件、电子表格字符串至数组转换控件、索引数组控件、波形图表控件。其实现的功能是：读取保存于文件中的双通道 ECG 信号，并显示在两个波形图形控件中，利用心电数据中的时间数据控制显示时间，恢复心电数据原始的时间属性。

进一步实现的功能：检测一路 ECG 信号的 R 波，计算平均心率(自开始读取数据起)和实时心率(RR 波时间间隔的倒数)，并将实时心率显示在波形图形控件上，监测 1min 内的实时心率变化。利用正弦波形控件生成频率可调(0～180Hz)、幅值可调(0.01～0.1)的正弦波作为虚拟单频噪声。任选一路 ECG 信号，混合虚拟单频噪声。适当选择滤波器，对噪声信号进行处理，将噪声混合信号显示在图形波形控件上，将滤波信号显示在图像波形控件上。再对任一路 ECG 信号的混合噪声信号和滤波后信号进行频域谱和时域谱分析，将结果显示在波形图形控件上。

最后，在图 12-19 的右下角，使用 Report Generation Toolkit for Microsoft Office V1.1.4 设计了一个自动报表生成程序，报表中包含了监测开始时间、结束时间、监测总时间长度、监测期间平均心率、监测期间实时心率的波形图。

12.2.5　程序运行演示

运行程序后，前面板的情况如图 12-20 所示。

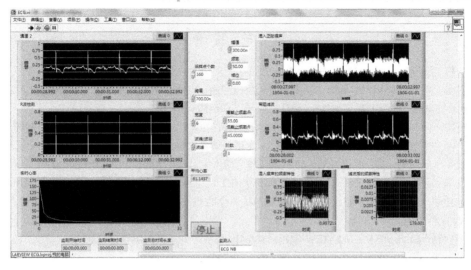

图 12-20 程序框图运行时的界面

报表生成结果如图 12-21 所示。

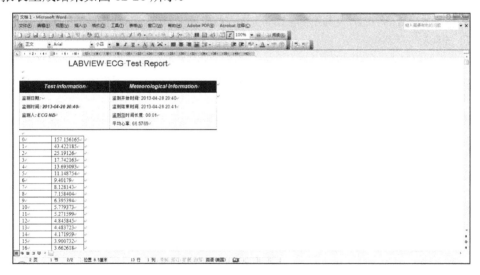

图 12-21 报表生成结果

本章小结

传统的 ECG 监测仪的信号采集、处理和显示主要由硬件电路完成，电路生产技术要求较高，仪器设备价格较高，并且维护和更新不便。

基于 LabVIEW 的 ECG 监测仪，除了可以实现传统 ECG 监测仪的采集、显示等功能外，还可通过灵活的编程，使用高效且功能强大的软件来定义采集、分析、存储等功能；其前面板布置简捷美观、设计灵活可靠。

参 考 文 献

[1] 阮奇桢. 我和 LabVIEW [M].2 版. 北京：北京航空航天大学出版社，2012.

[2] 李江全，任玲. LabVIEW 虚拟仪器从入门到测控应用 130 例[M]. 北京：电子工业出版社，2013.

[3] 陈树学，刘萱. LabVIEW 宝典[M]. 北京：电子工业出版社，2011.

[4] 陈锡辉，张银鸿. LabVIEW 8.20 程序设计从入门到精通[M]. 北京：清华大学出版社，2007.

[5] 黄松岭，吴静. 虚拟仪器设计基础教程[M]. 北京：清华大学出版社，2008.

[6] 刘迎春，叶湘滨，等. 现代新型传感器原理与应用[M]. 北京：国防工业出版社，2000.

[7] 刘君华，汤晓君，张勇，等. 智能传感器系统 [M].2 版. 西安: 西安电子科技大学出版社，2010.

[8] 潘玉宝，张志新，马孝江. 基于 LabVIEW 平台的重采样技术的软件实现[J]. 仪器仪表用户，2006(3):115-116.

[9] (美)布鲁姆(Blume, P.A.). LabVIEW 编程样式[M]. 北京：电子工业出版社，2009.

[10] 雷振山. LabVIEW 高级编程与虚拟仪器工程应用 [M].2 版. 北京：中国铁道出版社, 2012.

[11] 杨高科. LabVIEW 虚拟仪器项目开发与管理[M]. 北京：机械工业出版社，2012.

[12] 腾龙科技，彭勇，潘晓烨，等. LabVIEW 虚拟仪器设计及分析[M]. 北京：清华大学出版社，2011.

[13] (美) Jeffrey Travis, Jim Kring. LabVIEW 大学实用教程[M]. 北京：电子工业出版社，2008.

[14] 朱志强，田心. LabVIEW 及其在生物医学工程中的应用[J]. 国外医学生物医学工程分册，2001,24（2）:59-64.

[15] Liao Y J, Tian Y Z, Li M. The design of dynamic integrated testing system using digital AC servo motor based on LabVIEW [C]. In the 11th International Conference on Electrical Machines and Systems, ICEMS 2008, Wuhan, China, 2008: 1700-1705.

[16] Morris A S, Langari R. Measurement and instrumentation : theory and application [M]. Waltham, MA: Academic Press, 2012.

[17] Fairweather I, Brumfield A. LabVIEW : a developer's guide to real world integration [M]. Boca Raton: CRC Press, 2012.

[18] Larsen R W. LabVIEW for engineers [M]. Upper Saddle River, N.J.: Prentice Hall/Pearson, 2011.

[19] Essick J. Hands-on introduction to LabVIEW for scientists and engineers [M]. New York: Oxford University Press, 2009.

[20] Travis J，Kring J. LabVIEW for everyone : graphical programming made easy and fun [M]. 3rd ed. Upper Saddle River, NJ: Prentice Hall, 2007.

[21] Bitter R, Mohiuddin T, Nawrocki M. LabView advanced programming techniques [M]. 2nd ed. Boca Raton, FL: CRC Press/Taylor & Francis Group, 2007.

[22] http://www.labview365.com/.

[23] http://www.ni.com/white-paper/6349/zhs/.

[24] http://www.ni.com/white-paper/9037/zhs.

[25] http://sine.ni.com/cs/app/doc/p/id/cs-11621.

[26] http://sine.ni.com/cs/app/doc/p/id/cs-13180.

[27] http://sine.ni.com/cs/app/doc/p/id/cs-13426.

[28] http://sine.ni.com/cs/app/doc/p/id/cs-13789.

[29] http://sine.ni.com/cs/app/doc/p/id/cs-14326.

[30] http://jiqiren.h.baike.com/article-12871.html.